中国科学技术经典文库·物理卷

理论物理(第三册)

电 磁 学

吴大猷 著

科 学 出 版 社

北 京

内 容 简 介

本书为著名物理学家吴大猷先生的著述《理论物理》(共七册)中的第三册.《理论物理》是作者根据长期从事的教学实践编写的一部比较系统全面的大学物理教材. 本册内容共分 7 章：第 1 章，静电学：Coulomb 定律；第 2 章，静电学—— 场位理论；第 3 章，磁学与稳定电流；第 4 章，Maxwell 方程式；第 5 章，电磁波：激发与传播；第 6 章，微观的电动力学；第 7 章，电磁场之 Lagrangian 形式及 Hamiltonian 形式. 在多数章节之后还附有附录和习题供读者研讨和学习.

本书根据中国台湾联经出版事业公司出版的原书翻印出版，作者对原书作了部分更正. 李政道教授为本书的出版写了序言，我们对原书中一些印刷错误也作了订正.

本书可供高等院校物理系师生教学参考，也可供相关专业研究生阅读.

图书在版编目(CIP)数据

理论物理(第三册)：电磁学/吴大猷著. —北京：科学出版社, 2010

(中国科学技术经典文库・物理卷)

ISBN 978-7-03-028723-6

I. 理… II. 吴… III. ① 理论物理学 ② 电磁学 IV. O41

中国版本图书馆 CIP 数据核字 (2010) 第 162229 号

责任编辑：钱 俊 鄢德平 / 责任校对：陈玉凤

责任印制：吴兆东 / 封面设计：王 浩

科 学 出 版 社出版

北京东黄城根北街 16 号

邮政编码：100717

http://www.sciencep.com

北京虎彩文化传播有限公司 印刷

科学出版社发行 各地新华书店经销

*

1983 年 8 月第 一 版 开本: B5(720×1000)

2022 年 1 月第五次印刷 印张: 12 1/4

字数: 232 000

定价：78.00 元

(如有印装质量问题，我社负责调换)

序　言

吴大猷先生是国际著名的学者，在中国物理界，是和严济慈、周培源、赵忠尧诸教授同时的老前辈. 他的这一部《理论物理》，包括了“古典”至“近代”物理的全貌. 1977 年初，在中国台湾陆续印出. 这几年来对该省和东南亚的物理教学界起了很大的影响. 现在中国科学院，特别是由于卢嘉锡院长和钱三强、严东生副院长的支持，决定翻印出版，使全国对物理有兴趣者，都可以阅读参考.

看到了这部巨著，联想起在 1945 年春天，我初次在昆明遇见吴老师，很幸运地得到他在课内和课外的指导，从“古典力学”学习起至“量子力学”，其经过就相当于念吴老师的这套丛书，由第一册开始，直至第七册. 在昆明的这一段时期是我一生学物理过程中的大关键，因为有了扎实的根基，使我在 1946 年秋入芝加哥大学，可立刻参加研究院的工作.

1933 年吴老师得密歇根大学的博士学位后，先留校继续研究一年. 翌年秋回国在北大任教，当时他的学生中有马仕俊、郭永怀、马大猷、虞福春等，后均致力物理研究有成. 抗战期间，吴老师随北大加入西南联大. 这一段时期的生活是相当艰苦的，但是中国的学术界，还是培养和训练了很多优秀青年. 下面的几段是录自吴老师的《早期中国物理发展之回忆》一书：

“组成西南联大的三个学校，各有不同的历史. …… 北京大学规模虽大，资望也高，但在抗战时期中，除了有很小数目的款，维持一个‘北京大学办事处’外，没有任何经费作任何研究工作的. 在抗战开始时，我的看法是以为应该为全面抗战，节省一切的开支，研究工作也可以等战后再作. 但抗战久了，我的看法便改变了，我渐觉得为了维持从事研究者的精神，不能让他们长期地感到无法工作的苦闷. 为了培植及训练战后恢复研究工作所需的人才，应该在可能情形下，有些研究设备. 西南联大没有此项经费，北大也无另款. …… 我知道只好尽自己个人的力量做一点点工作了. …… 请北大在岗头村租了一所泥墙泥地的房子做实验室，找一位助教，帮着我把三棱柱放在木制架上拼成一个最原始形的分光仪，试着做些‘拉曼效应’的工作”.

“我想在二十世纪，在任何实验室，不会找到一个拿三棱柱放在木架上做成的分光仪的了. 我们用了许多脑筋，得了一些结果. ……”

“1941 年秋，有一位燕京大学毕业的黄昆，要来北大当研究生随我工作，他是一位优秀的青年. 我接受了他，让他半时作研究生，半时作助教，可以得些收入. 那年上学期我授‘古典力学’，下学期授‘量子力学’. 班里优秀学生如杨振宁、黄昆、黄授书、张守廉等可以说是一个从不易见的群英会. ……”

“1945 年日本投降前, 是生活最困难的时期. 每月发薪, 纸币满箱. 因为物价飞跃, 所以除了留些做买菜所需外, 大家都立刻拿去买了不易坏的东西, 如米、炭等. …… 我可能是教授中最先摆地摊的, …… 抗战初年, 托人由香港、上海带来的较好的东西, 陆续地都卖去了. 等到 1946 年春复员离昆明时, 我和冠世的东西两个手提箱便足够装了.”

就在 1946 年春, 离昆明前吴老师还特为了我们一些学生, 在课外另加工讲授“近代物理”和“量子力学”. 当时听讲的除我以外, 有朱光亚、唐敖庆、王瑞駪和孙本旺.

在昆明时, 吴老师为了北京大学的四十周年纪念, 写了《多原分子的结构及其振动光谱》一书, 于 1940 年出版. 这本名著四十多年来至今还是全世界各研究院在这领域中的标准手册. 今年正好是中国物理学会成立的五十周年, 科学出版社翻印出版吴大猷教授的《理论物理》全书, 实在是整个物理界的一大喜事.

李政道

1982 年 8 月

写于瑞士日内瓦

总　　序

若干年来, 由于与各方面的接触, 笔者对中国台湾的物理学教学和学习, 获有一个印象：(一) 大学普通物理学课程之外, 基层的课程, 大多强纳入第二第三两学年, 且教科书多偏高, 量与质都超过学生的消化能力. (二) 学生之天资较高者, 多眩于高深与时尚, 不知或不屑于深厚基础的奠立. (三) 专门性的选修课目, 琳琅满目, 而基层知识训练, 则甚薄弱.

一九七四年夏, 笔者拟想以中文编写一套笔者认为从事物理学的必须有的基础的书. 翌年夏, 得褚德三、郭义雄、韩建珊 (中国台湾交通大学教授) 三位之助, 将前此教学的讲稿译为中文, 有 (1) 古典力学, 包括 Lagrangian 和 Hamiltonian 力学, (2) 量子论及原子结构, (3) 电磁学, (4) 狭义与广义相对论等四册. 一九七六年春, 笔者更成 (5) 热力学, 气体运动论与统计力学一册. 此外将有 (6) 量子力学一册, 稿在整理中.

这些册的深浅不一. 笔者对大学及研究所的物理课程, 拟有下述的构想：

第一学年：普通物理 (力学, 电磁学为主); 微积分.

第二学年：普通物理 (物性, 光学, 热学, 近代物理); 高等微积分; 中等力学 (一学期).

第三学年：电磁学 (一学年) 及实验; 量子论 (一学年).

第四学年：热力学 (一学期); 狭义相对论 (一学期); 量子力学 (引论)(一学年).

研究院第一年：古典力学 (一学期); 分子运动论与统计力学 (一学年); 量子力学 (一学年); 核子物理 (一学期).

研究院第二年：电动力学 (一学年); 专门性的课目, 如固体物理; 核子物理, 基本粒子; 统计力学; 广义相对论等, 可供选修.

上列各课目, 都有许多的书, 各有长短. 亦有大物理学家, 集其讲学精华, 编著整套的书, 如 Planck, Sommerfeld, Landau 者. Landau-Lifshitz 大著既深且博, 非具有很好基础不易受益的. Sommerfeld 书虽似较易, 然仍是极严谨有深度的书, 不宜轻视的. 笔者本书之作, 是想在若干物理部门, 提出一个纲要, 在题材及着重点方面可作为 Sommerfeld 书的补充, 为 Landau 书的初阶.

笔者深信, 如一个教师的讲授或一本书的讲解, 留给听者或读者许多需要思索、补充、扩展、涉猎、旁通的地方, 则听者读者可获得较多的益处. 故本书风格, 偏于简练, 课题范围亦不广. 偶以习题的方式, 引使读者搜索, 扩大正文的范围.

笔者以为用中文音译西人姓名, 是极不需要且毫无好处之举. 故除了牛顿, 爱因斯坦之外, 所有人名, 概用西文.*

本书得褚德三、郭义雄、韩建珊三位中国台湾交通大学教授之助, 单越 (中国台湾清华大学) 教授的校阅, 笔者特此致谢.

吴大猷

1977 年元旦

* 商务印书馆出版之中山自然科学大辞典中, 将 Barkla, Blackett, Lamb, Bloch, Brattain, Townes 译为巴克纳, 布拉克, 拉目, 布劳克, 布劳顿, 汤里士, 错误及不准确可见.

本册前言

本册题材选定的构想, 是为大学普通物理的电磁学部分之后, 研究院电动力学 (J. D. Jackson 的书的水准) 之前, 作一个由浅入深的电磁学入门.

有些书是从 Maxwell 电磁场方程式为出发点, 计算 E, D, H, B 等函数而不先予这些量的来源和物理意义. 电磁学究竟是物理学而不是数学, 这样看电磁学是不能令习物理者满意的. 本册试着由现象的观点及数学的观念, 清晰地定义上述的电磁量; 在概论中先指出电磁学颇扰人的各单位制的来源和它们间的关系.

第 2 章的场位理论, 目的是介绍古典的应用数学的一部. 在电磁学中, 学习正交函数如谐函数等, 可能比在另外"应用数学"一类的课程为自然且有效些. 电磁学和电动力学, 自然和狭义相对论有极密切的关系, 但如只草率地把电磁学写成 Lorentz 变换的协变形式而不详解释相对论的意义, 则是无甚意义之举. 故本册中不讲 Lorentz 变换; 本书第四册甲部狭义相对论中将详述之.

末章应用 Lagrange 和 Hamilton 动力学方法于电磁场, 系古典场论. 在这里只是一个数学形式, 但对量子场论, 这是一个起步点, 故本册附了一个短短的介绍.

本册由中国台湾交通大学郭义雄教授译成中文, 特此致谢.

目　录

概　　论

1. 引　　言

不管是学生或是教师在学习电磁学时，常常因为有各种不同的单位而发生极大困扰. 在使用不同单位时，不仅电磁物理量之数值随着单位有所差异，且其因次也截然不同. 虽然，为了避免上述之困扰，吾人当然可从头到尾持用一种单位，而将其他略去不管. 但是，当在参阅其他书籍或文献时，则发现必需深切地了解各种单位间的关系. 所以作者认为在介绍本题材主要内容之前，吾人必须将平常使用之单位制、定义及来源等一一解说清楚.

凡一物理定律，乃系若干物理观念 (量) 间之函数关系. 有时物理定律中之物理观念早已有定义; 但常常一个观念 —— 其正确意义与单位 —— 需由实验定律予以定义之. 如电磁理论中之电场 $\boldsymbol{E}$, 磁场 $\boldsymbol{B}$, 以及 $\boldsymbol{D}$ 和 $\boldsymbol{H}$, 乃是依据实验定律如 Coulomb 定律, Ampere 定律和 Faraday 定律等, 而定义的. 本节里, 吾人将先接受这些定律, 说明其各如何为各不同单位制中电磁量定义之基石.

2. 电荷之 Coulomb 定律

两电荷 e_1, e_2 之间作用力, 与其距离 r 平方成反比, 此定律在 1776 年由 H. Cavendish 发现, 在 1785 年由 Coulomb 建立之

$$F = \frac{e_1 e_2}{4\pi\varepsilon_0 r^2} \tag{0-1}$$

常数 ε_0 之值, 视 e, r 和 F 所取之单位而定. 倘若 e 尚未由其他方法予以定义, 则 ε_0 之选择也可决定 e 之单位. 若电荷量 e 已有定义, 则每单位时间之电荷称为电流 $\boldsymbol{I}$. 而电场 $\boldsymbol{E}$ 则为每单位电荷所受作用力. 这是所谓静电制单位 (e. s. u.).

3. 磁极之 Coulomb 定律

约在 1785 年 Coulomb 也建立了磁极之间作用力与距离平方成反比之定律 (该磁极为细长磁棒之端极, 而不是孤立单极),

$$F = \frac{\mu_0 p_1 p_2}{4\pi r^2} \tag{0-2}$$

常数 μ_0 之值乃视其他量之单位而定, 或如已先选择一值 μ_0, 则可用来决定磁极强度 p 之单位. 一旦 p 已有定义, 则磁场 $\boldsymbol{B}$ 可定义为每单位磁极上之作用力.

注意: (1) 和 (2) 式, 若无进一步发展, 它们是毫无关系的.

4. 由电流所产生的磁场之 Biot-Savart 定律

1820 年 Oersted 发现电流能产生磁场. 同年, Biot 与 Savart 建立下一定律

$$\gamma \boldsymbol{H} = \frac{I_1}{4\pi R^3}[\mathrm{d}s_1 \times \boldsymbol{R}], \quad \boldsymbol{R} = \boldsymbol{r}_2 - \boldsymbol{r}_1 \tag{0-3}$$

在 $\boldsymbol{r}_2$ 之磁场乃是由在 $\boldsymbol{r}_1$ 之导体元素 $\mathrm{d}s_1$ 中之电流 $\boldsymbol{I}_1$ 所产生. 或在无限长之直导线 $\boldsymbol{s}_1$ 之特例下, 则得

$$\gamma \boldsymbol{H} = \frac{I_1}{2\pi R} \tag{0-3a}$$

(参看 (3-27) 和 (3-28)). 这里又引入一个新的常数 γ, 因为 (3) 与 (1)(2) 式之电荷和磁极的个别 Coulomb 定律不同, 乃是将电场与磁场之间系联接在一起的. 事实上, 我们没有理由说除了 ε_0 和 μ_0 两常数外不能再加上另一常数. 其实, 如 (3) 或 (3a) 中的 $\boldsymbol{H}$ 先予以定义, 则可得电流之另一定义. 相反地, 若电流先予以定义 (借用下面 Ampere 定律), 则 (3) 或 (3a) 可予 $\boldsymbol{H}$ 以定义. 电磁现象近代的处理, 皆倾向后述之观点. 但由 (2) 和 (3) 定义的 $\boldsymbol{B}$ 和 $\boldsymbol{H}$, 它们必须能牵连在一起, 而常数 $\varepsilon_0, \mu_0, \gamma$ 之引入, 正足使吾人能将电磁理论中所有现象, 组成一完整之理论.

5. 两带电流导体间作用力之 Ampere 定律

1825 年, Ampere 由广而且深入的研究, 建立了两电流 I_1, I_2 间的作用力之定律如下

$$\boldsymbol{F}_2 = \frac{\mu_0}{4\pi\gamma^2} I_1 I_2 \frac{1}{R^3}[\mathrm{d}\boldsymbol{s}_2 \times [\mathrm{d}\boldsymbol{s}_1 \times \boldsymbol{R}]], \quad \boldsymbol{R} = \boldsymbol{r}_2 - \boldsymbol{r}_1 \tag{0-4}$$

I_1, I_2 分别为两导体所通过之电流. $\mathrm{d}\boldsymbol{s}_1$ 与 $\mathrm{d}\boldsymbol{s}_2$ 分别为导体之 (长度) 元素, 两者之间距离为 $\boldsymbol{R}$(见 (3-36)). 若上式之两导体为无穷长之直导线时; 则每导体上每单位长度所受之作用力为

$$\frac{\mathrm{d}F}{\mathrm{d}L} = -\frac{\mu_0}{4\pi\gamma^2}\frac{I_1 I_2}{R^2} \tag{0-4a}$$

定律 (4) 可视为两个因素所组成; (1)F 力乃是由已定义之磁场 $\boldsymbol{B}$ 而来 ($\boldsymbol{B}$ 称为磁感应), 即

$$\boldsymbol{F}_2 = I_2\left[\mathrm{d}\boldsymbol{s}_2 \times \frac{1}{\gamma}\boldsymbol{B}\right] \tag{0-5}$$

(2) 在 $\boldsymbol{r}_2$ 点的 B 场乃是由在 $\mathrm{d}\boldsymbol{s}_1$ 之电流 $\boldsymbol{I}_1$ 所产生, 即

$$\frac{1}{\gamma}\boldsymbol{B}(\boldsymbol{r}_2)=\frac{\mu_0}{4\pi\gamma^2}\frac{[\mathrm{d}\boldsymbol{s}_1\times\boldsymbol{R}]}{R^3},\quad \boldsymbol{R}=\boldsymbol{r}_2-\boldsymbol{r}_1 \tag{0-6}$$

由 (6) 和 (3), 可见

$$\boldsymbol{B}=\mu_0\boldsymbol{H} \tag{0-7}$$

吾人亦可利用 (5) 定义 $\boldsymbol{B}$, 然后再利用 (7) 定义 $\boldsymbol{H}$. 或者, 利用 (3a) 定义 $\boldsymbol{H}$, 再利用 (7) 定义 $\boldsymbol{B}$. 因在真空 μ_0 乃是常数, 故上述两观点皆相同. 但在其他介质里, 则 $\boldsymbol{H}$ 和 $\boldsymbol{B}$ 并不是相同之物理量; 二者之差别不仅限于一 μ_0 而已. 在此情形下, 电磁感应之 Faraday 定律, 对 $\boldsymbol{B}$ 之观念极重要. $\boldsymbol{B}$ 和 $\boldsymbol{H}$ 之问题将留待于第 3 章讨论之. (参看 (3-29) 下的讨论)

6. 单 位 制

电磁理论中, 不同之单位制, 不仅是物理量之数值不同而已且物理之因次亦不同. 若吾人由电荷之 Coulomb 定律 (1) 出发, 则所有电之物理量皆属于 e. s. u. 制. 现由磁极之 Coulomb 定律 (2), 可定义单位磁极强度 p 及场 B. 若今按 Biot-Savart 定律定义单位电流及电荷, 则所得者为电磁单位制 (e. m. u.). 这两个单位制并不是互相独立的; 它们可由定义所使用之定律予以连接. 由定义, 可知电荷之 e. m. u. 单位和 e. s. u. 单位的因次及数值之比, 皆 $1/\sqrt{\varepsilon_0\mu_0}$*.

* 电荷之 e. m. u. 及 e. s. u. 单位之比, 可获得如下:

历史上 e. m. u. 制乃由磁极之 Coulomb 定律 (2) 出发, 它定义单位磁极 p, 及作用在单位磁极上之力 B, 由 (2) 式, 可见 p 之因次乃视 μ_0 而定, 如 $\frac{1}{\sqrt{4\pi\mu_0}}$, 而 B 之单位则如 $\sqrt{4\pi\mu_0}$. 由 (7) 式, 可见 H 之单位变化如 $\sqrt{\frac{4\pi}{\mu_0}}$.

若已定义 p, B, H 如上, 则吾人可按 Biot-Savart 定律 (3a) 将单位电流予以定义, (在 e. m. u. 制中使 $\gamma=1$). 单位电流乃 —— 流通 —— 半径为 1cm, 弧长为 1cm 之圆弧, 在圆弧中心产生作用一 dyne 之力于一单位磁极之电流. 电荷之单位乃是电流一秒, 其对 μ_0 之变如 $\sqrt{\frac{4\pi}{\mu_0}}$.

在 e. s. u. 制, 电荷之单位乃由 Coulomb 定律 (1) 定律, 其与 ε_0 之变如 $\sqrt{4\pi\varepsilon_0}$. 因此乃得下述之比

$$\frac{e_{\mathrm{e.m.u}}}{e_{\mathrm{e.s.u.}}}=\frac{1}{\sqrt{\mu_0\varepsilon_0}}$$

在早期习惯, Coulomb 定律 (2) 中之 μ_0 乃在分母里, 而 H 却定义为作用于每单位磁极之力.

如为了一般性起见, 吾人保留 Biot-Savart 定律 (3) 及 Ampere 定律 (4) 中之常数 γ, 则电荷在 e. m. u. 和 e. s. u. 两单位制, 其数值及因次之比为

$$\frac{e_{\text{e.m.u.}}}{e_{\text{e.s.u.}}} = \left(\frac{\gamma^2}{\varepsilon_0\mu_0}\right)^{\frac{1}{2}}, \tag{0-8}$$

[在 (1), (2), (3a) 中, 皆用 cm-gram-sec 单位].

兹试探讨 $\gamma^2/\varepsilon_0\mu_0$ 的意义. 由 (1) 式吾人可得电荷 e 之因次

$$[e^2] = [\varepsilon_0 \text{ML}^3\text{T}^{-2}]$$

而电流

$$[I] = [e\text{T}^{-1}]$$

故

$$[I^2] = [\varepsilon_0 \text{ML}^3\text{T}^{-4}] \tag{0-9}$$

但由 (4) 或 (4a) 中, 吾人可得电流为

$$[I^2] = [\gamma^2\mu_0^{-1}\text{MLT}^{-2}] \tag{0-10}$$

由 (9) 和 (10) 式, 则得

$$\left[\frac{\gamma^2}{\varepsilon_0\mu_0}\right] = \left[\frac{\text{L}^2}{\text{T}^2}\right] \tag{0-11}$$

此即 $\gamma^2/\varepsilon_0\mu_0$ 乃有速度平方之因次.

当然, 任何只有因次上之考虑, 是不能得到该速度之数值的. 电磁场之 Maxwell 方程式早期发展最大成功之一, 乃是 $\gamma/\sqrt{\varepsilon_0\mu_0}$ 适为电磁波在自由空间传播速度, 并且由实验发现该速度与光速完全相同.

吾人将会明了, 在下述条件下

$$\frac{\gamma^2}{\varepsilon_0\mu_0} = c^2, \tag{0-12}$$

如何对 $\varepsilon_0, \mu_0, \gamma$ 作不同之选择, 可获各不同的单位制.

(1) 有理化静电单位 (e.s.u.)(c.g.s.)

在 (1), (2) 式, 使

$$4\pi\varepsilon_0 = 1, \quad \frac{\mu_0}{4\pi} = \frac{1}{c^2}, \quad \gamma = 1 \tag{0-13}$$

如两个同性之单位电荷, 距离为 1cm 时, 其相互排斥之力为 1 达因 (dyne), 该单位电荷称为 1 statcoulomb. 而单位电流称为 statampere, 亦即 statcoul/sec. 电位单位为 statvolt, 乃距 1 statcoul 电荷 1cm 之电位.

假使吾人由 (1), (2) 式开始, 而将 4π 取去, 并使

$$\varepsilon_0 = 1, \quad \mu_0 = \frac{1}{c^2}, \quad \gamma = 1 \tag{0-14}$$

则 e 及电流等之单位, 与上述相同. 但由于 (1), (2) 式中无 4π, 此后在许多方程式中将出现 4π, 主要乃是应用 Gauss 定理之结果. 这就是所谓非有理化单位制.

(2) 有理化电磁单位 (e. m. u.)(c. g. s.)

出发点乃从 Ampere 定律 (4a). 使

$$\frac{\mu_0}{4\pi} = 1, \quad 4\pi\varepsilon_0 = \frac{1}{c^2}, \quad \gamma = 1 \tag{0-15}$$

故 (4a) 可写为

$$\frac{\mathrm{d}F}{\mathrm{d}L} = \frac{2I_1I_2}{R} \tag{0-16}$$

电流之单位为 abampere; 若有两平行导体, 其距离为 1cm, 带有同向之单位电流, 则其导体相互吸引之力, 为每厘米之导体 1dyne.

如用 (12) 式于 (4a), 则将得

$$\frac{\mathrm{d}F}{\mathrm{d}L} = \frac{2I_1I_2}{4\pi\varepsilon_0c^2R}$$

在 e.s.u. 制度下, $4\pi\varepsilon_0 = 1$, 上式即成 $\dfrac{\mathrm{d}F}{\mathrm{d}L} = \dfrac{2I_1I_2}{c^2R}$. 以此与 (16) 式比较, 得见 e.m.u. 之电流单位, 较 e.s.u. 的大 c 倍.

$$1\text{abampere} = c\ \text{statampere} \tag{0-17}$$

(3) Gaussian 单位

在 (1), (2) 及 (4a) 式中, 使

$$4\pi\varepsilon_0 = 1, \quad \frac{\mu_0}{4\pi} = 1, \quad \gamma = c \tag{0-18}$$

因此所有电之物理量皆是使用有理化 e. s. u. 制, 而所有磁之物理量皆是使用 e.m.u.(c. g. s) 制. 这单位制称为 Heaviside 制.

假若吾人由 (1), (2) 及 (4a) 式出发, 将所有之 4π 略去, 并使

$$\varepsilon_0 = 1, \quad \mu_0 = 1, \quad \gamma = c, \tag{0-19}$$

则所有单位与前面之单位制相同 (即电量为 e. s. u., 磁量为 e. m. u. 皆用 c. g. s.), 但此后电荷密度 ρ 及电流密度 j 将有 4π 之出现. 这单位制称为 Gaussian 制.

(4) 有理化 m. k. s. a. 制

在此制, 基本单位为米 m, 千克 kg, 秒 sec, Ampere. 力的单位是 newton(10^5 dynes). 兹在 (1), (2), (4a) 式中使

$$4\pi\varepsilon_0 = \frac{10^7}{c^2}, \quad \frac{\mu_0}{4\pi} = 10^{-7}, \quad \gamma = 1 \tag{0-20}$$

所以选 10^7 与 10^{-7} 数值者, 乃使电荷量与电流之单位, 等于日常惯用之 Coulomb 及 Ampere 之故.

$$\begin{aligned} 1 \text{ coulomb} &= 1 \text{ amp.sec.} \\ &= 3 \times 10^9 \text{statcoul} \\ 1 \text{ ampere} &= \frac{1}{10}\text{abamp.} = 3 \times 10^9 \text{statamperes.} \end{aligned} \tag{0-21}$$

该制首由 Giorgi(1901) 所介绍, 在 1935 年为国际电技协会所采用.

每个单位制皆有其优点. 如 Gaussian 制, ε_0, μ_0 为无因次 (等于 1), 而下述之量

$$\boldsymbol{E}, \quad \boldsymbol{D}, \quad \boldsymbol{P}, \quad \boldsymbol{B}, \quad \boldsymbol{H}, \quad \boldsymbol{M}$$

的物理因次皆相同, 虽则它们有不同名称与不同的单位. 在 m. k. s. a. 制, μ_0, ε_0 已不再是无因次, 且所有电、磁量皆有较复杂之因次 (参阅下面表). 但是好处却是所有量皆是用实用单位来表示, 如 ampere, volt, watt 等.

在早期文献里, Gaussian 制较为物理学家所喜欢采用. 但近年来, m. k. s. a. 制却较受人欢迎. 本节里, 首先采用一般的形式, 对 $\varepsilon_0, \mu_0, \gamma$ 不作特殊的限定, 直至得到 (12) 式之条件 $\gamma^2/\mu_0\varepsilon_0 = c^2$ 止 (见第 4 章 (4-23, 24)). 此后则将采用 m. k. s. a. 制. 下表 1, 乃是说明在 Gaussian 与 m. k. s. a. 制里, 电磁学之量, 其因次及单位等, 且附有此两不同单位制换算之关系. 下表 2, 表示如何从 m. k. s. a. 制将电磁量转换至 Gaussian 制. 反之亦然.

表 1

物理量	符号	m. k. s. a.			Gaussian(c. g. s.)	
		因次	单位		单位	因次
长度	L	L	meter	$= 10^2$	cm	L
质量	m	M	kilogram	$= 10^3$	gram	M
时间	t	T	sec	$=1$	sec.	T
力	F	$\mathrm{MLT^{-2}}$	newton	$=10^5$	dynes	$\mathrm{MLT^{-2}}$
能量	w	$\mathrm{ML^2T^{-2}}$	joule	$=10^7$	ergs	$\mathrm{ML^2T^{-2}}$
功率	p	$\mathrm{ML^2T^{-1}}$	watt	$= 10^7$	ergs/sec.	$\mathrm{ML^2T^{-1}}$
电荷	q	AT	coulomb	$=3\cdot 10^9$	statcoulomb	$\mathrm{M^{\frac{1}{2}}L^{\frac{3}{2}}T^{-1}}$

续表

物理量	符号	m. k. s. a.			Gaussian(c. g. s.)	
		因次	单位		单位	因次
电流	I	A	ampere	$=3\cdot 10^9$	statampere	$M^{\frac{1}{2}}L^{\frac{3}{2}}T^{-2}$
电场	E	$MLT^{-3}A^{-1}$	volt/m	$=\frac{1}{30,000}$	statvolt/cm	$M^{\frac{1}{2}}L^{-\frac{1}{2}}T^{-1}$
电移	D	$L^{-2}TA$	coulomb/m^2	$=4\pi\cdot 3\cdot 10^5$	statcoul./cm^2	$M^{\frac{1}{2}}L^{-\frac{1}{2}}T^{-1}$
电位	ϕ, V	$ML^2T^{-3}A^{-1}$	volt	$=\frac{1}{300}$	statvolt	$M^{\frac{1}{2}}L^{\frac{1}{2}}T^{-1}$
电极化	P	$L^{-2}TA$	coulomb/m^2	$=4\pi\cdot 3\cdot 10^5$	statcou./cm^2	$M^{-\frac{1}{2}}L^{-\frac{1}{2}}T^{-1}$
电容量	C	$M^{-1}L^{-2}T^4A^2$	farad (coulomb/volt)	$=9\times 10^{11}$	cm	L
电阻	R	$ML^2T^{-3}A^{-2}$	ohm (volt/ampere)	$=\frac{1}{9}\times 10^{-11}$	statohm	$L^{-1}T$
磁感应	B	$MT^{-2}A^{-1}$	weber/m^2	$=10^4$	gauss	$M^{\frac{1}{2}}L^{-\frac{1}{2}}T^{-1}$
磁化强度	M	$MT^{-2}A^{-1}$	weber/m^2	$=\frac{1}{4\pi}\times 10^4$	gauss	$M^{\frac{1}{2}}L^{\frac{1}{2}}T^{-1}$
磁场	H	$L^{-1}A$	amp.turn/m.	$=4\pi\times 10^{-3}$	oersted	$M^{\frac{1}{2}}L^{-\frac{1}{2}}T^{-1}$
磁通量	Φ	$ML^2T^{-2}A^{-1}$	weber$\left(\frac{\text{newton m}}{\text{amp.}}\right)$	$=10^8$	maxwell gauss emu	$M^{\frac{1}{2}}L^{\frac{3}{2}}T^{-1}$
电感	L	$ML^2T^{-2}A^{-2}$	henry$\left(\frac{\text{volt sec}}{\text{amp.}}\right)$	$=\frac{1}{6}\times 10^{-11}$	gauss e. s. u.	$L^{-1}T^2$
介电系数(真空)	ε_0	$M^{-1}L^{-3}T^4A^2$	farad/m (coul./volt m)=1		1	$M^{\circ}L^{\circ}T^{\circ}$
磁导率(真空)	μ_0	$MLT^{-2}A^{-2}$	henry/m$\left(\frac{\text{volt sec.}}{\text{amp. m.}}\right)$	$=1$	1	$M^0L^0T^0$

表 2

由 m.k.s.a. 换为 Gaussian 制间		Gaussian 与 m.k.s.a. 制间公式之转换	
将式中之	代以下式	Gaussian	m.k.s.a.
$\rho, I, E,$	$\rho, I, E,$	$\rho, I, E,$	$\frac{1}{\sqrt{4\pi\varepsilon_0}}(\rho, I, E)$
ϕ, V, P	ϕ, V, P	ϕ, V, P	$\sqrt{\frac{4\pi\varepsilon_0}{1}}(\phi, V, P)$
D	$\frac{1}{4\pi}D$	D	$\sqrt{\frac{4\pi}{\varepsilon_0}}D$

续表

由 m.k.s.a. 换为 Gaussian 制间		Gaussian 与 m.k.s.a. 制间公式之转换	
将式中之	代以下式	Gaussian	m.k.s.a.
ε	$\frac{1}{4\pi}\varepsilon$	$\varepsilon/1$	$\varepsilon/\varepsilon_0$
B	$\frac{1}{c}B$	B	$\sqrt{\frac{4\pi}{\mu_0}}B$
H	$\frac{c}{4\pi}H$	H	$\sqrt{4\pi\mu_0 H}$
μ	$\frac{4\pi}{c^2}\mu$	$\mu/1$	μ/μ_0
ε_0	$\frac{1}{4\pi}$	R	$4\pi\varepsilon_0 R$
μ_0	$\frac{4\pi}{c^2}$		
M	$\frac{c}{4\pi}M$	M	$\sqrt{\frac{\mu_0}{4\pi}}M$
L	$\frac{1}{c}L$	L	$4\pi\varepsilon_0 L$
C	$\frac{1}{4\pi}C$	C	$\frac{1}{4\pi\varepsilon_0}C$

参 考 文 献

J. H. Jeans: The Mathematical Theory of Electricity and Magnetism

此书的静电学, 静磁学, 谐函数, 场位论等部分, 系清楚谨严的标准名著, 每一个电磁量观念, 均从物理观察的观点引入, 各章集有昔年英国剑桥大学考试的题目. 为本册第 1~3 章的极佳参考.

P. Lorrain and D. R. Corson; Electromagnetic Fields and waves

此书的体裁, 是文字和印图都浅易, 详细, 甚合自行学习之用.

J. D. Jackson: Classical Eectrodynamics

此书较深, 其在近年许多物理部门的应用的讨论, 为他书所不及. 为充分了解该书, 本册及一些量子力学知识, 实为必需的准备.

第 1 章　静电学：Coulomb 定律

静电场者乃是电场之值, 不随时间而变化. 首先, 吾人欲探讨之题材为以两个在不同位置之静电荷, 其相互间之作用力 (Coulomb 力) 为基石, 而予电场, 电位以明确之定义. 再利用叠加原理 (principle of superposition) 去寻找群体电荷分布所造成之电场与电位.

1.1　自由空间之电场 E 与电位 V

由 Coulomb 定律 (0-1), 吾人可将电场予以定义; 电场强度 $\boldsymbol{E}$(简称电场) 乃是作用在单位电荷上之力. 因此由 $\boldsymbol{r}_s$ 之电荷 e_s 在 $\boldsymbol{r}$ 所产生之电场 (如图 1.1 所示) 为

$$\boldsymbol{E}(\boldsymbol{r}) = \frac{\boldsymbol{F}}{\boldsymbol{e}} = \frac{1}{4\pi\varepsilon_0}\frac{e_s}{|\boldsymbol{r}-\boldsymbol{r}_s|^3}(\boldsymbol{r}-\boldsymbol{r}_s) \qquad (1\text{-}1)$$

注意: 此处故意保留 ε_0, 乃是为了以后所讨论之问题时, 能任意选用单位制, 且建立一个不限于单位制的一般理论.

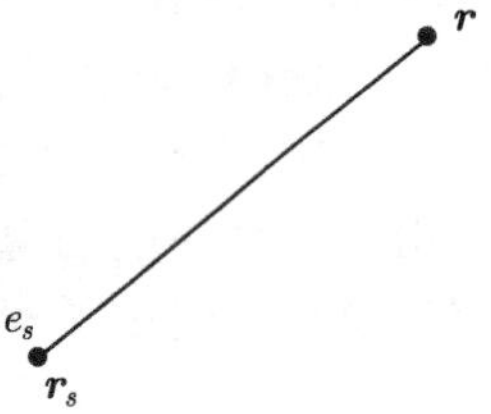

图 1.1

今吾人引入静电位 $V(r)$ 的观念. 电位 $V(r)$ 乃是由在 r_s 之电荷 e_s 在 r 所产生之电位, 使

$$\boldsymbol{E} = -\text{grad}V(\boldsymbol{r}) \qquad (1\text{-}2)$$

依照 (1) 式,

$$V(\boldsymbol{r}) = \frac{1}{4\pi\varepsilon_0}\frac{e_s}{|\boldsymbol{r}-\boldsymbol{r}_s|} \qquad (1\text{-}3)$$

若有一群固定电荷 $e_1, e_2, \cdots, e_s, \cdots$ 分别在 $\boldsymbol{r}_1, \boldsymbol{r}_2, \cdots, \boldsymbol{r}_s, \cdots$ 等处, 则由叠加原理与 (1) 式和 (3) 式可知

$$\boldsymbol{E}(\boldsymbol{r}) = \frac{1}{4\pi\varepsilon_0}\sum_S \frac{e_s}{|\boldsymbol{r}-\boldsymbol{r}_s|^3}(\boldsymbol{r}-\boldsymbol{r}_s) \qquad (1\text{-}4)$$

$$V(\dot{\boldsymbol{r}}) = \frac{1}{4\pi\varepsilon_0}\sum_S \frac{e_s}{|\boldsymbol{r}-\boldsymbol{r}_s|} \qquad (1\text{-}5)$$

由 (4), (5) 两式, 可见 (2) 式仍成立. (4), (5) 两式可推广到一般性之电荷分布. 设 $\rho(\boldsymbol{r}'),\sigma(\boldsymbol{r}')$ 分别为在 $\boldsymbol{r}'$ 之体积与表面之电荷密度. 故

$$V(\boldsymbol{r})=\frac{1}{4\pi\varepsilon_0}\iiint\limits_V\frac{\rho(\boldsymbol{r}')}{|\boldsymbol{r}-\boldsymbol{r}'|^3}\mathrm{d}^3\boldsymbol{r}' \tag{1-6}$$

$$=\frac{1}{4\pi\varepsilon_0}\iint\limits_S\frac{\sigma(\boldsymbol{r}')}{|\boldsymbol{r}-\boldsymbol{r}'|^3}\mathrm{d}\boldsymbol{s} \tag{1-7}$$

$$\boldsymbol{E}(\mathbf{r})=\frac{1}{4\pi\varepsilon_0}\iiint\limits_V\frac{\rho(\boldsymbol{r}')(\boldsymbol{r}-\boldsymbol{r}')}{|\boldsymbol{r}-\boldsymbol{r}'|^3}\mathrm{d}^{3'}\boldsymbol{r} \tag{1-8}$$

$$=\frac{1}{4\pi\varepsilon_0}\iint\limits_S\frac{\sigma(\boldsymbol{r}')(\boldsymbol{r}-\boldsymbol{r}')}{|\boldsymbol{r}-\boldsymbol{r}'|^3}\mathrm{d}s \tag{1-9}$$

由 (2) 式与 (6), (7) 可得 (8), (9) 式. 注意：以后吾人将以 $\boldsymbol{r}$ 表示观察点, 而以 $\boldsymbol{r}'$ 为电荷所在地.

(4), (5) 两式里, 吾人已利用所谓叠加原理. 该原理乃是基于实验之性质归纳而来, 并非由特定之逻辑或先有之理由所得. 但此叠加原理一经假定, 整部电磁学的数学结构, 乃获有一极简单的性质, 即所谓“线性”是也. 这线性使电磁理论成功地应用于所有的电磁现象, 包括光学. 这些成功使这叠加原理也成为爱因斯坦的狭义相对论与近代量子理论之最基本原理之一.

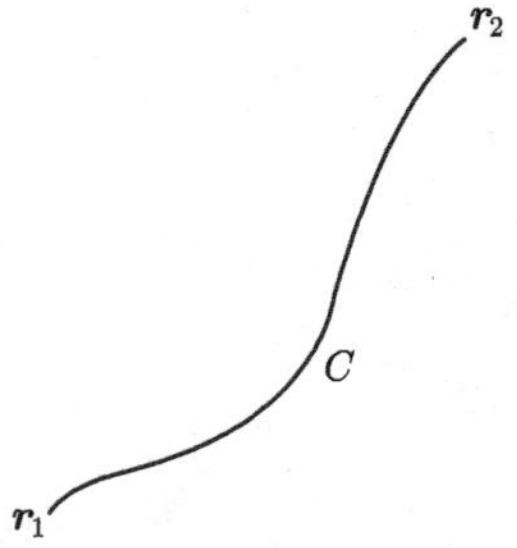

图 1.2

如图 1.2, 电场 $\boldsymbol{E}$ 乃是由 $q_1,q_2,\cdots$ 等电荷所造成. 今有一电荷 e 从 $\boldsymbol{r}_1$ 沿着 C 之路径走到 $\boldsymbol{r}_2$, 为反抗 $\boldsymbol{E}$ 所需作之功为

$$W=\int_c\boldsymbol{E}\cdot\mathrm{d}\boldsymbol{s}=-\int_{r_1}^{r_2}e\boldsymbol{E}\cdot\mathrm{d}\boldsymbol{s}$$

由 (2) 式可得

$$\begin{aligned}W=&e\int_{r_1}^{r_2}\mathrm{grad}V\cdot\mathrm{d}\boldsymbol{l}=e\\=&e\int_{r_1}^{r_2}\left(\frac{\partial V}{\partial x}\mathrm{d}x+\frac{\partial V}{\partial y}\mathrm{d}y+\frac{\partial V}{\partial z}\mathrm{d}z\right)\\=&e\left[V(\boldsymbol{r}_2)-V(\boldsymbol{r}_1)\right]\end{aligned} \tag{1-10}$$

此式之结果与电荷所走之路径无关, 即：静电场者乃是保守场也 (conservative field). 由此可见, 倘若该电荷在任一密闭路径运行, 回至原点时, 其所作之功为零：

$$e\oint_c\boldsymbol{E}\cdot\mathrm{d}\boldsymbol{s}=0 \tag{1-11}$$

按 Stokes 定理, 任何向量 $\boldsymbol{A}$ 之 curl$\boldsymbol{A}$ 面积分与 A 之线积分之关系

$$\oint_C \boldsymbol{A}\cdot \mathrm{d}\boldsymbol{s} = \oiint_S \mathrm{curl}\boldsymbol{A}\cdot \mathrm{d}\boldsymbol{S} \tag{1-12}$$

C 为封闭曲线, 而 $\boldsymbol{S}$ 乃是以 C 为边界的任一薄膜面, 如图 1.3 所示.

(11) 式按 Stokes 定理亦可写为 curl$\boldsymbol{E}=0$, 或

$$\nabla\times\boldsymbol{E}=0 \tag{1-13}$$

(1) 式里, 吾人已知电场之定义是由库仑定律而得来. 电场之大小亦可使用“通量”(flux) 之观念表示之. 若有一点 q 电荷, 由该电荷所发出之通量为 $\oiint_s \boldsymbol{E}\cdot\mathrm{d}\boldsymbol{S}$, $\boldsymbol{S}$乃是将 q 包围在内之封闭面. 欲讨论“通量”与电场关系, 吾人需先了解所欲使用之数学工具 ——Gauss 定理.

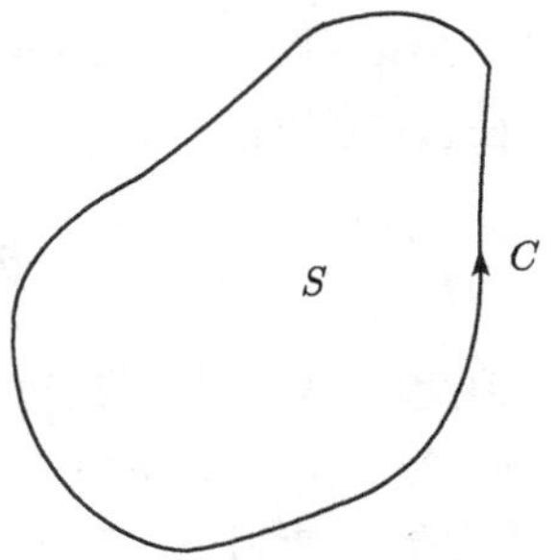

图 1.3

下列所述之 Gauss 两大定理纯是数学结果而与物理内函无关.

Gauss 定理：设有一点 $\boldsymbol{r}_s$, S 乃是任意封闭面. 则

$$\oiint \frac{|\boldsymbol{r}-\boldsymbol{r}_s|\cdot\mathrm{d}\boldsymbol{S}}{|\boldsymbol{r}-\boldsymbol{r}_s|^3} = \begin{cases} 4\pi, & \text{若 } \boldsymbol{r}_s \text{ 是在 } \boldsymbol{S} \text{ 封闭的体积 } V \text{ 内} \\ 0, & \text{若 } \boldsymbol{r}_s \text{ 是在 } \boldsymbol{S} \text{ 封闭的体积外} \end{cases} \tag{1-14}$$

上述之积分子乃是由 $\boldsymbol{r}_s$ 对 dS 所张开之立体角, 由此积分即得 (14) 之结果.

Gauss divergence 定理：任何向量场 $\boldsymbol{A}$,

$$\iiint_V \mathrm{div}\boldsymbol{A}\mathrm{d}^3\boldsymbol{r} = \oiint_S \boldsymbol{A}\cdot\mathrm{d}\boldsymbol{S} \tag{1-15}$$

S 乃是体积 V 之边界面.

今若将 (14) 式之 Gauss 定理应用于 (4) 或 (5) 式之 Coulomb 定律时, 则可得

$$\oiint_S \varepsilon_0\boldsymbol{E}\cdot\mathrm{d}\boldsymbol{S} = \sum_k e_k,\quad e_k\text{位在 } \boldsymbol{S} \text{ 面内,} \tag{1-16}$$

或

$$= \iiint_V \rho(\boldsymbol{r}')\mathrm{d}^3\boldsymbol{r}',\quad \boldsymbol{r}'\text{位在 } \boldsymbol{S} \text{ 面内.} \tag{1-17}$$

若再使用 Gauss divergence 定理 (15) 时, 则

$$\iiint_V [\mathrm{div}\varepsilon_0\boldsymbol{E}-\rho(\boldsymbol{r})]\mathrm{d}^3\boldsymbol{r}=0$$

因为体积 V 乃是任意取的, 故可得 Poisson 方程式

$$\mathrm{div}(\varepsilon_0 \boldsymbol{E}) = \rho(\boldsymbol{r}') \tag{1-18}$$

或

$$\nabla^2 V = -\rho/\varepsilon_0 \tag{1-18a}$$

∇^2 称为 del 平方, 或 Laplacian 算符.

在自由空间里, 某一点 $\rho(\boldsymbol{r}) = 0$, 则 (18a) 式即成 Laplace 方程式

$$\mathrm{div}(\varepsilon_0 \boldsymbol{E}) = 0, \quad 或 \quad \nabla^2 V = 0. \tag{1-19}$$

因此由 (18) 式, 若已知电场 $\boldsymbol{E}$, 则可求出电荷密度 $\rho(\boldsymbol{r})$ 分布之情形.

但除了 $\rho(\boldsymbol{r})$ 与 $\sigma(\boldsymbol{r})$ 是具有特殊之对称性的简单问题 (如下例) 外, 欲求电场 $\boldsymbol{E}$, 通常是不使用 (6) 和 (7) 式, 甚至也不使用 (18) 式. 一般方法, 乃是解 Poisson 方程式中之 $V(r)$, 然后再由 (2) 式将 $V(r)$ 微分而得 $\boldsymbol{E}$. 解 (18a) 之方法乃是下一章电位理论之主要题材.

例题　若有一无限长之线电荷, 其上每米处有 ρ_l Coulomb 电荷, 求它四周围之电场.

解　由 (17) 式可知 (如图 1.4)

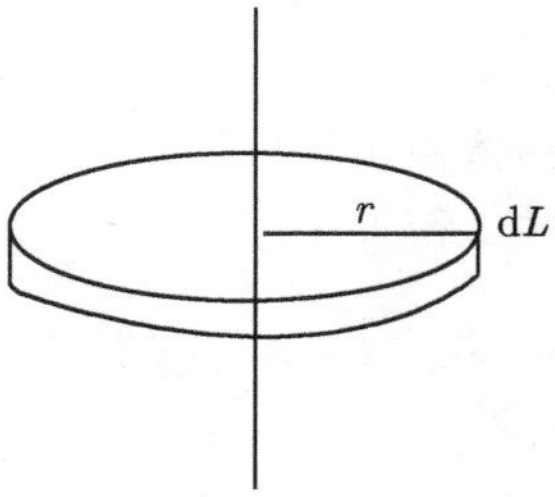

图 1.4

$$\varepsilon_0 \oiint \boldsymbol{E} \cdot \mathrm{d}\boldsymbol{S} = \rho_l L \tag{1}$$

因 $\mathrm{d}\boldsymbol{S} = 2\pi r \mathrm{d}L$ 故由 (1) 得

$$2\pi r \varepsilon_0 L E = \rho_l L$$

$$E = \frac{1}{2\pi\varepsilon_0} \frac{\rho_l}{r} \tag{2}$$

$\boldsymbol{E}$ 之方向垂直于该线.

1.2　群体电荷之能量

在 (10) 式, 若电场 $\boldsymbol{E}_1$(乃由电荷 e_1 在 $\boldsymbol{r}_1$ 所产生) 里, 有一电荷 e_2 从无穷远处移至 $\boldsymbol{r}_2$ 点时, 则为抵抗 $\boldsymbol{E}_1$ 之作用而所需作之功应为 (由 (2) 式)

$$W = -e_2 \int \boldsymbol{E} \cdot \mathrm{d}\boldsymbol{s} = +e_2 \int \mathrm{grad} V(r_{12}) \cdot \mathrm{d}\boldsymbol{s}$$

故

$$W = \frac{1}{4\pi\varepsilon_0} \frac{e_1 e_2}{r_{12}}, \quad r_{12} = |\boldsymbol{r}_1 - \boldsymbol{r}_2| \tag{1-20}$$

今有一群电荷 $e_1, e_2, \cdots e_s, \cdots$ 分别在 $\boldsymbol{r}_1, \boldsymbol{r}_2, \cdots, \boldsymbol{r}_s, \cdots$ 等处, 设吾人将该群电荷同时从无穷远处移至上述各点时, 为抵抗相互作用之 Coulomb 力, 其所需做的功为

$$4\pi\varepsilon_0 W = \frac{e_1 e_2}{r_{12}} + \left(\frac{e_1}{r_{13}} + \frac{e_2}{r_{23}}\right) c_3 + \left(\frac{e_1}{r_{14}} + \frac{e_2}{r_{24}} + \frac{e_3}{r_{34}}\right) e_4 + \cdots$$

$$= \frac{1}{2} e_1 \left(\frac{e_2}{r_{12}} + \frac{e_3}{r_{13}} + \frac{e_4}{r_{14}} + \cdots\right) + \frac{1}{2} e_2 \left(\frac{e_1}{r_{21}} + \frac{e_3}{r_{23}} + \cdots\right)$$

$$W = \sum_{S} \frac{1}{2} e_s V_s \tag{1-21}$$

V_s 乃由除了在 $\boldsymbol{r}_s$ 之电荷 e_s 外所有其他电荷在 $\boldsymbol{r}_s$ 处所产生之电位. 假若所有电荷为点电荷时, 则欲将 e_s 之各小部分, 从无穷远处移至 r_s 处, 所需作之功为无限大. 此能量亦称本身能量 (self energy). 为避免上述"无限大"之困扰, 乃用连续性之电荷分布以代替点电荷之观念, 有如第 (6) 式, 在 $\boldsymbol{r}' = \boldsymbol{r}$ 时, 亦为有限值. 故 (21) 可写为

$$W = \frac{1}{2} \iiint\limits_{V} \rho(\boldsymbol{r}') V(\boldsymbol{r}') \mathrm{d}^3 \boldsymbol{r}' \tag{1-22}$$

此表示 W 在电荷分布在一有限空间区域时之式, 可借 Poisson 方程式改写为

$$W = \frac{1}{2} \iiint\limits_{V} \varepsilon_0 \mathrm{div} \boldsymbol{E} V(\boldsymbol{r}') \mathrm{d}^3 \boldsymbol{r}'$$

$$= \frac{1}{2} \iiint\limits_{V} \varepsilon_0 \boldsymbol{E}^2(\boldsymbol{r}') \mathrm{d}^3 \boldsymbol{r}' \tag{1-22$'$}$$

因此式只有电场 $\boldsymbol{E}$ 出现, 故将所有电荷作成此分布所储蓄的能量 W, 可视为储存于电场里. 如介体为自由空间 (真空), 则这"场能量"的密度为

$$\frac{1}{2} \varepsilon_0 E^2$$

1.3 静电平衡中之导体

1.3.1 电荷之分布

带电或是中性之导体, 皆有下述之特性: 当将导体引入一电场时, 则在该导体上之电荷将重新分布, 使其处于一个静电平衡状态. 由定义, 此状态乃是整个导体具有一均匀等量之电位. 特别是, 其表面亦为一等位面, 故在该面上切线方向之电场分量为零. 整个导体之电位 V 既皆均匀, 则导体内部所有点的电荷密度, 按 Poisson 方程式, 应为零:

$$\rho(\boldsymbol{r}') = 0, \quad 在导体内. \tag{1-23}$$

故当导体在静电平衡状态时, 所有电荷必分布于其表面上 (注意的是当导体有电流通过时, 导体内必有一电场 E 的存在, 故 (23) 式是不成立的).

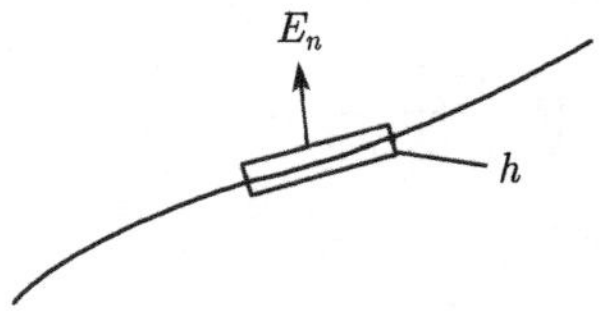

图 1.5

但导体面上, 其电场之法线方向之分量并不为零. 设 $\sigma(\boldsymbol{r}_s)$ 为导体面 $\boldsymbol{r}_s$ 点之表面电荷密度. 如图 1.5 所示, 于跨过导体面上画一小“药盒”, 应用第 (17) 式, 并使其高度 h 趋近于零. 因导体内部之电场为零, 故在表面, 得

$$\varepsilon_0 E_n(\boldsymbol{r}_s) = \sigma(\boldsymbol{r}_s), \tag{1-24}$$

此 $\sigma(\boldsymbol{r}_s)$ 不仅决定在导体表面的 E_n, 且在空间任何一点 $\boldsymbol{r}$, 亦产生电位 $V(\boldsymbol{r})$ 及电场 $E(\boldsymbol{r})$. 问题是如何求得 $\sigma(\boldsymbol{r}_s)$ 之分布情形. 这问题的解答, 可由下述更为一般性之问题获得之. 今有一群处在静电平衡状态之固定导体 (带电或是中性). 设 $V(\boldsymbol{r})$ 为空间 $\boldsymbol{r}$ 点之电位, $\sigma_i(\boldsymbol{r}_s)$ 为导体 i 之表面 $\boldsymbol{r}_s$ 处之电荷密度. 则下述之条件在此体系里皆可成立;

(1) 每个 i 导体面皆为一等位面 V_i;

(2) 每个 i 导体面之电荷密度为 $\sigma_i(\boldsymbol{r}_s)$, 使该导体面为一等位面;

(3) 该群导体之外 $\boldsymbol{r}$ 点之电位 $V(\boldsymbol{r})$ 必满足 Poisson 方程式 (18)

$$\nabla^2 V(\boldsymbol{r}) = -\frac{1}{\varepsilon_0}\rho(\boldsymbol{r})$$

(4) $V(\boldsymbol{r})$ 则满足下列边界条件：

(a) 在 i 导体表面, $V = V_i =$ 常数,

(b) 在某些特定面, $V\left(或\ \dfrac{\partial V}{\partial n}, “法线微分”\right) =$ 已知函数 (例：围绕所有导体之空间体积的边界面)

上述问题加上 (1)—(4) 之边界条件而所得之解, 乃是下一章将欲讨论之电位理论之主要问题. 但在尚未讨论此类问题之时, 吾人仍然能得到一些较广泛性之结果. 这些结果将于下面用定理表示之.

定理 1 在多个导体系统里, 若每个导体上之电位为已知, 则每个导体面电荷密度即完全决定.

证明 假设每个导体面电荷密度, 可有两个不同的分布情形 —— 称为 σ 和 σ', 则由 $(\sigma - \sigma')$ 所造成之电位 $V(\boldsymbol{r})$ 为

$$\overline{V}(\boldsymbol{r}) = \frac{1}{4\pi\varepsilon_0}\iint_{\Sigma} \frac{\sigma - \sigma'}{R}\mathrm{d}S_i$$

$\mathrm{d}S_i$ 乃是导体 i 面积元素, $R=|\boldsymbol{r}-\boldsymbol{r}_i|$, Σ 是所有导体之面积 $S_1+S_2+\cdots$ 之总和. 设 $\boldsymbol{r}_A$ 为 A 导体面上之一点. 由上设定, 得知

$$V(\boldsymbol{r}_A)=\frac{1}{4\pi\varepsilon_0}\iint\limits_{\Sigma}\sigma\frac{\mathrm{d}S_i}{R}, V(\boldsymbol{r}_A)=\frac{1}{4\pi\varepsilon_0}\iint\limits_{\varepsilon}\frac{\sigma'\mathrm{d}S_i}{R},$$

$$\boldsymbol{r}=\boldsymbol{r}_A-\boldsymbol{r}_i$$

故 $\overline{V}(\boldsymbol{r}_A)=0$.

因 A 乃是任意取之点, 故由上结果得知 $\sigma-\sigma'$ 在所有导体上所产生之电位为零, 且在此系统中任何 $\boldsymbol{r}$ 点, 其电场皆为零. 由 (24) 式, 得见此即谓不可能有两个不同之电荷分布也.

定理 2 若每个导体之总电荷量为已知, 则在静电平衡状态下之导体群, 其每个导体上之电荷分布, 皆完全决定.

证明 先假设每个导体上可有两个不同电荷密度 σ 和 σ'. 由命题, 导体 i 上之总电荷量 Q_i 为已知的, 故有

$$Q_i=\oiint\limits_{S_i}\sigma\mathrm{d}S_i=\oiint\limits_{S_i}\sigma'\mathrm{d}S_i.$$

设有 $\sigma=\sigma-\sigma'$(假想之分布), 则导体 i 的总电荷量必为零, 因

$$\overline{Q}_i=\oiint\limits_{S_i}(\sigma-\sigma')\mathrm{d}S_i=0,$$

或

$$\oiint\limits_{S_i}\varepsilon_i\overline{\boldsymbol{E}}_i\cdot\mathrm{d}\boldsymbol{S}_i=0.$$

上式乃是表示进到导体 i 之电场通量与出去的是相等的. 电场通量乃是由高电位"流"至低电位点. 假若通量有流进、流出时, 则其电位必在较高与较低电位之间. 按假定, 导体是在由本身电荷所产生的场里的静电平衡状态. 若每一个导体的进、出通量相等, 则这意谓所有导体皆处于同样电位, 但这亦意谓它们没有能量进出, 也就是

$$\sigma-\sigma'=0.$$

定理 3(Thomson 定理) 一群带电之导体, 当其在静电平衡状态时, 其场能为最小值.

由定理 2 得知, 若一群导体中, 已知每个导体之总电荷量 e_k, 则各导体上之电荷密度 σ, 即完全决定了. 该平衡状态可以下式表示之:

$$V_i= \text{常数}\quad \text{在每个导体上}$$

兹欲证明在此状态下, 该体系之场能为最小值.

证明 假设嵌这些导体于自由空间里 (证明方法亦可适用于有介电质之空间里), 使 $\boldsymbol{E}(\boldsymbol{r})$ 为

$$\mathrm{div}\boldsymbol{E} = \frac{\rho}{\varepsilon_0}, \quad \oiint_{S_k} \varepsilon_0 \boldsymbol{E} \cdot \mathrm{d}\boldsymbol{S}_k = e_k, \tag{1-25}$$

$$\boldsymbol{E} = -\mathrm{grad}V \quad 因此 \quad \mathrm{curl}\boldsymbol{E} = 0$$

设 $\boldsymbol{E}'$ 为任何其他 (非静止的) 场, 并满足 (25) 各方程式, 只除了 $V_i' =$ 常数. 该两个不同状态 $\boldsymbol{E}$ 及 $\boldsymbol{E}'$ 之场能差距, 按 (21) 式应为

$$\begin{aligned}\Delta W &= \frac{1}{2}\iiint_V (\varepsilon_0 \boldsymbol{E}' \cdot \boldsymbol{E}' - \varepsilon_0 \boldsymbol{E} \cdot \boldsymbol{E})\mathrm{d}^3 r' \\ &= \frac{1}{2}\iiint_V \varepsilon(\boldsymbol{E}' - \boldsymbol{E})^2 \mathrm{d}^3 r' + \iiint \varepsilon_0(\boldsymbol{E}' - \boldsymbol{E}) \cdot \boldsymbol{E}\mathrm{d}^3 r'\end{aligned}$$

今

$$\begin{aligned}(\boldsymbol{E}' - \boldsymbol{E}) \cdot \boldsymbol{E} &= -\nabla V \cdot (\boldsymbol{E}' - \boldsymbol{E}) \\ &= -\mathrm{div}[V'(\boldsymbol{E}' - \boldsymbol{E})] + V\mathrm{div}(\boldsymbol{E}' - \boldsymbol{E})\end{aligned}$$

且 $\mathrm{div}(\boldsymbol{E}' - \boldsymbol{E}) = 0$. 因此

$$\begin{aligned}\iiint \varepsilon_0(\boldsymbol{E}' - \boldsymbol{E}) \cdot \boldsymbol{E}\mathrm{d}^3 r &= -\sum_k \iint_{S_k} V(\boldsymbol{E}' - \boldsymbol{E})\mathrm{d}\boldsymbol{S} \\ &= -\sum_k V_k \iint_{S_k} (\boldsymbol{E}' - \boldsymbol{E}) \cdot \mathrm{d}\boldsymbol{S} = 0\end{aligned}$$

用 (25) 式第二方程式,

故 $$\Delta W = \frac{1}{2}\iiint_V \varepsilon_0(\boldsymbol{E}' - \boldsymbol{E})^2 \mathrm{d}^3 r' \geqslant 0$$

定理 4 兹在由固定电荷 (或带电道体) 产生之电场, 引入一不带电之导体, 则该体系之场能必降低.

证明 设 $\boldsymbol{E}(\boldsymbol{r})$ 和 $\boldsymbol{E}'(\boldsymbol{r})$ 乃引入不带电之导体 A 前后之电场. 其场能之改变应为

$$\Delta W = \frac{1}{2}\iiint_{V-V_0} \varepsilon_0 \boldsymbol{E}'^2 \mathrm{d}^3 r - \frac{1}{2}\iiint_V \varepsilon_0 \boldsymbol{E}^2 \mathrm{d}^3 r$$

V_0 乃是导体 A 之体积. 上两积分之范围, 不包括所有导体占据之空间 (因导体内之电场为零). 吾人可得

$$\Delta W = \frac{1}{2}\iiint\limits_{V-V_0}(\boldsymbol{E}'+\boldsymbol{E})\cdot\varepsilon_0(\boldsymbol{E}'-\boldsymbol{E})\mathrm{d}^3r - \frac{1}{2}\iiint\limits_{V_0}\varepsilon_0\boldsymbol{E}^2\mathrm{d}^3r$$

第一项积分为零 *, 故

$$\Delta W = -\frac{1}{2}\iiint\limits_{V_0}\varepsilon_0 E^2\mathrm{d}^3r \tag{1-26}$$

负值乃表示, 当不带电之导体加入此空间时, 其场能必降低.

1.3.2 电位、电容、电感等系数

在 (4), (5) 式, 吾人已述及电场及电位适用叠加原理之假定, 依据该原理, 吾人立即可得下述之结果;

假如在 $1, 2, \cdots, n$ 等固定导体, 分别附有 $e_1, e_2, \cdots, e_n$ 等电荷时, 将产生 $V_1, V_2, \cdots, V_n$ 等电位, 又假如另外一组之电荷 $(e_1', \cdots, e_r')$, 将产生 $V_1', \cdots, V_n'$ 等电位, 则由 $e_1+e_1', e_2+e_2', \cdots, e_n+e_n'$ 等之电荷, 所产生之电位, 为 $V_1+V_1', \cdots, V_n+V_n'$ 等.

1. 电位系数

今有 n 个固定导体之系统. 若于该 n 个导体上分别附有 $e_1, e_2, \cdots, e_n$ 等电荷时, 依据叠加原理, 则在第 j 个导体之电位应为

$$V_j = \sum_k p_{jk}e_k, \quad j = 1, 2, \cdots, n \tag{1-27}$$

p_{jk} 之意义, 可如下见之, 设只有导体 k 带有一单位电荷, 其他导体皆不带电, 则导体 j 之电位为 $p_{jk}.p_{jk}$ 等有对称性, 可获得如下.

设于导体“1”上之电荷密度分布情形为 $\sigma_1(\boldsymbol{r}_1)$,

$$\iint\limits_{S_1}\sigma_1\mathrm{d}^2\boldsymbol{r}_1 = 1 \tag{1-28}$$

---

* 今 $\quad \mathrm{curl}(\boldsymbol{E}'+\boldsymbol{E}) = 0$

又 $\quad \mathrm{div}(\varepsilon_0\boldsymbol{E}'-\varepsilon_0\boldsymbol{E}) = (\rho'-\rho) = 0$

因按题假定, 电荷分布是固定的. 我们可引入一纯量函数 U, 使

$$\boldsymbol{E}'+\boldsymbol{E} = -\nabla U$$

故

$$\iiint(\boldsymbol{E}+\boldsymbol{E}')\cdot(\varepsilon_0\boldsymbol{E}'-\varepsilon_0\boldsymbol{E})\mathrm{d}^3r = \iiint U\mathrm{div}(\varepsilon_0\boldsymbol{E}'-\varepsilon_0\boldsymbol{E})\mathrm{d}^3r = 0$$

在上作分部积分时, 其已积分之部等于零, 乃假设 $\boldsymbol{E}$ 与 $\boldsymbol{E}'$ 在 r 值甚大时, 其趋近于零, 较 $\frac{1}{r}$ 为迅速.

$d^2\boldsymbol{r}_1$ 乃导体"1"面 $\boldsymbol{r}_1$ 点之"表面元素". 该导体 1 在导体 2 上 $\boldsymbol{r}_2$ 点所产生之电位为

$$4\pi\varepsilon_0 V_2(\boldsymbol{r}_2) = \iint_{S_1} \frac{\sigma_1(\boldsymbol{r}_1')\mathrm{d}^2 r_1}{|\boldsymbol{r}_1 - \boldsymbol{r}_2|} \tag{1-29}$$

导体"2"上之电荷密度 σ_2',

$$\iint_{S_2} \sigma_2'(\boldsymbol{r}_2)\mathrm{d}^2\boldsymbol{r}_2 = 1 \tag{1-30}$$

则在导体"1"上 $\boldsymbol{r}_1$ 点所产生之电位为

$$4\pi\varepsilon_0 V_1'(\boldsymbol{r}_1) = \iint_{S_2} \frac{\sigma_2'(\boldsymbol{r}_2)\mathrm{d}^2\boldsymbol{r}_2}{|\boldsymbol{r}_1 - \boldsymbol{r}_2|} \tag{1-31}$$

由 (29) 与 (31), 可得

$$\begin{aligned}\iint_{S_2} \sigma_2'(\boldsymbol{r}_2)V_2(\boldsymbol{r}_2)\mathrm{d}^2\boldsymbol{r}_2 &= \iint_{S_2}\iint_{S_1} \frac{\sigma_2'(\boldsymbol{r}_1)\sigma_1(\boldsymbol{r}_1)\mathrm{d}^3\boldsymbol{r}_1\mathrm{d}^2\boldsymbol{r}_1}{|\boldsymbol{r}_2 - \boldsymbol{r}_1|} \\ &= \iint_{S_1} \sigma_1(\boldsymbol{r}_1)V_1'(\boldsymbol{r}_1)\mathrm{d}^2\boldsymbol{r}_1 \end{aligned}\tag{1-32}$$

但每个导体的表面之电位是常数, 因此, 由 (29) 与 (30), 可得

$$V_2 = V_1' \tag{1-33}$$

按 (27) 之定义, 此即

$$p_{21} = p_{12}, \tag{1-34}$$

或一般的

$$p_{jk} = p_{kj} \tag{1-35}$$

此 p_{jk} 称为电位系数; 它们的数值, 仅视导体之形状、大小及位置而定.

2. Green *互易关系* (reciprocity relation)

设 (27) 式中之电荷改为 $e_1', e_2', \cdots, e_n'$, 则其相当之电位为

$$V_j' = \sum_k p_{jk}e_k'$$

由此方程式与 (27), 更用 (35) 之关系, 可得

$$\sum_j e_j'V_j = \sum_{j,k} p_{jk}e_j'e_k = \sum_{k,j} p_{kj}e_ke_j' = \sum_k e_kV_k' \tag{1-36}$$

这就是所谓 Green's reciprocity 定理.

3. **电容与电感系数**

由 (27) 之联立方程式, 求 e_s 之解, 可得

$$e_m = \sum_{n=1}^{n} c_{nm} V_n \tag{1-37}$$

c_{nm} 为 p_{nm} 在行列式 Δ 中之余因子 (cofactor) 而除以 Δ 之值, Δ 为

$$\Delta = \begin{Vmatrix} p_{11} & \cdots & p_{n1} \\ \vdots & & \vdots \\ p_{1n} & \cdots & p_{nn} \end{Vmatrix} \geqslant 0$$

因 $p_{ij} = p_{ji}$, 故

$$c_{ij} = c_{ji} \tag{1-38}$$

c_{mm} 为当导体"m"之电位为一单位, 所有其他导体之电位皆为零时, 该导体 m 的电荷. c_{mm} 称为电容系数, 其值为 $c_{mm} > 0$, 若 $n \neq m$, 则 c_{mm} 称为电感系数, 而 $c_{mm} < 0$.

习题：证明下列关系：

$$\begin{gathered} p_{ij} \geqslant 0 \\ c_{ij} \leqslant 0 \\ \sum_{j=1}^{n} c_{ij} \geqslant 0 \end{gathered} \tag{1-39}$$

4. **电屏蔽原理** (principle of electrical screening)

如图 1.6 所示, 在此体系内, 导体"1"完全为导体"2"所包围住. 假如 $Q_1 = 0$, 而导体 2 又接地, 则

$$V_1 = V_2 = 0$$

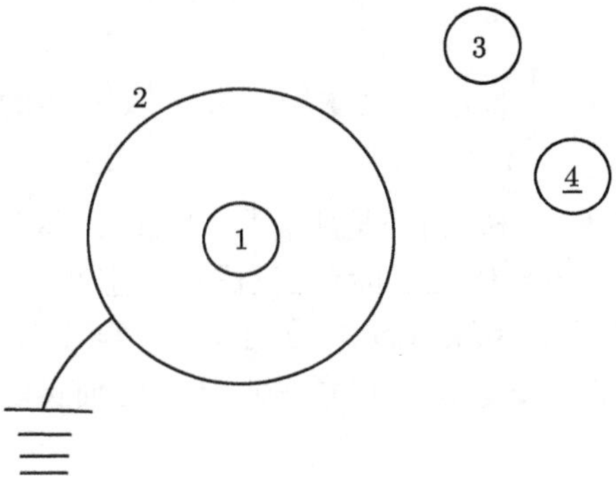

图 1.6

将 (37) 式应用在“1”上, 则

$$c_{31}V_3 + c_{41}V_4 + \cdots = 0$$

此式在 V_3, V_4 为任意值时皆应成立. 故

$$c_{31} = c_{41} = \cdots = c_{N1} = 0$$

故, 当“2”接地时, 则该系统由 (37) 式可得

$$\begin{aligned} &Q_1 = c_{11}V_1 \\ &Q_2 = c_{12}V_1 + c_{32}V_3 + c_{42}V_4 + \cdots \\ &Q_3 = c_{12}V_1 + c_{33}V_3 + c_{43}V_4 + \cdots \\ &\cdots \\ &Q_N = c_{3N}V_3 + c_{4N}V_4 \end{aligned} \tag{1-40}$$

由 (40) 式可见“1”为“2”所包围而“2”接地时, “1”之电荷与在“2”外之导体之电位无关, 且“3”, “4”,$\cdots$,“N”(在“2”外之导体) 之电位也与“2”之内的电荷无关. 这就是电屏蔽原理.

1.3.3　导体群之能量

在 (21) 式中, 吾人已述及如何计算自由空间里一群固定导体之场能. 因为导体内之电场 $\boldsymbol{E} = 0$, 故当对所有空间体积积分时, 体积 V 是已扣除所有导体占有之体积, 故

$$\begin{aligned} W &= \frac{1}{2}\iiint\limits_V \varepsilon_0 E^2 \mathrm{d}^3 r = -\frac{1}{2}\iiint\limits_V \varepsilon_0(\boldsymbol{E}\cdot \mathrm{grad}V)\mathrm{d}^3 r \\ &= -\frac{1}{2}\iiint\limits_V \{(\mathrm{div}(\varepsilon_0 V\boldsymbol{E} - \varepsilon_0 V \mathrm{div}\boldsymbol{E})\}\mathrm{d}^3 r \\ &= -\frac{1}{2}\iiint\limits_V \mathrm{div}(\varepsilon_0 V\boldsymbol{E})\mathrm{d}^3 r = -\frac{1}{2}\oiint\limits_S \varepsilon V\boldsymbol{E}\cdot \mathrm{d}\boldsymbol{S} \end{aligned} \tag{1-42}$$

$\boldsymbol{S}$ 面有两部分：$\boldsymbol{S}_0$ 与 $\boldsymbol{S}_\infty$. $\boldsymbol{S}_0$ 面乃是所有导体表面之总和, 而 $\boldsymbol{S}_\infty$ 乃一无限大的球之面. $\mathrm{d}\boldsymbol{S}$ 之方面为朝向导体. 上面吾人已假定在空间 V 里无电荷, 故 $\mathrm{div}\boldsymbol{E} = 0$.

为计算 (42) 式的积分, 可将 $\mathrm{d}\boldsymbol{S}$ 之方向反转, 再用 (24) 式 $\varepsilon_0 \boldsymbol{E}_n = \sigma$, ($E_n$ 与导体面垂直分量). 更假设 S_∞ 上之电场, 对 (42) 无何贡献 (因电场在无穷远时趋近于零), 则 (42) 式即成

$$W = \iint\limits_S \frac{1}{2}V\sigma \mathrm{d}\boldsymbol{S} = \frac{1}{2}\sum_k V_k e_k \tag{1-43}$$

(43) 式之 W, 亦可由电荷 c_k 从 O 增加至 e_k, 将电位 V_j 从 O 增加至 V_j 所作之功计算之. 按叠加原理, 即得

$$W = \sum_k \int_0^1 (\lambda V_k)' \mathrm{d}(\lambda e_k) = \frac{1}{2}\sum_k V_k e_k$$

(43) 式可借 (27) 或 (37) 式化简为仅有 e_k, 或仅有 V_k 之式子, 如

$$W(e) = \frac{1}{2}\sum_{i,j} p_{ij} e_i e_j, \quad p_{ij} = p_{ji} \tag{1-44}$$

$$W(V) = \frac{1}{2}\sum_{i,j} e_{i,j} V_i V_j, \quad c_{ij} = c_{ji} \tag{1-45}$$

所以

$$\frac{\partial W}{\partial e_i} = \sum_j p_{ij} e_j = V_i \tag{1-46}$$

$$\frac{\partial W}{\partial V_i} = \sum_j c_{ij} V_j = e_i \tag{1-47}$$

并且

$$\mathrm{d}W = \sum_i \frac{\partial W}{\partial e_i}\mathrm{d}e_i = \sum_i V_i \mathrm{d}e_i \tag{1-48}$$

$$= \sum_i \frac{\partial W}{\partial V_i}\mathrm{d}V_i = \sum_i e_i \mathrm{d}V_i \tag{1-49}$$

由 (44) 式 $W(e)$ 变为 (45) 式之 $W(V)$, 乃系一个 Legendre 变换.

$$W(V) = \sum e_i V_i - W(e) \tag{1-50}$$

参阅本丛书《理论物理第一册：古典动力学》乙部, 第 3.1 节. 由 Euler 齐次函数定理可得

$$\sum e_i \frac{\partial W}{\partial e_i} = 2W(e), \quad \sum V_i \frac{\partial W}{\partial V_i} = 2W(V) \tag{1-51}$$

1.3.4 导体位移时所需之功

若导体位置之一般坐标为 $(\xi_1, \xi_2, \cdots)$, 使 p_{ij} 及 c_{ij} 等系数成为此等坐标之函数. (44) 及 (45) 之能量式兹可写为

$$W(e;\xi) = \frac{1}{2}\sum p_{ij}(\xi) e_i e_j \tag{1-52}$$

$$W(V;\xi) = \frac{1}{2}\sum c_{ij}(\xi) V_i V_j \tag{1-53}$$

广义力 (generalized force)F_k 可定义如下：

位移 $\mathrm{d}\xi_k$ 时, 为抵抗 $\boldsymbol{F}_k$ 所需作之功之元素为

$$F_k \mathrm{d}\xi_k \tag{1-54}$$

此 F_k 系

$$F_k = -\frac{\partial W(e,\xi)}{\partial \xi_k} \tag{1-55}$$

$$= -\frac{1}{2}\sum_{i,j}\frac{\partial p_{ij}}{\partial \xi_k}e_i e_j \tag{1-56}$$

由 (50) 式, 已得

$$W(e,\xi)+W(V,\xi)-\sum_k e_k V_k = 0$$

此可写作下式

$$f(e_1,\cdots,e_n,V_1,\cdots,V_n,\xi_1,\xi_2,\cdots)=0 \tag{1-57}$$

故

$$\delta f = \sum_k\left(\frac{\partial f}{\partial e_k}\delta e_k+\frac{\partial f}{\partial V_k}\delta V_k\right)+\sum_j\frac{\partial f}{\partial \xi_j}\delta\xi_j=0$$

唯

$$\frac{\partial f}{\partial e_k}=\frac{\partial W(e,\xi)}{\partial e_k}-V_k=0$$

$$\frac{\partial f}{\partial V_k}=\frac{\partial W(V,\xi)}{\partial V_k}-e_k=0$$

故得 $\sum\limits_k \frac{\partial f}{\partial \xi_k}\delta\xi_k=0$. 但 $\delta\xi_k$ 乃是任意取之值, 故

$$\frac{1}{4\pi\varepsilon_0}\frac{\partial f}{\partial \xi_k}=\frac{\partial W(e,\xi)}{\partial \xi_k}+\frac{\partial W(V,\xi)}{\partial \xi_k}=0 \tag{1-58}$$

(此式系 Legendre 变换之结果. 见前参考《古典动力学》乙部)

若所有 e_k 无改变, 则 F_ξ 的方向, 乃是 $W(e,\xi)$ 减少之方向. 若所有导体之电位保持不变 (如利用电池相接), 则此系统之能量按下式增加;

$$\sum_k \frac{\partial W(V;\xi)}{\partial \xi_k}\mathrm{d}\xi_k \tag{1-59}$$

而力则为

$$-\frac{\partial W(e;\xi)}{\partial \xi_k}=\frac{\partial W(V;\xi)}{\partial \xi_k} \tag{1-60}$$

该系统所作之功为 $\sum_k \frac{\partial W(V;\xi)}{\partial \xi_k}\mathrm{d}\xi_k$. 故由电池所供应之能量则应为

$$= \text{该系统所增加之内能} + \text{由该系统所作之机械功}$$

$$= 2\sum \frac{W(V;\xi)}{\partial \xi_k}\mathrm{d}\xi_k \tag{1-61}$$

总之, 由该力作用之效果, 一个未带电之介电体, 将永被吸到电场较强之区域, 在所有 e 值不变的情况下, 该系统之能量必降低; 但在 V 保持不变情形下, 则介电体所作之功, 其能量由电池提供.

1.4 电介质 (dielectrics)

1.4.1 极化现象 (polarization)

1. 电极化率 (susceptibility)

电介质中如 $O_2, N_2, CO_2, CH_4, C_6H_6, \cdots$ 等分子, 皆具有高度之对称性, 故这些分子没有永久电偶矩 (electric dipole moment). 但如 $H_2O, O_3, HCl, C_2H_5OH, SO_2$ 等分子, 则具有永久电偶矩. 下面吾人将讨论极化理象与永久电偶矩之关系. 兹使 $\boldsymbol{p}_0$ 代表永久电偶矩.

气体或液体中之分子电偶或离子电偶, 由于受了热的激动, 其指向是没有一定的, 故在一个体积 V 内, 这些分子之平均电偶矩应为零. 但当有外加电场时, 则一个电偶之电位能可写为

$$V = -\boldsymbol{p}_0 \cdot \boldsymbol{E} \tag{1-62}$$

使该电偶指向电场方向的力偶 $\boldsymbol{T}$ 为

$$\boldsymbol{T} = \boldsymbol{p}_0 \times \boldsymbol{E} = -\frac{\partial V}{\partial \theta} = -p_0 E \sin\theta \tag{1-63}$$

θ 为 $\boldsymbol{p}_0$ 与 $\boldsymbol{E}$ 间之夹角.

设 $x = \cos\theta, y = p_0 E/kT$, k 为 Boltzmann 常数, T 为绝对温度. 按统计力学之 Boltzmann 定律, 电偶矩沿 $\boldsymbol{E}$ 方向之分量是

$$\overline{p}_0 = \langle p_0 \cos\theta \rangle = \frac{p_0 \int x\mathrm{e}^{yx}\mathrm{d}x}{\int \mathrm{e}^{yx}\mathrm{d}x} \tag{1-64}$$

积分极限是从 $x=-1$ 到 $x=+1$. 计算的结果是

$$\langle p_0 \cos\theta \rangle = p_0 \left[\coth y - \frac{1}{y}\right] \tag{1-64a}$$

$$p_0 = \frac{p_0^2 E}{3kT}, \quad 当 p_0 E \ll kT \tag{1-64b}$$

这个 $\langle p_0 \cos\theta \rangle$ 随着温度而改变的理论，乃是由 Debye 所导出. 此理论与 Langevin 在 1912 年处理磁偶矩的情形完全相似 (参阅《理论物理第二册：量子论与原子结构》甲部第 6.3 节).

无论电介质的分子是否具有永久电偶矩，在外加电场中，则该分子必有感应的电偶矩. 虽个别分子内之电子，受有束缚，不能如在导体内从一个分子流到另一个分子，但每个分子中的正电荷与电子之间，却会产生一微小之位移，因而产生一个感应电偶矩，其平均值为

$$\boldsymbol{p}_{\text{in}} = \iiint \rho r \mathrm{d}^3 r$$

ρ 乃是电荷密度，积分范围乃是整个分子之体积. $\boldsymbol{p}_{\text{in}}$ 与 $\overline{p_0}$ 不同处，是 $\boldsymbol{p}_{\text{in}}$ 与温度无关. 当然，由上述之定义得知，$\boldsymbol{p}_{\text{in}}$ 乃视外加电场之大小而定. 若该场并非太大时 (与分子内本身电场相比)，则感应电偶极为 *

$$\boldsymbol{p}_{\text{in}} = \alpha \varepsilon_0 \boldsymbol{E} \tag{1-65}$$

$\boldsymbol{E}$ 与 $\boldsymbol{p}_{\text{in}}$ 有线性之关系，α 称为分子极化率，完全系分子之性质. 其值可由实验中量定，亦可用量子力学计算之. 若 N 为电介质中每单位体积分子数，则每单位体积之感应电偶矩为

$$N\boldsymbol{p}_{\text{in}} = N\alpha\varepsilon_0 \boldsymbol{E} \tag{1-65a}$$

由 (64b) 和 (65) 两式，每单位体积之电偶矩总和 ($\boldsymbol{P}$，称为极化) 为

$$\boldsymbol{P} = N(\boldsymbol{p}_0 + \boldsymbol{p}_{\text{in}}) = k\varepsilon_0 \boldsymbol{E} \tag{1-66}$$

k 称为电介质之 (巨观的) 电极化率 (electric susceptibility). 由库仑定律 (1)，得知，$\varepsilon_0 \boldsymbol{E}$ 之因次为 er^{-2}，而 $\boldsymbol{P}$ 之因次亦为 $\dfrac{er}{r^3}$. 因此 k 乃是因次为零之量. (65) 式中之 α，其因次为体积.

绝大部分之气体，k 之值在 0.0001 左右. 大多数的固体或液体之电介质，k 是在 1~10. 但酒精 (25~30) 与蒸馏水 (约 80) 却是例外. 有些半导体，k 之值会达 10^5 之谱.

某些电介质 (如 rochelle salt, barium titanate)，它们之 $\boldsymbol{P}$ 和 $\boldsymbol{E}$ 并不具有线性之关系. 当外加电场移去时，$\boldsymbol{P}$ 并不恢复为零，而尚剩留一些极化理象，甚似铁磁性物质之磁滞理象. 因此，该类之电介质乃称为铁电物质 (ferroelectric).

* 在用巨观来看 (65) 之前，不妨先指出 (65) 式中之 $\boldsymbol{E}$，实应写为 $\boldsymbol{E} + \dfrac{1}{3\varepsilon_0}\boldsymbol{P}$，此点将留待下文 (72) 式详述之.

更有一类电介质, 如石英 (quartz) 晶体等, 可借机械应力使之极化. 这即所谓压电效应 (piezoelectric effect). 与此相反的效应. 即是用外加电场使该物质引起某特定频率振动, 有多种实用价值, 如可用做为频率之标准等 (如石英表).

至若各向同性之电介质 (isotropic dielectric), k 是个纯量 (非向量). 若晶体具有某种特殊之对称性, 则感应电偶矩 $\boldsymbol{p}_{\text{in}}$ 之方向可异于 $\boldsymbol{E}$ 之方向, 换言之, k 系张量 (tensor)$k_{ij}, i, j = x, y, z$ 在此情形下,

$$p_i = \sum_j k_{ij} \varepsilon_0 E_j, \quad i = x, y, z \tag{1-67}$$

(关于本节所讨论各项目, 可参阅 L. Loeb 所著之 *The Kinetic Theory of Gases*, 第三版, chapter 10)

2. 因极化分布 P 所产生之电位

由一个在 r' 点电偶极在 r 点所产生之电位, 当 $|r - r'|$ 远大于 P 之尺度 (dimension) 时, 吾人从 (1) 得知为

$$\begin{aligned} V(\boldsymbol{r}) &= \frac{1}{4\pi\varepsilon_0 R^3}(\boldsymbol{P} \cdot \boldsymbol{R}), \quad \boldsymbol{R} = \boldsymbol{r} - \boldsymbol{r}' \\ &= -\frac{1}{4\pi\varepsilon_0}\boldsymbol{P} \cdot \nabla\left(\frac{1}{R}\right) \\ &= \frac{1}{4\pi\varepsilon_0}\boldsymbol{p} \cdot \nabla'\left(\frac{1}{R}\right) \end{aligned} \tag{1-68}$$

∇ 与 ∇' 之梯度算符, 乃是分别对 r 和 r' 微分.

若极化分布为 P, 由 (68) 式可得

$$\begin{aligned} V_P(\boldsymbol{r}) &= \frac{1}{4\pi\varepsilon_0}\iiint \boldsymbol{P}(\boldsymbol{r}') \cdot \nabla'\left(\frac{1}{R}\right) \mathrm{d}^3 r' \\ &= \frac{1}{4\pi\varepsilon_0}\left\{\oint\!\!\oint_S \frac{1}{R}\boldsymbol{P} \cdot \mathrm{d}\boldsymbol{S}' - \iiint_V \frac{1}{R}\mathrm{div}\boldsymbol{P}(\boldsymbol{r}')\mathrm{d}^3 r'\right\} \end{aligned} \tag{1-69}$$

S 乃是介电质体积 V 之边界面. 兹将 (69) 与 (6), (7) 两式 (由于体积及面的电荷分布所生之电位)

$$V(\boldsymbol{r}) = \frac{1}{4\pi\varepsilon_0}\left\{\oint\!\!\oint_S \frac{\sigma \cdot \mathrm{d}S'}{R} - \iiint_V \frac{1}{R}\rho \mathrm{d}^3 r'\right\} \tag{1-70}$$

相比, 则见: (69) 式右边第一项的 P_n, 相当于一个表面电荷 σ_p 所生之电位, 而第二项 $\mathrm{div}\boldsymbol{P}$ 相当于体积电荷 σ_p 所生之电位,

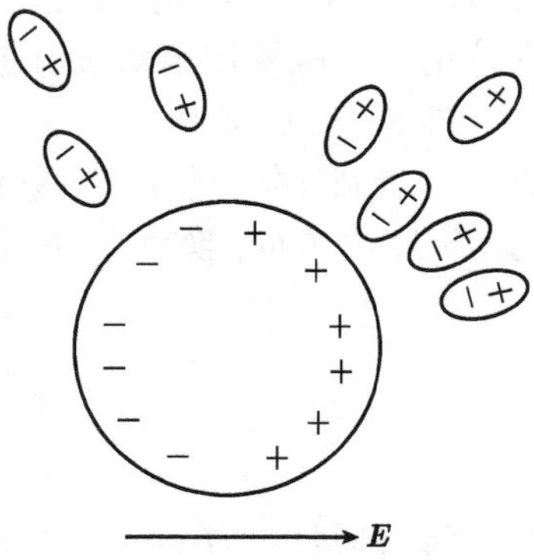

图 1.7

$$\sigma_p = P_n, \quad 与\mathrm{d}\boldsymbol{S}垂直之分量 \tag{1-71a}$$

$$\rho_p = -\mathrm{div}\boldsymbol{P} \tag{1-71b}$$

σ_p, ρ_p 可视为“束缚电荷”(bound charges), 而 σ, ρ 乃系“自由”电荷.

兹再回看 (65) 式是否需加以较正. 电介质 $\boldsymbol{r}$ 处之极化情形, 乃视 $\boldsymbol{r}$ 处电场之总和而定. 而该处之电场可视为由两部构成; (1) 巨观现象理论所用之平均电场, 及 (2) 电介质的分子经极化后, 所产生的“局部电场” $\boldsymbol{E}_{\mathrm{loc}}(\boldsymbol{r})$. 欲求 $\boldsymbol{E}_{\mathrm{loc}}$, (如图 1.7 所示) 可计算来自两个区域之电场 (i) 以 $\boldsymbol{r}$ 为中心的一个球之外分子, 该球体积, 以巨观看是极小的但仍足容下许多分子, 和 (ii) 球内之分子. (i) 的部分, 乃来自相当于 P_n 的表面电荷密度 $\sigma_p = P_n$, (见 (71a), P_n 乃指向 $\boldsymbol{r}$ 的法线分量). 由 (70), 吾人可得此部分之电位 $\boldsymbol{E}_{\mathrm{loc}}$

$$\boldsymbol{E}_{\mathrm{loc}} = \frac{1}{3\varepsilon_0}\boldsymbol{P} \tag{1-72}$$

(ii) 部分来自邻近的分子, 不易计算, 惟如分子的排列有高度之对称性如简单立体正方晶体等, 按 Lorentz 的理论, (ii) 部分实为零. 我们通常假设 (ii) 之等于零的.

(66) 式中若取 $\boldsymbol{p}_0 = 0$(即电介质无永久电偶). (65a), (66) 将由下式取代

$$\boldsymbol{P} = N\alpha\varepsilon_0\left(\boldsymbol{E} + \frac{\boldsymbol{P}}{3\varepsilon_0}\right) \tag{1-73a}$$

$$\boldsymbol{P} = \kappa\varepsilon_0\boldsymbol{E} \tag{1-73b}$$

如定义介质系数 (permittivity) 为

$$\varepsilon = (1+\kappa)\varepsilon_0 \tag{1-73c}$$

则

$$N\alpha = \frac{3(\varepsilon - \varepsilon_0)}{\varepsilon + 2\varepsilon_0} \tag{1-74a}$$

(74a) 称为 Clausius-Mossotti 式. 该式系每单位体积分子密度 N, 分子极化率 α, 与介电系数 ε 之关系.

若在 (66) 式中保留 $\boldsymbol{p}_0$, 由 (64b), 立即可证明 (74a) 变为下式

$$N\left(\alpha + \frac{p_0^2}{3kT\varepsilon_0}\right) = \frac{3(\varepsilon - \varepsilon_0)}{\varepsilon + 2\varepsilon_0} \tag{1-74b}$$

3. 位移场 D 之边界条件

若应用 (18) 式 (Coulomb 定律之 Gauss 形式) 于电介质, 其右边之自由电荷密度, 需再加上经极化所产生之束缚电荷密度 ρ_p. 故 (18) 式应写为

$$\mathrm{div}\varepsilon_0\boldsymbol{E} = \rho + \rho_p \tag{1-75}$$

因 $\boldsymbol{E}$ 仍可由一纯量电位微分而得, 即 (69) 式及 (70) 式之 $V + V_p$, 故

$$\nabla \times \varepsilon_0\boldsymbol{E} = 0 \tag{1-76}$$

现定义一个重要的, 新的向量“位移场” $\boldsymbol{D}$ 为

$$\boldsymbol{D} = \varepsilon_0\boldsymbol{E} + \boldsymbol{P} \tag{1-77}$$

$\boldsymbol{D}$ 与 $\varepsilon\boldsymbol{E}$ 的因次相同. 由 Coulomb 定律之 Gauss 形式得

$$\iiint \mathrm{div}\boldsymbol{E}\mathrm{d}^3\boldsymbol{r} = \frac{1}{\varepsilon_0}\iiint(\rho + \rho_p)\mathrm{d}^3\boldsymbol{r} \tag{1-78}$$

由 (77), (78), (71b), 即得 *

$$\mathrm{div}\boldsymbol{D} = \rho \tag{1-79}$$

注意, 这里 ρ 只系“自由”电荷密度. 电介质之特性 (如极化 $\boldsymbol{P}$ 则包含于 $\boldsymbol{D}$ 之内. 在真空, $\boldsymbol{P} = 0$, 故 $\boldsymbol{D} = \varepsilon_0\boldsymbol{E}$. 但在一般电介质中, $\boldsymbol{P}$ 与 $\boldsymbol{E}$ 之方向, 可相同, 亦可不同, 故 $\boldsymbol{D}$ 及 $\boldsymbol{E}$ 的方向可不同. 见下文.

处理电介质问题时, 吾人必将遇到两个不同电介质之边界问题. 设有两个不同电介质 1 和 2(如图 1.8 所示), 它们表面之自由电荷密度为 σ. 如有一跨过边界面之小药盒子 (pill box) 其高度为 h, 表面积为 S. 今应用 Gauss 定理于该盒体积 V. 从 (79) 式, 可得

$$\iint_S \boldsymbol{D}\cdot\mathrm{d}\boldsymbol{S} = \iiint_V \rho\mathrm{d}^3r \tag{1-80}$$

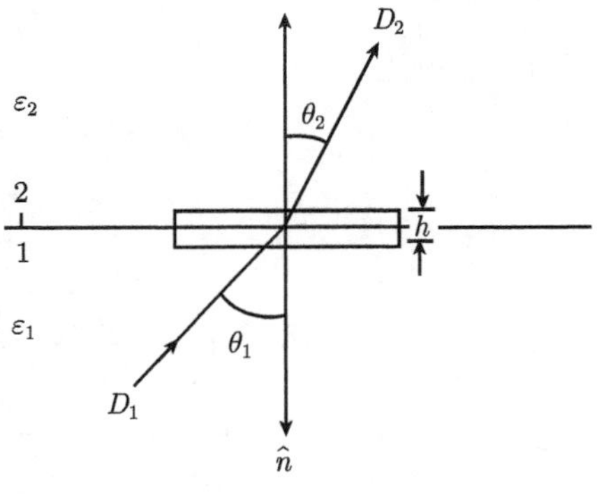

图 1.8

在 $h \to 0$ 的极限情况下, 即得

$$D_2\cos\theta_2 - D_1\cos\theta_1 = \sigma \tag{1-81}$$

* 吾人可定义表面 divergence div 为

$$\mathrm{div}\boldsymbol{D} = (\boldsymbol{D}_2 - \boldsymbol{D}_1)_n \tag{1-83}$$

$$\mathrm{div}\boldsymbol{D} = \sigma, \quad \sigma = \text{自由电荷表面密度} \tag{1-84}$$

$$\mathrm{div}\varepsilon_0\boldsymbol{E} = \sigma. \tag{1-85}$$

或

$$(\boldsymbol{D}_2-\boldsymbol{D}_1)_n=\sigma$$

如两电介质边界无自由电荷, 则在该边界上, $\boldsymbol{D}$ 之法线分量是连续的,

$$D_2\cos\theta_2-D_1\cos\theta_1=0 \tag{1-82}$$

4. **电介质中之电场 $\boldsymbol{E}$**

由 (77) 及 (66) 式, 已知

$$\boldsymbol{D}=(1+\kappa)\varepsilon_0\boldsymbol{E}\equiv k\varepsilon_0\boldsymbol{E} \tag{1-86}$$

$k\varepsilon_0\equiv(1+\kappa)\varepsilon_0$ 称介电系数. k(有时亦写为 $\varepsilon=\varepsilon_0 k$) 称为介电常数 (dielectric constant), k 可为纯量, 或张量, 视电介质之性质而定.

由 (86) 和 (79) 式中, 可见电介质中之场电 $\boldsymbol{E}$ 比其在真空中减小了 k 倍. 这乃由于电介质经极化后产生了一些相当于"束缚"电荷 (71a, b) 之故.

下例可说明电介质中 $\boldsymbol{D}$ 与 $\boldsymbol{E}$ 之关系, 及两电介质之边界问题.

今有一电位差 V 之电池, 串接于一平行板之电容器. 若电容器之介质为真空, 则在两板间的电场应为

$$E=\frac{V}{d},\quad d=\text{两板间之距离}$$

由 Gauss 定理,

$$E=\frac{\sigma}{\varepsilon_0},\quad \sigma\text{为板上之自由电荷密度}$$

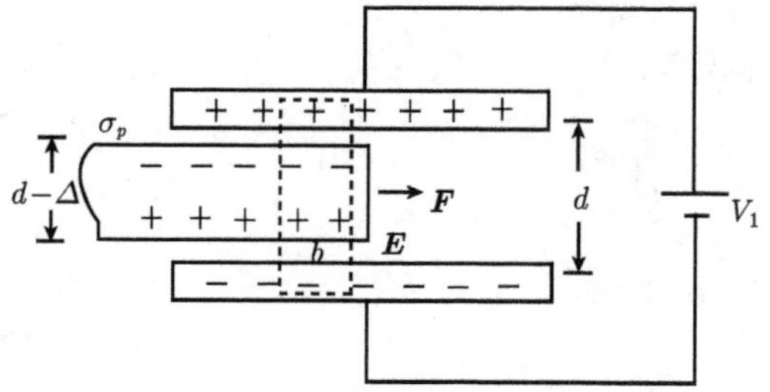

图 1.9

如图 1.9 所示, 今于两板之间插入一介电质片, 该片厚度为 $d-\Delta$. 设现表面电荷密度为 $\sigma+\sigma_p,\sigma_p$ 为该片上之极化 (束缚) 电荷密度. 在空隙里 $\Delta(\Delta\to 0)$, 其 $\boldsymbol{E}$ 为

$$E=\frac{1}{\varepsilon_0}(\sigma+\sigma_p) \tag{1-87}$$

但在该片里之电场仍为 $E = \dfrac{V}{d}$, 与插入之前是完全一样. 这乃由于将一个电荷跨过电容器之两板时, 需要作的功仍为 $eV = eEd$ 之故. 今电场乃由所有电荷 (自由与束缚) 所产生, 即

$$\varepsilon_0 E = (\sigma + \sigma_p)_{板上} + (-\sigma_p)_{片上} = \sigma \tag{1-88}$$

结果与上述完全一致.

但 $\boldsymbol{D}$ 却只由板上自由电荷而来, 故

$$D = (\sigma + \sigma_p)_{板上}$$

此值从空隙至电介质片是有连续性的.

欲说明上述之结果, 请参阅 $\boldsymbol{E}, \boldsymbol{D}$ 之电力线路图 (图 1.10).

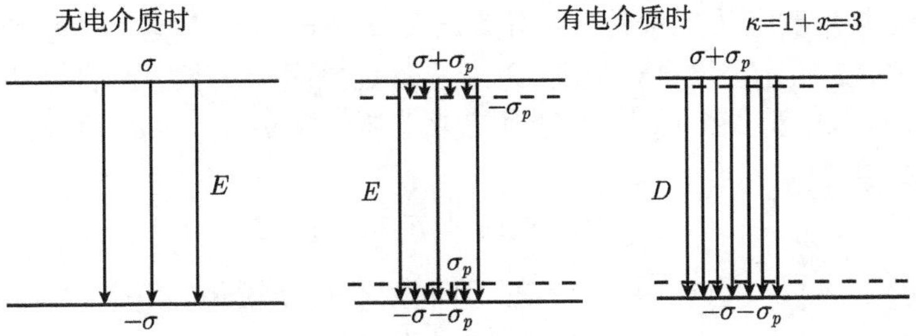

图 1.10

$\boldsymbol{D} = 3\varepsilon_0 \boldsymbol{E}$ (由电容器板上之自由电荷)

$\boldsymbol{E} = \dfrac{1}{3}\boldsymbol{D}$ (由所有之电荷$\sigma = (\sigma_p + \sigma) - \sigma_p$

$\sigma + \sigma_p = (1 + \kappa)\sigma = 3\sigma$)

在 (78) 式, 如应用 Gauss 定理于 S 面上,

$$\oiint_S \boldsymbol{E} \cdot \mathrm{d}\boldsymbol{S} = \frac{1}{\varepsilon_0}\left(\sum q + Q_p\right)$$

S 面可以部分或全部在电介质里, Q_p 乃包括所有在 S 面内之体积与表面极化电荷. 例如图 1.11 所示; 设 S'' 乃是 S 面在电介质内之一部分, 而 S' 乃是电介质表面在体积 V 内的部分. 则

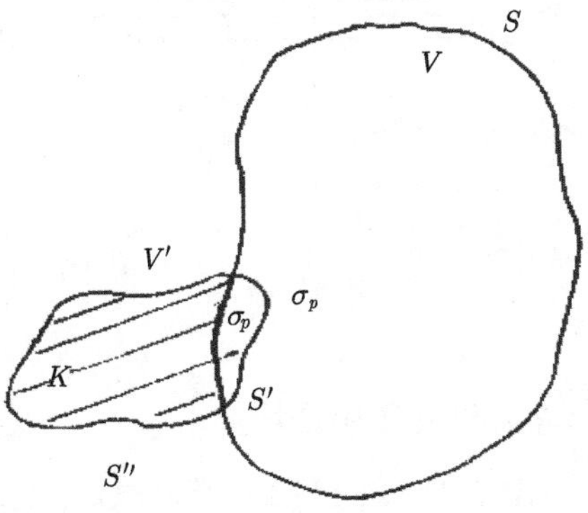

图 1.11

$$
\begin{aligned}
Q_p &= \iiint\limits_V \rho_p \mathrm{d}^3 r + \iint\limits_{S'} \sigma_p \mathrm{d}\boldsymbol{S} \\
&= \iiint\limits_{V'} \rho_p \mathrm{d}^3 r + \iint\limits_{S'} \sigma_p \mathrm{d}\boldsymbol{S} \\
&= -\iiint\limits_{V'} \mathrm{div}\boldsymbol{P} \mathrm{d}^3 r + \iint\limits_{S'} \boldsymbol{P}\cdot \mathrm{d}\boldsymbol{S} \\
&= -\iint\limits_{S+S''} \boldsymbol{P}\cdot \mathrm{d}\boldsymbol{S} + \iint\limits_{S'} \boldsymbol{P}\cdot \mathrm{d}\boldsymbol{S} \\
&= -\iint\limits_{S''} \boldsymbol{P}\cdot \mathrm{d}\boldsymbol{S} = -\iint\limits_{S} \boldsymbol{P}\cdot \mathrm{d}\boldsymbol{S}
\end{aligned}
$$

如 S 面的其余部分均不在任何其他电介质内.

$\boldsymbol{E}$ 在两电介质之边界条件, 可由其定义及 Stokes 定理求得. 设有 1 及 2 两介体, 如图 1.12 所示. 设将一电荷 Q 沿着跨边界面上之长方形曲线上行走时, 因 $\nabla\times\boldsymbol{E}=0$, 故该电荷回至原点, 其所作之功为零. 若 $h_1, h_2 \to 0$, 而 $|s_1| \to |s_2|$ 则由 Stokes 定理, 可得

$$E_1 \sin\theta_1 = E_2 \sin\theta_2 \tag{1-89}$$

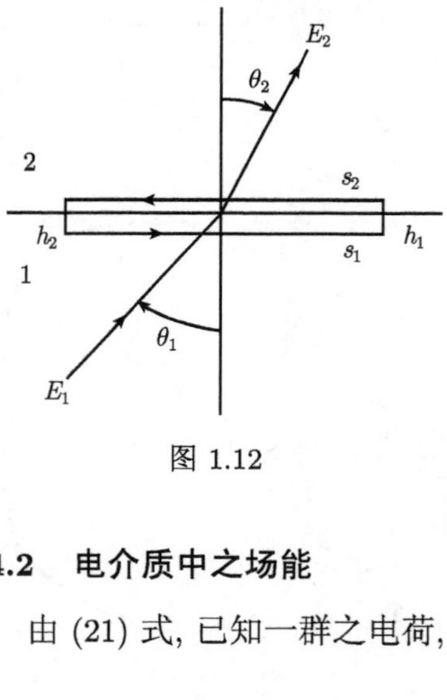

图 1.12

在无向性之电介质情形下, $\boldsymbol{D}_1, \boldsymbol{D}_2$ 分别与 $\boldsymbol{E}_1, \boldsymbol{E}_2$ 平行,

$$\boldsymbol{D}_1 = k_1 \boldsymbol{E}_1, \quad \boldsymbol{D}_2 = k_2 \boldsymbol{E}_2$$

由 (82) 式, 可得

$$\frac{\tan\theta_1}{\tan\theta_2} = \frac{k_1}{k_2} \tag{1-90}$$

此乃 D 之折射定律. 设 $k_1 > k_2$(如由电介质至空气) 如图 1.12 所示, $\boldsymbol{D}(\boldsymbol{E})$ 之方向偏于法线之方向. 此与光之折射方向适相反.

1.4.2　电介质中之场能

由 (21) 式, 已知一群之电荷, 其场能可由下式表示之:

$$W = \frac{1}{2} \iiint\limits_V \rho(\boldsymbol{r}) V(\boldsymbol{r}) \mathrm{d}^3 r \tag{1-21}$$

此积分乃伸展至整个的空间.

由 Coulomb 定律, 在 (79) 式已知

$$\mathrm{div}\boldsymbol{D}=\rho$$

ρ 乃是自由电荷密度. 因此

$$W=\frac{1}{2}\iiint V\mathrm{div}\boldsymbol{D}\mathrm{d}^3r=\frac{1}{2}\iint_S V\boldsymbol{D}\cdot\mathrm{d}\boldsymbol{S}-\frac{1}{2}\iiint(\boldsymbol{D}\cdot\mathrm{grad}V)\mathrm{d}^3r$$
$$=\frac{1}{2}\iiint_V(\boldsymbol{D}\cdot\boldsymbol{E})\mathrm{d}^3r \tag{1-91}$$

上式也可认为是电介质中之场能. 如当 S 趋于无穷远时, V 及 D 之值迅速趋近于 0, 则上式之面积分等于零.

习题：一均匀带电荷之电介质之球, 其半径为 a, 其总电荷为 Q. 证明在 $r(<a)$ 点之电位为

$$4\pi\varepsilon_0V(r)=\frac{Q}{r}\left(\frac{r}{a}\right)^3+\frac{3Q}{4\pi a^3}\int_r^a 4\pi r\mathrm{d}r$$

1. **电介质上机械力** (mechanical forces on a dielectric)

由 (91), (79), (86) 等式, 已知介电质中之场能为

$$W=\frac{1}{2}\iiint_V\boldsymbol{D}\cdot\boldsymbol{E}\mathrm{d}^3r$$
$$\mathrm{div}\boldsymbol{D}=\rho$$
$$\boldsymbol{D}=k\varepsilon_0\boldsymbol{E}\quad(k=1+\kappa,\boldsymbol{P}=\kappa\varepsilon_0\boldsymbol{E})$$

因此, 电介质之状态可完全由 ρ 予以确定. 兹假设下述介电质乃是各向同性的, 故 k 乃一纯量 (非张量).

设 $\delta s(\delta x,\delta y,\delta z)$ 乃物体的一点 (x,y,z) 在场中之位移, 并设作用在单位体积电介质上之力为 $\boldsymbol{F}(F_x,F_y,F_z)$. 能量之减低, 乃由作功之能, 或

$$\delta W=-\iiint_V(\boldsymbol{F}\cdot\delta\boldsymbol{s})\mathrm{d}^3r$$
$$=-\left(\iiint F_x\delta x+F_y\delta y+F_z\delta z\right)\mathrm{d}^3r \tag{1-92}$$

但该位移 (由点 1 至点 2) 能量改变应为

$$\delta W=\frac{1}{2}\iiint_V(\boldsymbol{E}_2\cdot\boldsymbol{D}_2-\boldsymbol{E}_1\cdot\boldsymbol{D}_1)\mathrm{d}^3r \tag{1-93}$$

又

$$\delta W = \frac{\partial W}{\partial \rho}\delta\rho + \frac{\partial W}{\partial \kappa}\delta k = (\delta W)_k + (\delta W)_\rho \tag{1-94}$$

若欲求 $(\delta W)_k$(即只 ρ 改变而 k 保持常数值), 则 $\dfrac{D_2}{E_2} = \dfrac{D_1}{E_1}$ 且

$$(\boldsymbol{E}_2 \cdot \boldsymbol{D}_2 - \boldsymbol{E}_1 \cdot \boldsymbol{D}_1) = (\boldsymbol{E}_1 + \boldsymbol{E}_2) \cdot (\boldsymbol{D}_2 - \boldsymbol{D}_1) = 2\boldsymbol{E} \cdot \delta\boldsymbol{D}$$

$$\boldsymbol{E} \cdot \delta\boldsymbol{D} = -\nabla V \cdot \delta\boldsymbol{D} = -\mathrm{div}(V\delta\boldsymbol{D}) + V\mathrm{div}\delta\boldsymbol{D}$$

故可得

$$(\delta W)_k = \iiint V\mathrm{div}\delta\boldsymbol{D}\mathrm{d}^3r = \iiint V\delta\rho\mathrm{d}^3r \tag{1-95}$$

若欲求 $(\delta W)_\rho$(只 k 改变, 而 $\delta\rho = \mathrm{div}\delta\boldsymbol{D} = 0$). 由 Gauss 定理, 得知

$$\begin{aligned} 0 &= \iint V\delta\boldsymbol{D} \cdot \mathrm{d}\boldsymbol{S} = \iiint \mathrm{div}(V\delta\boldsymbol{D})\mathrm{d}^3r \\ &= \iiint (V\mathrm{div}\delta\boldsymbol{D} + \nabla V \cdot \delta\boldsymbol{D})\mathrm{d}^3r = -\iiint \boldsymbol{E} \cdot \delta\boldsymbol{D}\mathrm{d}^3r \end{aligned}$$

但

$$\begin{aligned} \boldsymbol{E}_2 \cdot \boldsymbol{D}_2 - \boldsymbol{E}_1 \cdot \boldsymbol{D}_1 = &(\boldsymbol{E}_1 + \boldsymbol{E}_2) \cdot (\boldsymbol{D}_2 - \boldsymbol{D}_1) \\ &+ (\boldsymbol{E}_2 \cdot \boldsymbol{D}_1 - \boldsymbol{E}_1 \cdot \boldsymbol{D}_2) \end{aligned}$$

因此

$$\begin{aligned} (\delta W)_\rho &= \frac{1}{2}\iiint (\boldsymbol{E}_2 \cdot \boldsymbol{D}_1 - \boldsymbol{E}_1 \cdot \boldsymbol{D}_2)\mathrm{d}^3r \\ &= -\frac{1}{2}\iiint (k_2 - k_1)\varepsilon_0\boldsymbol{E}_1 \cdot \boldsymbol{E}_2\mathrm{d}^3r \\ &= -\frac{1}{2}\iiint \varepsilon_0 E^2\delta k\mathrm{d}^3r \end{aligned} \tag{1-96}$$

在 $\mathrm{d}\boldsymbol{s}$ 位移时, 电荷密度 ρ 是固定于电介质中的, 故有连续方程式

$$\frac{\mathrm{d}\rho}{\mathrm{d}t} = \frac{\partial \rho}{\partial t} + \mathrm{div}\left(\rho\frac{\mathrm{d}\boldsymbol{s}}{\mathrm{d}t}\right) = 0$$

由此可得

$$\delta\rho = -\mathrm{div}(\rho\delta\boldsymbol{s}) \tag{1-97}$$

欲计算 δk, 同理可用

$$\frac{\mathrm{d}k}{\mathrm{d}t} = \frac{\partial k}{\partial t} + \boldsymbol{v} \cdot \nabla k, \quad \boldsymbol{v} = \frac{\mathrm{d}\boldsymbol{s}}{\mathrm{d}t} \tag{1-98}$$

设 σ 乃是满足连续方程式之物质密度, 故

$$\frac{\mathrm{d}\sigma}{\mathrm{d}t} = -\mathrm{div}(\sigma \boldsymbol{v})$$

或

$$\frac{\mathrm{d}\sigma}{\mathrm{d}t} = -\sigma \mathrm{div}\boldsymbol{v}$$

因此

$$\frac{\mathrm{d}k}{\mathrm{d}t} = \frac{\mathrm{d}k}{\mathrm{d}\sigma}\frac{\mathrm{d}\sigma}{\mathrm{d}t} = -\sigma \mathrm{div}\boldsymbol{v}\frac{\mathrm{d}k}{\mathrm{d}\sigma} \tag{1-99}$$

且

$$\frac{\partial k}{\partial t} = -\boldsymbol{v}\cdot\nabla k - \sigma \mathrm{div}\boldsymbol{v}\frac{\mathrm{d}k}{\mathrm{d}\sigma}$$

或

$$\delta k = -\nabla k \cdot \delta \boldsymbol{s} - \sigma \frac{\mathrm{d}k}{\mathrm{d}\sigma}\mathrm{div}\delta \boldsymbol{s}$$

最后, 可得

$$\delta W = -\iiint V \mathrm{div}(\rho \delta \boldsymbol{s})\mathrm{d}^3 r + \frac{1}{2}\iiint \varepsilon_0 E^2 \left(\nabla k \cdot \delta \boldsymbol{s} + \sigma \frac{\mathrm{d}k}{\mathrm{d}\sigma}\mathrm{div}\delta \boldsymbol{s}\right)\mathrm{d}^3 r$$

用 (1) 式及 Gauss 定理, 可得

$$\begin{aligned}\delta W = \iiint \Big\{ & \rho(\nabla V \cdot \delta \boldsymbol{s}) + \frac{1}{2}\varepsilon_0 \boldsymbol{E}^2 (\nabla k \cdot \delta \boldsymbol{s}) \\ & -\frac{1}{2}\varepsilon_0 \nabla \left(E^2 \frac{\mathrm{d}k}{\mathrm{d}\sigma}\sigma\right)\cdot \delta \boldsymbol{s}\Big\}\mathrm{d}^3 r\end{aligned} \tag{1-100}$$

若与 $\delta W = -\iiint \boldsymbol{F}\cdot \delta \boldsymbol{s}\mathrm{d}^3 r$ 相比, 则得

$$\boldsymbol{F} = \rho \boldsymbol{E} - \frac{1}{2}\varepsilon_0 E^2 \nabla k + \frac{1}{2}\varepsilon_0 \nabla \left(E^2 \frac{\mathrm{d}k}{\mathrm{d}\sigma}\sigma\right) \tag{1-101}$$

由此可知, 作用于每单位体积之电介质之机械力, 可分为三部分; (i)$\rho \boldsymbol{E}$ 乃是 $\boldsymbol{E}$ 作用在 ρ 上之力, (ii) $-\frac{1}{2}\varepsilon_0 E^2 \Delta k$. 在电介质为空气所包围情形下, 此力指向电介质之外向法线, (iii) 最后一项. 一般而言, $\frac{\mathrm{d}k}{\mathrm{d}\sigma} > 0$ 故 $-\frac{1}{2}\varepsilon_0 E^2 \sigma \frac{\mathrm{d}k}{\mathrm{d}\sigma} \leqslant 0$ 有如流体静压力. 此项乃是由 Helmholtz 所导出, 对电效伸缩现象 (electrostriction) 极为重要.

2. **电介质中 Maxwell 应力** (stress)

已知在电场 $\boldsymbol{E}$ 作用下, 电介质所受“体力” (body force) 为 (101) 式:

$$\boldsymbol{F} = \rho \boldsymbol{E} - \frac{1}{2}\varepsilon_0 E^2 \nabla k + \frac{1}{2}\varepsilon_0 \nabla \left(E^2 \frac{\mathrm{d}k}{\mathrm{d}\sigma}\sigma\right)$$

Maxwell 认为此力, 可以作用于电介质之边界面之表面力 $\boldsymbol{T}$(surface force) 替代之. 此来自电场之应力, 乃视为由一媒体 (以太) 传递的. 我们拟将作用于 d^3r 上之体力 $\boldsymbol{F}$

$$\iiint F_x \mathrm{d}^3 r, \quad x = x, y, z \tag{1-102}$$

变换成作用于 d^3r 之面 $\mathrm{d}S$ 之力 $\boldsymbol{T}$

$$\iint T_x \mathrm{d}S \tag{1-103}$$

欲见此变换, 兹假设一张量 (tensor)T_{xy}, 有下述之特性;

$$\begin{aligned} F_x &= \frac{\partial T_{xx}}{\partial x} + \frac{\partial T_{xy}}{\partial y} + \frac{\partial T_{xz}}{\partial z}, \\ F_y &= \frac{\partial T_{yx}}{\partial x} + \frac{\partial T_{yy}}{\partial y} + \frac{\partial T_{yz}}{\partial z} \quad \left(\text{或} F_i = \sum \frac{\partial T_{ij}}{\partial x_j}, i, j = x, y, z \quad x_j = x, y, z\right) \\ F_z &= \frac{\partial T_{zx}}{\partial x} + \frac{\partial T_{zy}}{\partial y} + \frac{\partial T_{zz}}{\partial z}, \end{aligned} \tag{1-104}$$

则

$$\begin{aligned} \iiint F_x \mathrm{d}^3 r &= \iiint \left(\frac{\partial T_{xx}}{\partial x} + \frac{\partial T_{xy}}{\partial y} + \frac{\partial T_{xz}}{\partial z}\right) \mathrm{d}^3 r \\ &= \iint (\lambda T_{xx} + \mu T_{xy} + \nu T_{xz}) \mathrm{d}S, \text{等} \end{aligned} \tag{1-105}$$

上式用及 Gauss 定理, λ, μ, ν 乃 $\mathrm{d}S$ 之法线与 x, y, z 三轴之间角度之余弦. 由上述, 表面力应可写成.

$$\begin{aligned} T_x &= \lambda T_{xx} + \mu T_{xy} + \nu T_{xz} \\ T_y &= \lambda T_{yx} + \mu T_{yy} + \nu T_{yz}, \\ T_z &= \lambda T_{zx} + \mu T_{zy} + \nu T_{zz} \end{aligned}$$

或

$$\begin{pmatrix} T_x \\ T_y \\ T_z \end{pmatrix} = \begin{pmatrix} T_{xx} & T_{xy} & T_{xz} \\ T_{yx} & T_{yy} & T_{yz} \\ T_{zx} & T_{zy} & T_{zz} \end{pmatrix} \begin{pmatrix} \lambda \\ \mu \\ \nu \end{pmatrix} \tag{1-106}$$

使

$$\beta \equiv \frac{1}{k} \frac{\mathrm{d}k}{\mathrm{d}\sigma} \sigma$$

且由

$$\begin{aligned} &\varepsilon_0 E^2 \nabla k = \nabla(\varepsilon_0 E^2 k) - 2(\boldsymbol{D} \cdot \nabla)\boldsymbol{E} - 2[\boldsymbol{D} \times \mathrm{curl}\boldsymbol{E}] \\ &\rho = \mathrm{div}\boldsymbol{D}, \quad \mathrm{curl}\boldsymbol{E} = 0 \end{aligned}$$

我们可将 F_x 写成下式;

$$F_x = E_x \mathrm{div}\boldsymbol{D} - \frac{1}{2}\frac{\partial}{\partial x}(\boldsymbol{E}\cdot\boldsymbol{D}) + (\boldsymbol{D}\cdot\nabla)E_x + \frac{1}{2}\frac{\partial}{\partial x}(\beta\boldsymbol{D}\cdot\boldsymbol{E})$$
$$= \frac{\partial}{\partial x}\left(E_xD_x - \frac{1}{2}\boldsymbol{E}\cdot\boldsymbol{D} + \frac{1}{2}\beta\boldsymbol{D}\cdot\boldsymbol{E} + \frac{\partial}{\partial y}(E_xD_y) + \frac{\partial}{\partial z}E_xD_z\right) \quad (1\text{-}107)$$

同理可得 F_y, F_z. 由这些式子, 可见 T_{ij} 为

$$T_{ij} = \begin{vmatrix} \frac{k\varepsilon_0}{2}(E_x^2 - E_y^2 - E_z^2 + \beta E^2) & k\varepsilon_0 E_x E_y & k\varepsilon_0 E_x E_z \\ k\varepsilon_0 E_y E_x & \frac{k\varepsilon_0}{2}(E_y^2 - E_z^2 - E_x^2 + \beta E^2) & k\varepsilon_0 E_z E_y \\ k\varepsilon_0 E_z E_x & k\varepsilon_0 E_z E_y & \frac{k\varepsilon_0}{2}(E_z^2 - E_x^2 - E_y^2 + \beta E^2) \end{vmatrix} \quad (1\text{-}108)$$

含有 β 之项并非由 Maxwell 导出, 乃是由 Helmholtz 加入的. 该项只出现于对角线上, 显示该力在各方向皆相等, 因此有如一种流体静压力. 真空里, $\beta = 0$.

应力 $\boldsymbol{T}$ 之特性, 可由下列之情形见之;

(i) 如图 1.13 所示, 取 d$\boldsymbol{S}$, $\boldsymbol{n}$ 为其单位法线向量. 若 $\boldsymbol{E}$ 沿着 x 轴, z 轴与 $\boldsymbol{n}$ 垂直 (故 E 轴切于 d$\boldsymbol{S}$). 在此情形下, $E_x = \boldsymbol{E}, E_y = E_z = 0$, 而

$$T_x = \frac{k\varepsilon_0}{2}E^2\cos\theta$$
$$T_y = -\frac{k\varepsilon_0}{2}E^2\sin\theta$$
$$T_z = 0 \quad (1\text{-}109)$$

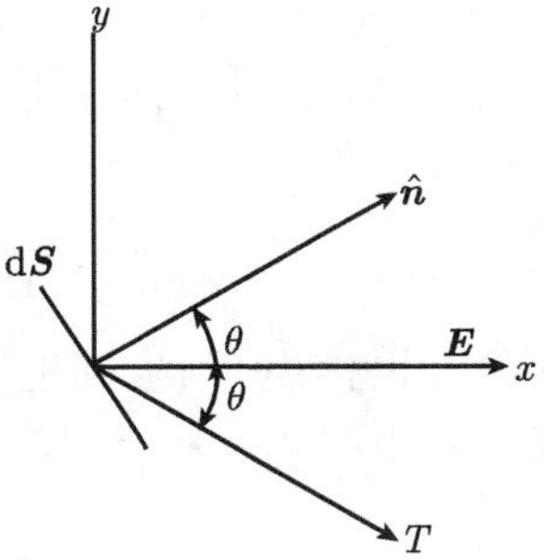

图 1.13

故应力 T 与 x 轴之间夹角为 θ, 在 x 轴之另一边, $\boldsymbol{n}$ 亦与该轴成一 θ 之夹角. 故应力 T 在 d$\boldsymbol{S}$ 之法线方向上之分量为 $\frac{k\varepsilon_0}{2}E^2\cos 2\theta$ 而在切线方向上为 $\frac{k\varepsilon_0}{2}E^2\sin 2\theta$.

(ii) 若 $\theta = \frac{\pi}{4}$, 则应力 $\boldsymbol{T}$ 切于 d$\boldsymbol{S}$, 故为纯切应力 (pure shearing stress).

(iii) 若将 d$\boldsymbol{S}$ 绕 z 轴旋转, 使 $\boldsymbol{n}$ 平行于 $\boldsymbol{E}$(即 $\theta = 0$), 则

$$T_x = \frac{k}{2}\varepsilon_0 E^2, \quad T_y = T_z = 0 \quad (1\text{-}110)$$

此时 T 为纯张力.

(iv) 若 $\boldsymbol{n}$ 垂直于 $\boldsymbol{E}$ 时 (即 $\boldsymbol{E}$ 切于 d$\boldsymbol{S}$), 则

$$T_y = -\frac{k}{2}\varepsilon_0 E^2, \quad T_x = T_z = 0 \quad (1\text{-}111)$$

此时 T 为纯压力.

(v) 若 $\boldsymbol{E}$ 仍沿一 $\boldsymbol{n}$ 方向 (即 $\theta=\pi$), 则 T 为纯张力, 与 (iii) 情形同. 故 $\boldsymbol{E}$ 之方向 (即正负号) 是无关重要的.

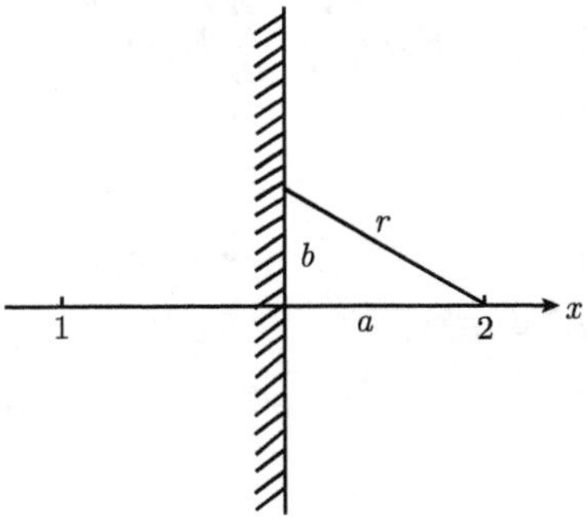

图 1.14

例 1　欲说明应力张量之应用, 今取相距 $2a$ 之两相等电荷 e 为例.

如图 1.14 所示由该两电荷作用于对称面之表面力总和 T, 乃作用于电荷 "1" 上之体力 (body force). 今在对称面上 (y–z 平面),

$$E_x=0$$
$$E_y=\frac{2e}{4\pi k\varepsilon_0 r^3}y$$
$$E_z=\frac{2e}{4\pi k\varepsilon_0 r^3}y$$

而

$$F=\iint T\mathrm{d}S=\iint T_x\mathrm{d}S=-\frac{1}{(4\pi)^2}\int_0^\infty\frac{2e^2b^2}{k\varepsilon_0(a^2+b^2)^3}2\pi b\mathrm{d}b$$
$$=-\frac{e^2}{4\pi k\varepsilon_0(2a)^2}\qquad(\text{压力})\tag{1-112}$$

此乃两电荷之排拒力 (参阅上面 (iv)).

若今两电荷正负相反, 则

$$E_x=-\frac{2ea}{4\pi k\varepsilon_0 r^3},\quad E_y=E_z=0\tag{1-113}$$

$$F=\iint T\mathrm{d}S=\iint T_x\mathrm{d}S=\int_0^\infty\frac{2e^2a^2}{(4\pi)^2k\varepsilon_0(a^2+b^2)^3}2\pi b\mathrm{d}b$$
$$=\frac{e^2}{4\pi k\varepsilon_0(2a)^2}\quad(\text{张力})\tag{1-114}$$

此乃该两电荷之吸引力 (参阅上面 (iii)).

例 2　电介质中之带电导体所受之力

因导体内之电场 $\boldsymbol{E}$ 为零, 故导体内之应力亦为零. 但于其表面上, 若电荷密度为 σ, 其应力乃一纯张力 (因电场 $\boldsymbol{E}$ 垂直于导体之表面, 见上 (iii) 及 (iv) 情形). 故

$$T=\frac{k}{2}\varepsilon_0E^2+\frac{1}{2}\varepsilon_0S\frac{\mathrm{d}k}{\mathrm{d}S}\quad(S\text{ 为电介质中物质密度})$$
$$=\frac{1}{2}\frac{\sigma^2}{k\varepsilon_0}+\frac{1}{2}\varepsilon_0S\frac{\mathrm{d}k}{\mathrm{d}S}$$

习　　题

1. 所谓双极层 (double layer), 乃系由两层正及负电荷构成, 其面密度为 σ 及 $-\sigma$, 二层之间隔距为 d, 其每单位双极矩 u

$$u = \lim_{\substack{d\to 0\\ \sigma\to\infty}} \sigma d = \text{有限值}$$

u 称为双极层之强度. 试证在 $\boldsymbol{r}$ 点之电位 $V(\boldsymbol{r})$ 为

$$\begin{aligned} V(\boldsymbol{r}) &= \frac{1}{4\pi\varepsilon_0}\iint u(\boldsymbol{r}')\cdot\nabla'\left(\frac{1}{R}\right)\mathrm{d}S, \quad R = |\boldsymbol{r}-\boldsymbol{r}'| \\ &= \frac{1}{4\pi\varepsilon_0}\iint u(\boldsymbol{r}')\frac{\partial}{\partial n}\left(\frac{1}{R}\right)\mathrm{d}S \\ &= \frac{1}{4\pi\varepsilon_0}\iint u(\boldsymbol{r}')\mathrm{d}\Omega \end{aligned}$$

$\dfrac{\partial}{\partial n}\left(\dfrac{1}{R}\right)$ 梯度皆取 (由负至正号) 自极矩的方向, $\mathrm{d}\Omega$ 乃 $\mathrm{d}S$ 在 r 点 (在双极层的正电方面) 的立体角 (solid angle).

2. 试证由上题的双极层的负电面到正电面时, 电位作一不连续的跃变, 其变为

$$V_+ - V_- = \frac{1}{\varepsilon_0}u$$

并计算将一电子携经一双极层所需的能量 (以电子伏计). 该双极层的面密度为每平方 4×10^{-3}cm 有一电子, 其正电的密度亦同. 两层的间距为 0.5×10^{-8}cm.

3. Earnshaw 氏定理谓在一静电场中, 一个单独电荷不可能的有一稳定平衡状态 (注：证明在一静电场中, 在任何一点, 电位不可能是一最高或一最低值).

4. 兹有一系集的电荷. 试求此系集电荷在 r 点的电位 V; 证明该式中首二项之和 (Coulomb 及双极项), 与所在坐标中心无关. 证明此系集电荷的极化强度 (polarization), 只当总电荷为零 (即系集为中和的) 时与坐标中心的选择无关.

5. 在空间 $x>0$ 区, 电场 $\boldsymbol{E}$ 为

$$E_x = 2+x, \quad E_y = 3+y, \quad E_z = 3+z$$

在 $x<0$ 区域,

$$E_x = 3y+4z-x, \quad E_y = 3+y+z, \quad E_z = 3+z-x$$

试求在 $x=0$ 面上之电荷面密度, 及任何点 r 的电荷密度.

6. 证明一在 r_1 点之电双极矩 $\boldsymbol{p}_1$, 与另一在 r_2 点之电双极矩 $\boldsymbol{p}_2$ 之交互作用为

$$W = \frac{1}{4\pi\varepsilon_0 R^3}\left\{\boldsymbol{p}_1\cdot\boldsymbol{p}_2 - \frac{3}{R^2}(\boldsymbol{p}_1\cdot\boldsymbol{R})(\boldsymbol{p}_2\cdot\boldsymbol{R})\right\}, \quad \boldsymbol{R} = \boldsymbol{r}_1 - \boldsymbol{r}_2$$

(用 (68), (62) 式).

7. 如两电荷 e_1, e_2 的作用力系按下定律的

$$F = \frac{e_1 e_2}{4\pi\varepsilon_0 r^{2-\varepsilon}}, \quad |\varepsilon| \ll 1$$

试证 Cavendish 实验 (证明 Coulomb 反平方定律的) 中, 其内球的电荷 Q 为

$$Q = \frac{2Vb\varepsilon}{(b-a)}\left\{a\ln\frac{4b^2}{b^2-a^2} - b\ln\frac{a+b}{b-a}\right\}$$

a, b 系内球及外球的半径, V 乃外球的电位.

8. 邻近电荷的导体外一点 P 之电场 E 为 $\dfrac{\sigma}{\varepsilon_0}$, σ 为电的面密度. 证明此电场之一半, 系来自 P 点邻近的电荷, 其他一半则系来自导体上所有他处的电荷.

电导体表面的垂直应力为何 (以 σ 表之)? 兹有金箔一片, 面积为 10cm^2, 质量密度为 10^{-3}g/cm^2, 置于平面导体上. 问如提该箔离起导体面, 需若干 volt/cm 之电场 E? 其将携去电荷若干库仑?

9. 一导电体连接于地. 以一电荷 Q, 感应电于该导体. 证明该导体上的感应电的绝对值, 永小于 Q. 又设 Q 为正电, 证明电导体上各处的感应电面密度, 皆是负的.

10. 一平行面的电容器, 两面的间距为 d, 接连于一电瓶, 使两面的电位差, 恒为 V 常值. 容器中的电能量密度为 $u_0 = \dfrac{1}{2}\varepsilon_0 E_0^2 = \dfrac{1}{2}\varepsilon_0\left(\dfrac{V}{d}\right)^2$.

现将一电介体引入电容器间, 电介体的介电常数 $k = 1+\kappa$. 证明电能密度为 $u = \dfrac{1}{2}k\varepsilon_0 E_0^2$, 并证明电瓶所供给的能量 (每单位体积) 为

$$W = (k-1)\varepsilon_0 E_0^2$$

问其他的部分

$$W - (u - u_0) = \frac{1}{2}(k-1)\varepsilon_0 E_0^2$$

之能, 归于何处?

11. 如上题之电容器于接连电瓶后即拆离之, 继乃引入电介体. 证明电能密度减量为

$$u_0 - u' = \frac{1}{2}\left(1 - \frac{1}{k}\right)\varepsilon_0 E_0^2.$$

又证明此减量, 乃耗于电介体之极化 (polarization)

$$u_P = \frac{1}{2}\left(1 - \frac{1}{k}\right)\frac{\varepsilon_0}{k}E_0^2 \quad (\text{每单位体积})$$

及牵入电介体至电容器所作之功. 又

$$u - u_P = \frac{1}{2}\varepsilon_0\left(\frac{E_0}{k}\right)^2$$

之意义为何?

12. 一球状电容器由二同心球面构成, 其半径为 $a, b(a < b)$. 二球面之间, 盛有二个同心层的电介体, 在 $a < r < c$ 间的, 其电介常数为 k_1, 在 $c < r < b$ 间者为 k_2. 证明此电容器之电容量 $C = \dfrac{Q}{V}$ 为

$$4\pi\varepsilon_0 \frac{1}{C} = \frac{1}{k_1 a} - \frac{1}{k_2 b} + \frac{1}{C}\left(\frac{1}{k_2} - \frac{1}{k_1}\right)$$

13. 兹有二封闭的等电位面, $V = V_1$ 者包括 $V = V_2$ 的. 设 V_P 系二面间一 P 点之电位. 兹置一电荷于 P 点, 而将二等位面换以导电体片且接连于地. 证明在两导电面上的感应电荷 Q_1, Q_2 为

$$\frac{Q_1}{V_2 - V_P} = \frac{Q_2}{V_P - V_1} = \frac{Q}{V_1 - V_2}$$

14. 设 A 为任一在体积 V, 表面 S 之空间中连续且有限值的向量函数. 试证明以下定理

$$\iiint \mathrm{curl}\boldsymbol{A}\mathrm{d}^3 r = -\iint_S [\boldsymbol{A} \times \mathrm{d}\boldsymbol{S}]$$

注：引用以下恒等式

$$\mathrm{div}[\boldsymbol{K} \times \boldsymbol{A}] = -(\boldsymbol{K} \cdot \mathrm{curl}\boldsymbol{A}),$$

$\boldsymbol{K}$ 为任何常数向量.

15. 设一电介体之自由电荷密度 $\rho = 0$, 故第 (75), (71b) 式得

$$\mathrm{div}(\varepsilon_0 \boldsymbol{E} + \boldsymbol{P}) = 0$$

使 ϕ 为纯量电位, $\boldsymbol{E} = -\nabla\phi$, 并引入“极化位” (polarization potential)$\boldsymbol{\Pi}$

$$\phi = -\mathrm{div}\boldsymbol{\Pi}$$

证明 $\boldsymbol{\Pi}(r)$ 可由极化 P 函数按下式求得

$$\boldsymbol{\Pi}(r) = -\frac{1}{4\pi\varepsilon_0}\iiint \frac{1}{|\boldsymbol{r} - \boldsymbol{r}'|} P(\boldsymbol{r}')\mathrm{d}^3\boldsymbol{r}'$$

第2章　静电学——场位理论

前章述及, 静电学之基本定律乃 Coulomb 定律, 此定律与叠加原理及 Gauss 定理, 可以 (1-18)Poisson 方程式表示之,

$$\nabla^2 V = -\frac{1}{\varepsilon_0}\rho(r) \tag{2-1}$$

$\rho(r)$ 乃 r 处之电荷密度. 若于任何点 $\rho(r)=0$, 则 (1) 式即化成 Laplace 方程式

$$\nabla^2 V = 0 \tag{2-2}$$

静电学中的许多问题在求电位 V, 由 V 可以下式求电场 $\boldsymbol{E}$,

$$\boldsymbol{E} = -\nabla V \tag{2-3}$$

问题常是已知 $\rho(r)$ 及 V 之边界条件, 例如, 已知在特定封闭面上每一点之 V 或 $\dfrac{\partial V}{\partial \hat{n}}$(法线微分值). 该封闭面可包括在场里之导体等之表面, 及以无穷大之球面. 这类问题的研究, 构成"位之理论"(theory of potential).

2.1　边界值问题之"唯一性定理"(uniqueness theorems)

场位理论的最基本原理乃唯一性定理及存在定理 (existence theorem). 如我们假定上述的问题之解是存在的, 则欲证明唯一性定理, 是很容易的. 欲证明该定理, 吾人将引用下述之. Green 定理.

按 Gauss 散度定理, 任若有一向量函数 A, 皆满足下式

$$\oiint \boldsymbol{A}\cdot \mathrm{d}\boldsymbol{S} = \iiint\limits_V \mathrm{div}\boldsymbol{A}\mathrm{d}^3 r$$

若使

$$\boldsymbol{A} = \phi\, \boldsymbol{B}$$

ϕ 是纯量, 而 $\boldsymbol{B}$ 是一向量函数, 则得

$$\mathrm{div}\boldsymbol{A} = \phi\ \mathrm{div}\boldsymbol{B} + \boldsymbol{B}\cdot \mathrm{grad}\ \phi$$

若 B 本身乃是纯量函数之梯度值时,

$$B = \text{grad}\ \psi$$

则

$$\text{div}(\phi\ \text{grad}\ \psi) = \phi\nabla^2\psi + \nabla\psi\cdot\nabla\phi$$

由 Gauss 定理, 得知

$$\oiint_S(\phi\ \text{grad}\ \psi)\cdot d\boldsymbol{S} = \iiint_V(\phi\nabla^2\psi + \nabla\psi\cdot\nabla\phi)d^3r \tag{2-4}$$

同理,

$$\oiint(\psi\ \text{grad}\ \phi)\cdot d\boldsymbol{S} = \iiint_V(\psi\nabla^2\phi + \nabla\phi\cdot\nabla\psi)d^3r \tag{2-5}$$

因此

$$\iiint_V(\phi\nabla^2\psi - \psi\nabla^2\phi)d^3r = \iint_S\left(\phi\frac{\partial\psi}{\partial\boldsymbol{n}} - \psi\frac{\partial\phi}{\partial\boldsymbol{n}}\right)\cdot d\boldsymbol{S} \tag{2-6}$$

此处法线微分方向, 系采用在 $d\boldsymbol{S}$ 面上向外之法线方向. (4), (5), (6) 乃两个纯量函数之 Green 定理的各不同形式. Green 定理不仅在电位理论极为重要, 即在热传导与引力等问题亦然.

定理 1 若已知有一函数 V 满足 (1) 式, 且满足在空间 v 区域之边界面 S 上每一点所指定之 V 之值, 则该函数是唯一的.

证明 首先, 假设今有两个不同的函数 V_1 和 V_2, 皆满足 (1) 式, 且亦满足在 S 面之边界条件, 则

$$V_1 = V_2, \quad \text{在}S\text{面}. \tag{2-7}$$

在 Green 定理 (4), 使

$$V = V_1 - V_2, \quad \phi = \psi = V$$

则面积分为零, 且

$$\iiint_v\left\{\left(\frac{\partial V}{\partial x}\right)^2 + \left(\frac{\partial V}{\partial y}\right)^2 + \left(\frac{\partial V}{\partial z}\right)^2\right\}d^3r = 0$$

但上式只有当在所有空间 v 皆有

$$\frac{\partial V}{\partial x} = \frac{\partial V}{\partial y} = \frac{\partial V}{\partial z} = 0$$

亦即 $V =$ 常数时, 可以成立. 但于 S 面上, $V = V_1 - V_2 = 0$. 因此在所有 v 空间里, $V = 0$ 故 V_1 和 V_2 是同一的.

定理 2 若有一函数 V, 满足 (1) 式, 亦满足在空间 v 区域里之边界面 S 上之每一点所指定之 $\dfrac{\partial V}{\partial \boldsymbol{n}}$ 之值, 则该函数 V 是唯一的.

证明 若今有两函数 V_1 和 V_2, 在 S 面上

$$\frac{\partial V_1}{\partial \boldsymbol{n}} = \frac{\partial V_2}{\partial \boldsymbol{n}} \tag{2-8}$$

用同上定理法可证明在所有 v 空间里, V_1 和 V_2 是相等的.

这些唯一性定理是非常实用的. 因为, 假使吾人能使用某些特殊、简便方法求得 Poisson 方程式一个解, 满足上述两定理中之任一边界条件的. 则此解必是该问题唯一之解. 故这两个定理, 乃下文第 3 节之像法和倒转法 (image and inversion) 等理论的根据.

若已知边界面 S 上之所有点 V 之值, 则此类边界问题称为 Dirichlet 问题. 如已知边界面 S 上之所有点 $\dfrac{\partial V}{\partial \boldsymbol{n}}$之值, 则此类边界问题称为 Neumann 问题. 注意: 此处 S 面必为一封闭面, 否则上述证明所采用的 Gauss 和 Green 定理, 即不成立. 用证明上两定理之方法, 吾人将可立即证明下一定理.

定理 3 若有一函数 V, 满足 (1) 式, 亦满足在空间区域里 v 之边界 S 之一部分 S_1 上 V 之值, 及其余 $S-S_1$ 面上每一点$\dfrac{\partial V}{\partial \boldsymbol{n}}$ 之值, 则函数 V 是唯一的.

上述两个边界条件之一, 已完全定了 V 之唯一解, 故吾人不能同时任意指定 V 及 $\dfrac{\partial V}{\partial \boldsymbol{n}}$在 $\hat{S}$ 面上之值.

最后, 吾人欲略提关于 Laplace 方程式及在封闭面之边界条件之解的存在之数学问题. Dirichelet, Lord Kelvin Riemann 等的“证明”略如下. 设 $u(x,y,z)$ 为一函数, 在空间 v 内所有点是均匀, 有限和连续的, 并满足在 S 面上之指定值, 且使下列积分

$$I = \iiint\limits_{v} \left\{ \left(\frac{\partial u}{\partial x}\right)^2 + \left(\frac{\partial u}{\partial y}\right)^2 + \left(\frac{\partial u}{\partial z}\right)^2 \right\} \mathrm{d}^3 r = \text{最小值}$$

此积分必为正值. 由于上述之条件, 吾人务须除去 $u=$ 常数的情形, 故 I 不等于零. 由变分问题

$$\delta I = 0, \quad \delta u = 0 \quad \text{于 } S \text{ 面上}$$

可导出 Euler 方程式. 在此情形下即为 Laplace 方程式

$$\frac{\partial^2 u}{\partial x^2} + \frac{\partial^2 u}{\partial y^2} + \frac{\partial^2 u}{\partial z^2} = 0$$

事实上, 该证明已暗中假设函数 u 之存在性, 使 I 为最小值. Weierstrass, Kronecker 等数学家皆认这证是错误的. 但是由物理上所有已知的问题, 对于 Laplace 方程式之解的存在, 是毋庸置疑的. 吾人将假设有解的存在.

场位理论里, 吾人也时常会碰到下面之一般性问题; 设 $V(x,y,z)$ 系满足 Laplace 方程式之函数. 是否有一群以 λ 为参数之面

$$F(x,y,z,\lambda)=0 \tag{2-9}$$

之等位面存在? 该问题是由 Lamé予以回答. 假如有这些面存在, 则

$$V=V(\lambda)$$

并且

$$\frac{\partial V}{\partial x}=\frac{\mathrm{d}V}{\mathrm{d}\lambda}\frac{\partial \lambda}{\partial x},\ \text{等等}$$

以致

$$\nabla^2 V=\nabla^2\lambda\frac{\mathrm{d}V}{\mathrm{d}\lambda}+\frac{\mathrm{d}^2 V}{\mathrm{d}\lambda^2}(\mathrm{grad}\lambda)^2$$

或

$$\frac{\nabla^2\lambda}{(\mathrm{grad}\lambda)^2}=-\frac{\mathrm{d}}{\mathrm{d}\lambda}\ln\left(\frac{\mathrm{d}V}{\mathrm{d}\lambda}\right)=V(\lambda) \tag{2-10}$$

这里 $V(\lambda)$ 只是 λ 之函数. 这系使 (9) 式为一群之等位面必要条件. 下文第 6 节椭圆球问题中将举一例.

2.2 Poisson 方程式之解:Green 函数

按一般微分方程式理论, 若有一非齐次之微分方程如

$$\nabla^2 V=-\frac{1}{\varepsilon_0}\rho \tag{2-11}$$

则其 V 之解, 乃非齐次方程之一个特别积分 (particular integral) 加上辅助函数 (complementary function)(即其齐次方程之解, 如在 (1) 的情形, 即系 $\nabla^2 V=0$ 之解).

欲寻 (1) 式之特别积分, 设 $G(\boldsymbol{r},\boldsymbol{r}')$ 为下述方程式之解

$$\nabla^2 G=-\delta(\boldsymbol{r}-\boldsymbol{r}') \tag{2-12}$$

$G(\boldsymbol{r},\boldsymbol{r}')$ 称为 Green 函数. $\delta(\boldsymbol{r}-\boldsymbol{r}')$ 为一奇数函数 (singular function), 具有下述特性;

一维空间,

$$\delta(x-x')=\begin{cases}\infty, & \text{当 } x-x'=0\\ 0, & \text{当 } x-x'\neq 0\end{cases} \tag{2-12a}$$

$$\int_a^b \delta(x-x')\mathrm{d}x = 1, \qquad \text{当 } a < x' < b$$

$$\int_a^b f(x)\delta(x-x')\mathrm{d}x = f(x'), \quad \text{于 } a < x' < b$$

三维空间,

$$\delta(\boldsymbol{r}-\boldsymbol{r}') = \delta(x-x')\delta(y-y')\delta(z-z')$$

$$\iiint_v \delta(\boldsymbol{r}-\boldsymbol{r}')\mathrm{d}^3r = 1, \qquad \boldsymbol{r}'\text{位在 } v \text{ 之内时} \tag{2-12b}$$

$$\iiint_v f(\boldsymbol{r})\delta(\boldsymbol{r}-\boldsymbol{r}')\mathrm{d}^3\boldsymbol{r} = f(\boldsymbol{r}') \quad \text{当}\boldsymbol{r}'\text{位在}v\text{之内时}$$

此 δ 函数系 Paul A. M. Dirac 首次应用于量子力学, 在近代文献中称为 Dirac δ 函数. 但此函数亦会出现于旧的文献中 (在负载分布中的一个点的负载); 被称为 Z_{ag} 函数.

在解微分方程式时, 函数 G 是极有用的. 它不仅于此处来解静电学上之问题, 且亦用来解热传导与量子力学上之问题. 在目前的问题中, 我们很易的证明以下的函数 V

$$V(\boldsymbol{r}) = -\frac{1}{\varepsilon_0}\iiint_v G(\boldsymbol{r},\boldsymbol{r}')\rho(\boldsymbol{r}')\mathrm{d}^3\boldsymbol{r}' \tag{2-13}$$

乃 (1) 或在空间区域 v 之解. 欲求 $G(\boldsymbol{r},\boldsymbol{r}')$, 由 (11) 式可见除了 $\boldsymbol{r}=\boldsymbol{r}'$ 点为不连续点外, $\dfrac{1}{|\boldsymbol{r}-\boldsymbol{r}'|}$ 乃是 (11) 式之解. 故一个简单的 (但不是唯一的) 选择系

$$G(\boldsymbol{r},\boldsymbol{r}') = -\frac{1}{4\pi R}, \quad \boldsymbol{R} = \boldsymbol{r}-\boldsymbol{r}' \tag{2-14}$$

由 (14) 式, 则 (1) 之特别积分为

$$V(r) = \frac{1}{4\pi\varepsilon_0}\iiint \frac{1}{R}\rho(\boldsymbol{r}')\mathrm{d}^3\boldsymbol{r}' \tag{2-15}$$

但吾人亦可借 (6) 式之 Green 定理, 以求得 (1) 式之完全积分 (解). 设 $\phi = V$, V 为所欲求之电位, 又设 $\psi = G(\boldsymbol{r},\boldsymbol{r}')$ 它的形式尚未加以特定. 因 $G(\boldsymbol{r},\boldsymbol{r}')$ 除在 $\boldsymbol{r}=\boldsymbol{r}'$ 之点外, 在其他点皆满足 Laplace 方程式, 故若以 $\boldsymbol{r}$ 点为球心, 以 a 为半径, 作一小球, 其体积为 v_r, 其表面积为 $4\pi a^2$. 在 $v-v_r$ 之空间里的所有点, $G(\boldsymbol{r},\boldsymbol{r}')$ 皆满足 Laplace 方程式. 今 (6) 式之面积, 要分作两部, 其一为 v 之"外"表面, 其他则为"内"表面 S_r(如图 2.1 所示). 面积分之 dS 之法线方向, 乃永是向外的 (由 $v-v_r$ 的观点看). 故 (6) 即可化为

$$\iiint_{v-v_r} G\nabla'^2(\boldsymbol{r}')\mathrm{d}^3\boldsymbol{r}' = \oiint_{S+S_r}\left(G\frac{\partial V(\boldsymbol{r}')}{\partial\hat{\boldsymbol{n}}} - V(\boldsymbol{r}')\frac{\partial G}{\partial \boldsymbol{n}}\right)\cdot\mathrm{d}\boldsymbol{S} \tag{2-16}$$

但在 $v - v'_r$ 之空间里, $\nabla'^2 V(\boldsymbol{r}') = -\dfrac{\rho(\boldsymbol{r}')}{\varepsilon_0}$. 对内表面 S_r, 该积分 (16) 可以计算之. 吾人可选择 Green 函数使其满足 V 之边界条件. 今设 $G(\boldsymbol{r},\boldsymbol{r}')$ 之形式为

$$G(\boldsymbol{r},\boldsymbol{r}') = \frac{1}{|\boldsymbol{r}-\boldsymbol{r}'|} + W \tag{2-17}$$

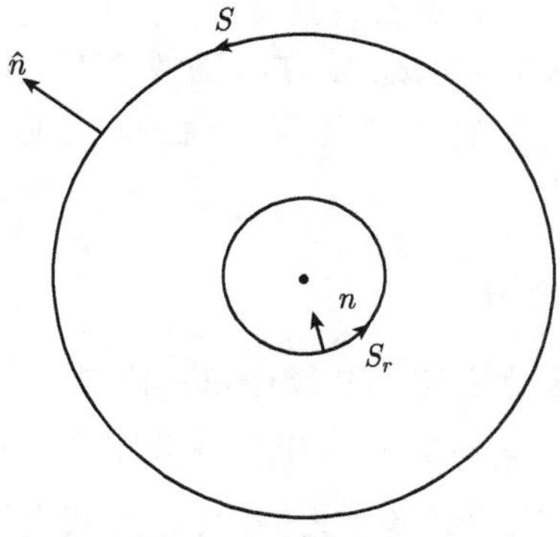

图 2.1

这里 W 系一谐函数 (即在 v 中满足 Laplace 方程式, 且有限又连续的). 如记着在 $\mathrm{d}S_r$ 的法线的方向, 即得

$$\frac{\partial V(\boldsymbol{r}')}{\partial \boldsymbol{n}} = -\left.\frac{\partial V}{\partial R}\right|_{R=a}, \quad \frac{\partial}{\partial \boldsymbol{n}}\left.\left(\frac{1}{R}\right)\right|_{R=a} = \frac{1}{a^2}$$

并且

$$\begin{aligned}\lim_{a\to 0}\int_{S_r} \frac{1}{a^2}\left(-\frac{\partial V}{\partial R}a - V\right)_{|\boldsymbol{r}'-\boldsymbol{r}|=a}\mathrm{d}S &= -\left.4\pi V(r')\right|_{\boldsymbol{r}'=\boldsymbol{r}}\\ &= -4\pi V(r)\end{aligned} \tag{2-18}$$

因 (17) 之 W 于空间任何点皆系有限的, 故对 (18) 式无何贡献. 故 (16) 式可写为

$$\begin{aligned}V(\boldsymbol{r}) =& \frac{1}{4\pi\varepsilon_0}\iiint_V G(\boldsymbol{r},\boldsymbol{r}')\rho(\boldsymbol{r}')\mathrm{d}^3\boldsymbol{r}'\\ &+\frac{1}{4\pi}\oiint_S\left(\frac{G\partial V(\boldsymbol{r}')}{\partial \boldsymbol{n}} - V(\boldsymbol{r}')\frac{\partial G}{\partial \boldsymbol{n}}\right)\cdot \mathrm{d}\boldsymbol{S}\end{aligned} \tag{2-19}$$

此式的形式乃适合 Dirichlet(或 Neumann) 问题, 即在密闭面 S 上, V 有指定之值. 吾人可选择一 W, 使 (17) 式之 $G(\boldsymbol{r},\boldsymbol{r}')$ 在 S 面上为

$$G(\boldsymbol{r},\boldsymbol{r}') = 0$$

则电位可由上述之边界条件 (在 S 上, V 之值) 按下式求得

$$V(\boldsymbol{r}) = \frac{1}{4\pi\varepsilon_0}\iiint_V G(\boldsymbol{r},\boldsymbol{r}')\rho(\boldsymbol{r}')\mathrm{d}^3\boldsymbol{r}' - \frac{1}{4\pi}\iint_S V(\boldsymbol{r}')\frac{\partial G}{\partial \boldsymbol{n}}\cdot \mathrm{d}\boldsymbol{S} \tag{2-20}$$

实际上, 欲求 $G(\boldsymbol{r},\boldsymbol{r}')$ 使在 S 面上为零, 并不永是简单之问题. Neumann 问题通常更较困难, 在此将不予探讨. 读者可参阅 Jackson 所著 *Classical Electrodynamics*, 第 1 ~ 3 章.

上述之一般理论, 于任何电荷分布 $\rho(r)$ 情形下, 和任何体积 v 内之任何“内点”皆可成立. 在特殊情形下, 其结果可略简化.

(1) 若于体积 v 内 $\rho = 0$, 则 (20) 式即成

$$V(\boldsymbol{r}) = \frac{1}{4\pi} \oiint_S V(\boldsymbol{r}') \frac{\partial G}{\partial \boldsymbol{n}} \cdot \mathrm{d}\boldsymbol{S} \tag{2-21}$$

这乃是典型的 Dirichlet 问题: 指定 V 在 v 的面 S 的每一点之值, 求 $V(\boldsymbol{r})$.

(2) 如所有电荷只分布于一有限的空间, 则电位将着随距离成 $\dfrac{1}{R}$ 而递减, 故当 S 之半径超于无穷时, (19) 式之面积分将超于零. 在此情形下, 吾人可选

$$G(\boldsymbol{r}, \boldsymbol{r}') = \frac{1}{|\boldsymbol{r} - \boldsymbol{r}'|} \tag{2-22}$$

而 (20) 式即成

$$V(r) = \frac{1}{4\pi\varepsilon_0} \iiint_V \frac{\rho(r')}{|\boldsymbol{r} - \boldsymbol{r}'|} \mathrm{d}^3\boldsymbol{r}' \tag{2-23}$$

(3) 若将 (22) 式之 G 代入 (19), 则

$$\begin{aligned} V(\boldsymbol{r}) = & \frac{1}{4\pi\varepsilon_0} \iiint_V \frac{\rho(\boldsymbol{r}')}{|\boldsymbol{r} - \boldsymbol{r}'|} \mathrm{d}^3\boldsymbol{r}' \\ & + \frac{1}{4\pi} \oiint_S \left(\frac{1}{R} \frac{\partial V(\boldsymbol{r}')}{\partial \boldsymbol{n}} - V(\boldsymbol{r}') \frac{\partial}{\partial \boldsymbol{n}} \frac{1}{R} \right) \cdot \mathrm{d}\boldsymbol{S} \end{aligned} \tag{2-24}$$

右边第一项系由体积 v 内之所有电荷所在 $\boldsymbol{r}$ 点产生之电位 V. 其面积分乃代表 S 面外所有电荷所产生之电位. (24) 式有一重要结论; 就是该面积分可想象为由在 S 面上之电荷密度

$$\sigma(\boldsymbol{r}') = \varepsilon_0 \frac{\partial V(\boldsymbol{r}')}{\partial \boldsymbol{n}} \tag{2-25}$$

和一相当于复层 (double layer) 之电偶极

$$u(\boldsymbol{r}') = -\varepsilon_0 V(\boldsymbol{r}') \tag{2-26}$$

所产生的电位, 与 S 外之电荷的真实分布, 完全无关. 见第 1 章习题 1, 2.

(4) 兹举一简单的例, 说明用 Green 函数解电位问题的方法. 设有一接地而无穷大之导体面 (如图 2.2 所示). 于该导体面前之 r_1 点, 有一电荷 e, 求在该空间里任何点 $\boldsymbol{r}$ 之电位. 这乃 Dirichlet 之边界问题. 在该无穷面上, $V = 0$. 设电荷 e 在 $\boldsymbol{r}_1(x, y, z) = (a, 0, 0)$ 点并设 Green 函数 (17) 为

$$G(\boldsymbol{r},\boldsymbol{r}')=\frac{1}{|\boldsymbol{r}-\boldsymbol{r}_1|}+W$$

设 $r_2(-a,0,0)$ 系为 $\boldsymbol{r}_1$ 之像点. 欲使在无穷面上之 $G=0$, 则可选一 W 函数使

$$G=\frac{1}{|\boldsymbol{r}-\boldsymbol{r}_1|}-\frac{1}{|\boldsymbol{r}-\boldsymbol{r}_2|} \tag{2-27}$$

因在该无穷面及无穷大半球面, V 皆为零, 故由 (19) 式可得

$$V(\boldsymbol{r})=\frac{1}{4\pi\varepsilon_0}\left\{\frac{e}{|\boldsymbol{r}-\boldsymbol{r}_1|}-\frac{e}{|\boldsymbol{r}-\boldsymbol{r}_2|}\right\} \tag{2-28}$$

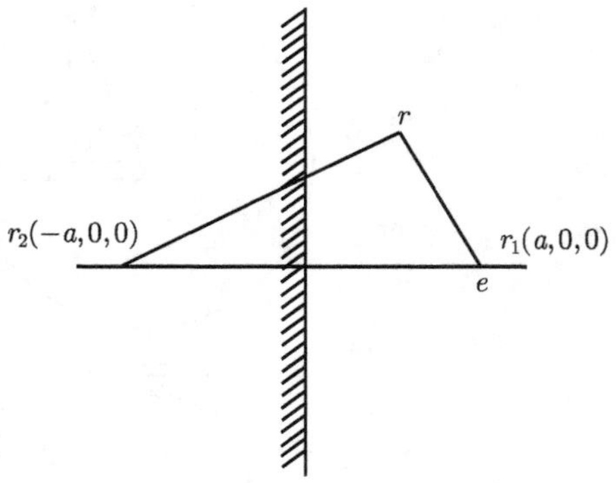

图 2.2

2.3 像法和倒转法 (methods of images and inversion)

2.3.1 像法

前述之例子, 采用 Green 函数方法, 以解无穷大而接地之导体前之空间有一电荷 e 所产生电位之问题. 上述之方法甚为简单. 但下述之像法, 对解此类问题, 更为简单. 假设将导体移去而置 $-e$ 之电荷于 e 之像点上 (图 2.3). 这两个点电荷在导体原来所在的平面上之电位为零. 上述之两个情形之边界条皆相同, 则空间里之电位只有唯一之解 (2.1 节之定理 1). 但两点电荷之电位为

$$V(x,y,z)=\frac{e}{4\pi\varepsilon_0}\left\{\frac{1}{(x-a)^2+y^2+z^2}-\frac{1}{(x+a)^2+y^2+z^2}\right\},\quad x\geqslant 0$$

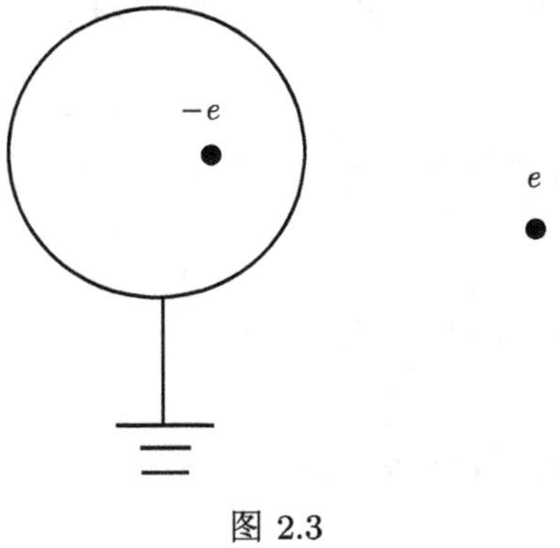

图 2.3

x 轴系垂直于导体之平面, a 乃 e 于平面之间垂直距离. 这结果与 (28) 完全相同.

于 $(-a,0)$ 之电荷 $-e$ 称为像电荷(image charge), 而用这种方法解电位问题时, 则称为像法.

另一简单例题如下; 一个接地之导体球, 其半径为 a, 球外 B 点, 电荷 e, 距球心为 b. 求在该球外空间任何处之电位.

如图 2.4 所示; 显然地电位 V 对 OB 轴对称. (O 为球心) 故只需考虑 x-y 平面 (x 轴乃连贯 OB) 的 $V(x,y)$. 最后只需以 y^2+z^2 代 y^2 即可.

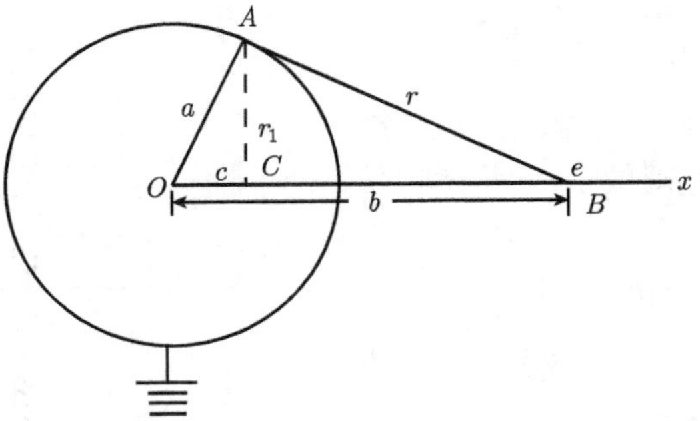

图 2.4

设定 $C(c,0)$ 系 $(x,y)=(b,0)$ 之"像点", 它们之关系为

$$cb = a^2 \tag{2-29}$$

若 A 是球面上任一点, $\boldsymbol{r}$ 是 $B-A$ 之距离. r_1 是 $C-A$ 之距离由 (29) 之关系得知, OAC 与 OAB 是相似三角形. 因此, $r_1=\frac{a}{b}r$. 假使今将导球移去而置电荷 $-\frac{a}{b}e$ 于 C 点, 则在 A 点之电位为

$$V_A = -\frac{a}{b}\frac{e}{r_1}+\frac{e}{r}=0$$

因此, 原问题可以置电荷 $\left(-\frac{a}{b}e\right)$于 B 之像点 C 处而代之, 盖上述两种情形, 皆能使该球面上之电位为零. 故于任何点 $p(x,y,z)$ 之电位为

$$V(x,y,z)=\frac{e}{\sqrt{(x-b)^2+y^2+z^2}}+\frac{ae}{b\sqrt{\left(x-\frac{a^2}{b}\right)^2+y^2+z^2}}$$

只要记着唯一性定理 (2.1 节), 则上述的像法确是浅易方法.

上述的问题, 亦可用 Green 函数方法. 只要取 (17) 式之 Green 函数为

$$G=\frac{1}{r}-\frac{a}{br_1} \tag{2-30}$$

使在该球上, $G(\boldsymbol{r},\boldsymbol{r}')=0$. 由 (19) 式, 或 (20), 即可得上式之 $V(x,y,z)$.

2.3.2　倒转法

设在 $r_j(r_j,\theta_j,\varphi_j)$ 点有一电荷 e, 则在 $r(r,\theta,\varphi)$ 点, 其电位为

$$V(\boldsymbol{r})=V(r,\theta,\varphi)=\frac{e_j}{\sqrt{r^2+r_j^2-2rr_j\cos\Theta}} \tag{2-31a}$$

Θ 乃是向量 $\boldsymbol{r}$, $\boldsymbol{r}_j$ 间的夹角, 按球面三角公式,

$$\cos\Theta=\cos\theta\cos\theta_i+\sin\theta\sin\theta_i\cos(\varphi-\varphi_i)$$

设在向量 $\boldsymbol{r}$ 和 $\boldsymbol{r}_j$ 之原点, 以半径 a 作一球面, 今置 $\dfrac{a}{r_1}e$ 之电荷于 $\left(\dfrac{a^2}{r_j},\theta_j,\varphi_j\right)$ 点. 则 $\boldsymbol{r}(r,\theta,\varphi)$ 点之电位为

$$V'(r,\theta,\varphi)\frac{\left(\dfrac{a}{r_j}\right)e_j}{\sqrt{r^2+\left(\dfrac{a^2}{r_j}\right)^2-2r\left(\dfrac{a^2}{r_j}\right)\cos\Theta}}$$

$$=\frac{\left(\dfrac{a}{r}\right)e_j}{\sqrt{\left(\dfrac{a^2}{r}\right)^2+r_j^2-2\left(\dfrac{a^2}{r}\right)r_j\ \cos\Theta}} \tag{2-31b}$$

因此

$$V'(r,\theta,\varphi)=\frac{a}{r}V\left(\frac{a^2}{r},\theta,\varphi\right) \tag{2-31}$$

这结果可应用于群体电荷所产生的电位之问题, 只需求上式对 j 之和.

上述之结果亦可以下式表示之, 先对 (31a) 式之 r, 作下面转换式予以倒转

$$I_n(r)=\frac{a^2}{r} \tag{2-32}$$

(I_n 乃是倒转之意, a 为一个球之半径). 再乘此 V 以 $\dfrac{a}{r}$, 即得在 $r=\dfrac{a^2}{r_j}$ 点之 $\dfrac{a}{r_j}e$ 电荷, 在 $\boldsymbol{r}$ 点所产生之电位 $V'(r,\theta,\varphi)$.

这方法之好处乃在使问题由 (32) 之转换而简单化. 通常系将一个球“S”转换成另外一个球. 但是若当倒转球之球心位于 S 面时, 则一个球 S 将转换成无穷大之平面.

2.4 Laplace 方程式: 谐函数 (harmonics)

许多静电学与重力之位能等问题皆需解 Laplace 方程式. 兹求 Laplace 方程式之解, 系 x,y,z 坐标之齐次函数者. 此函数称为球谐函数 (spherical harmonics). 球谐函数乃

$$\frac{\partial^2V}{\partial x^2}+\frac{\partial^2V}{\partial y^2}+\frac{\partial^2V}{\partial z^2}=0 \tag{2-33}$$

及齐次函数之 Euler 方程式

$$x\frac{\partial V}{\partial x}+y\frac{\partial V}{\partial y}+z\frac{\partial V}{\partial z}=nV \tag{2-34}$$

之解. 此解称为 n 次球谐函数.

最普遍之 n 次齐次函数, 若以 (x, y, z) 为坐标, 应有 $\frac{1}{2}(n+1)(n+2)$ 项. 若该 V 满足 Laplace 方程式, 则可得一个 $(n-2)$ 次之齐次函数之方程式. 假使该函数恒等于零, 则它的 $\frac{1}{2}(n-1)n$系数务须等于零. 因此, 该 V 应用 $\frac{1}{2}(n+1)(n+2)-\frac{1}{2}(n-1)n=(2n+1)$ 个任意系数.

设 V 为 n 次之谐函数, 换言之, 即 V 满足 (33) 和 (34) 式. 由计算可得

$$\begin{aligned}\nabla^2(r^m V) =& r^m \nabla^2 V + m(m+1)r^{m-2}V \\ & + 2mr^{m-2}\left(x\frac{\partial V}{\partial x} + y\frac{\partial V}{\partial y} + z\frac{\partial V}{\partial z}\right) \\ =& m(m+1+2n)r^{m-2}V\end{aligned}$$

如 $m+1+2n=0$, 则 $r^m V$ 乃是谐函数, 换言之, 一个 n 次谐函数, 必有一个 $-(n+1)$ 次之齐次 $r^{-1-2n}V_n$ 谐函数, 与其相应. 下文 (45) 和 (54) 两式将见此点.

Laplace 方程式可以不同坐标表示之, 如直角、球极 (spherical polar)、圆柱、椭圆、抛物线 (parabolic)、球 (spheroidal)、椭球 (ellipsoidal) 和其他等. 按此, 就有各式的谐函数. 坐标之选择, 乃视物理问题之对称性而定 (如边界条件, 电荷分布情形等). 吾人将先取球极坐标如下;

$$r^2\frac{\partial^2}{\partial r^2}(rV) + \frac{1}{\sin\theta}\frac{\partial}{\partial\theta}\left(\sin\theta\frac{\partial V}{\partial\theta}\right) + \frac{1}{\sin^2\theta}\frac{\partial^2 V}{\partial\varphi^2} = 0 \tag{2-35}$$

设

$$V(r,\theta,\varphi) = R(r)P(\theta)\Phi(\varphi) \tag{2-36}$$

则 (35) 式可分成三个常微分方程

$$\frac{\mathrm{d}^2\Phi}{\mathrm{d}\varphi^2} = -m^2\Phi \tag{2-37a}$$

$$\frac{1}{\sin\theta}\frac{\mathrm{d}}{\mathrm{d}\theta}\left(\sin\theta\frac{\mathrm{d}P}{\mathrm{d}\theta}\right) - \frac{m^2}{\sin^2\theta}P = -\alpha^2 P \tag{2-37b}$$

$$r^2\frac{\mathrm{d}^2 R}{\mathrm{d}r^2} + 2r\frac{\mathrm{d}R}{\mathrm{d}r} - \alpha^2 R = 0 \tag{2-37c}$$

m^2, α^2 系未定常数. 这些常数可由 V 之边界条件定之. 今 $V(r,\theta,\varphi)$ 必须为单值 (single-valued), 即

$$V(r,\theta,\varphi+2\pi) = V(r,\theta,\varphi) \tag{2-38}$$

故 (37a) 式之 m, 必须为

$$m = \pm \text{整数} \tag{2-39}$$

$$\Phi(\varphi) = \mathrm{e}^{\pm im\varphi}, \text{ 或 } \cos m\varphi, \ \sin m\varphi \tag{2-40}$$

欲解 (37c), 吾人可知 $r = 0$ 为奇点 (singular point), 故使

$$R(r) = a_k r^k \tag{2-41}$$

以此代入 (37c), 并使 r 最低次项之系数等于零, 则可得一指数方程式 (indicial equation) 为

$$\{k(k+1) + 2k - \alpha^2\} r^{k-2} = 0$$

当 α^2 系任何值, k 有两个根, 为

$$k = -\frac{1}{2} \pm \sqrt{\left(\frac{1}{4} + \alpha^2\right)} \tag{2-42}$$

欲使 k 为整数值, 则需

$$\alpha^2 = l(l+1) \tag{2-43}$$

因此, k 之两根分别为

$$k_1 = l, \quad k_2 = -(l+1) \tag{2-44}$$

故

$$R(r) = Ar^l + Br^{-(l+1)} \tag{2-45}$$

2.4.1 Legendre 系数

使 $x = \cos\theta$, 代入 (37b) 可得

$$\frac{\mathrm{d}}{\mathrm{d}x}\left[(1-x^2)\frac{\mathrm{d}P}{\mathrm{d}x}\right] + \left[l(l+1) - \frac{m^2}{\sin^2\theta}\right] P = 0 \tag{2-46}$$

先论为 $m = 0$ 之特别情形. 上式乃成

$$\frac{\mathrm{d}}{\mathrm{d}x}\left[(1-x^2)\frac{\mathrm{d}P}{\mathrm{d}x}\right] + l(l+1)P = 0 \tag{2-47}$$

或

$$(1-x^2)\frac{\mathrm{d}^2 P}{\mathrm{d}x^2} - 2x\frac{\mathrm{d}P}{\mathrm{d}x} + l(l+1)P = 0 \tag{2-47a}$$

l 为正整数 $(0, 1, 2, \cdots)$. (47) 式称为 Legendre 方程式.

使

$$P = \sum_{n=0} a_n x^n \tag{2-48}$$

将 (48) 代入 (47), 即得

$$\sum_n \left[n(n-1)a_n x^{x-2} - (n+1)na_n x^n + l(l+1)a_n x^n\right] = 0$$

因 (48) 乃一个多项式 (见下文), 且上方程式的 x 之区域为 $-1 \leqslant x \leqslant 1$, 故 x 之任何次项之系数务必为零. 因此, 可得递推公式 (recurrence formula) 为

$$a_{n+2} = -\frac{(l-n)(l+n+1)}{(n+1)(n+2)}a_n \tag{2-49}$$

故 (48) 式之最高次项为 $n = l$, 该多项式乃

$$P_l(x) = a_l\left[x^l - \frac{(l-1)l}{2(2l-1)}x^{l-2} + \frac{(l-3)(l-2)(l-1)l}{2\cdot 4\cdot(2l-3)\cdots(2l-1)}x^{l-4} + \cdots\right] \tag{2-50}$$

最后一项为 $\left\{\begin{matrix} x^0 \\ x^1 \end{matrix}\right\}$, 视 l 是 $\left\{\begin{matrix} \text{偶} \\ \text{奇} \end{matrix}\right\}$ 而定.

a_l为任意值, 但吾人将取

$$a_l = \frac{1\cdot 3\cdots(2l-3)(2l-1)}{l!} \tag{2-51}$$

故得

$$P_l(1) = 1 \quad l\text{等于任何正整数} \tag{2-52}$$

$$\begin{aligned} &P_0(x) = 1, \quad P_3(x) = \frac{1}{2}(5x^3 - 3x) \\ &P_1(x) = x, \quad P_4(x) = \frac{1}{8}(35x^4 - 30x^2 + 3) \\ &P_2(x) = \frac{1}{2}(3x^2 - 1), \quad P_5(x) = \frac{1}{8}(63x^5 - 70x^3 + 15x) \end{aligned} \tag{2-53}$$

(50) 式之 $P_l(x)$ 可写为

$$P_l(x) = \frac{1}{2^l l!}\sum_{s=0}^{m}(-1)^s\frac{l!}{s!(l-s)!}\frac{(2l-2s)!}{(l-2s)!}x^{l-2s}$$

$$m = \left\{\begin{array}{l} \frac{1}{2}l, \\ (l-1)/2, \end{array}\right. \qquad \text{当}l = \left\{\begin{array}{l} \text{偶数} \\ \text{奇数} \end{array}\right. \tag{2-50a}$$

$P_l(x)$ 称为 Legendre 系数或面带谐函数 (surface zonal harmonics), 将 (45) 与 (50) 两式合并, 即可得 (34) 式之解为

$$V(r,\theta) = \sum_l \left(A_l r^l + B_l\frac{1}{r^{l+1}}\right)P_l(\cos\theta). \tag{2-54}$$

下面将摘要举出 Legendre 系数 $P_l(\cos\theta)$ 之性质.

(1) 设有 $\boldsymbol{r}_1, \boldsymbol{r}$ 两向量, $\boldsymbol{r}_1$ 是固定的, 它们之间的夹角为 θ, 则

$$\begin{aligned}\frac{1}{|\boldsymbol{r}-\boldsymbol{r}_1|} &= \frac{1}{r_1\sqrt{1+\left(\dfrac{\boldsymbol{r}}{\boldsymbol{r}_1}\right)^2-2\left(\dfrac{\boldsymbol{r}}{\boldsymbol{r}_1}\right)\cos\theta}}, \quad 当r_1>r \\ &= \frac{1}{r\sqrt{1+\left(\dfrac{r_1}{r}\right)^2-\left(2\dfrac{r_1}{r}\right)\cos\theta}}, \quad 当r>r_1 \end{aligned} \tag{2-55}$$

将上式展开, 使 $x=\cos\theta$, 则得

$$\begin{aligned}\frac{1}{|\boldsymbol{r}-\boldsymbol{r}_1|} &= \frac{1}{r}\sum C_l(x)\left(\frac{r_1}{r}\right)^l, \quad 当r>r_1 \\ &= \frac{1}{r_1}\sum C_l(x)\left(\frac{r}{r_1}\right)^l, \quad 当r_1>r \end{aligned} \tag{2-56}$$

因 $\dfrac{1}{|\boldsymbol{r}-\boldsymbol{r}_1|}$ 除了于点 $\boldsymbol{r}=\boldsymbol{r}_1$ 点外, 在其他点皆是 Laplace 方程式之解. 故将 (56) 代入 (35) 时, 并由 $\dfrac{\partial V}{\partial\varphi}=0$, 可得

$$\sum_l\left\{l(l+1)C_l(x)+\frac{\mathrm{d}}{\mathrm{d}x}\left[(1-x^2)\frac{\mathrm{d}C_l}{\mathrm{d}x}\right]\right\}\left(\frac{r_1}{r}\right)^l\frac{1}{r}=0, \quad 当r>r_1$$

或

$$\sum_l\left\{l(l+1)C_l(x)+\frac{\mathrm{d}}{\mathrm{d}x}\left[(1-x^2)\frac{\mathrm{d}C_l}{\mathrm{d}x}\right]\right\}\left(\frac{r}{r_1}\right)^l\frac{1}{r_1}=0, \quad 当r_1>r$$

可见 $C_l(x)$ 满足 (47) 式之 Legendre 方程式. 换言之, $P_l(x)$ 为展开式 (56) 之系数. 故

$$\begin{aligned}\frac{1}{|\boldsymbol{r}-\boldsymbol{r}_1|} &= \sum_{l=0}^{\infty}P_l(x)\frac{r^l}{r_1^{l+1}}, \quad 当r_1>r \\ &= \sum_{l=0}^{\infty}P_l(x)\frac{r_1^l}{r^{l+1}}, \quad 当r_1<r \end{aligned} \tag{2-56a}$$

(2) $P_l(\cos\theta)$ 之微分式

设 $\boldsymbol{r}_1$ 乃在 x 轴上, 且 $\boldsymbol{r}=\boldsymbol{r}(x,y,z)$. 则

$$\frac{1}{|\boldsymbol{r}-\boldsymbol{r}_1|}=\frac{1}{\sqrt{(x-r_1)^2+y^2+z^2}}=\sum_l\frac{(-1)^l}{l!}r_1^l\frac{\partial^l}{\partial x^l}\left(\frac{1}{r}\right)$$

以此与 (56a) 式相比, 因

$$\frac{1}{|\boldsymbol{r}-\boldsymbol{r}_1|}=\sum_l P_l(\cos\theta)\frac{r_1^l}{r^{l+1}}$$

即得

$$P_l(\cos\theta)=\frac{(-1)^l}{l!}r^{l+1}\frac{\partial^l}{\partial x^l}\left(\frac{1}{r}\right). \tag{2-57}$$

(3) $P_l(x)$ 之 Rodrigues 式

将 (50) 式予以积分, 即得

$$\int_0^x P_l\mathrm{d}x=\frac{a_l}{l+1}\left\{x^{l+1}-\frac{l(l+1)}{2(2l-1)}x^{l-1}+\frac{(l-2)(l-1)l(l+1)}{2\cdot 4\cdot(2l-3)(2l-1)}x^{l-3}+\cdots\right\}$$

将上式再积分,

$$\begin{aligned}\int_0^x\int_0^{x'}P_l\mathrm{d}x\mathrm{d}x'=&\frac{a_l}{(l+1)(l+2)}\left\{x^{l+2}-\frac{(l+1)(l+2)}{2(2l-1)}x^l\right.\\&\left.+\frac{(l-1)l(l+1)(l+2)}{2\cdot 4\cdot(2l-3)(2l-1)}x^{l-2}\cdots\right\}\end{aligned}$$

再积分 l 次, 左边利用符号式简写, 用 (51) 式之 a_l, 得

$$\left[\int_0^x\right]^l P_l\mathrm{d}x^l=\frac{1\times 3\cdot\cdots\cdot(2l-1)}{(2l)!}\left\{x^{2l}-x^{2l-2}+\frac{l(l-1)}{2!}x^{2l-4}+\cdots\right\}$$

右边的括号式 $\{\cdots\}$, 与 $(x^2-1)^l$ 的差别, 只在低于 x^l 的项. 因此, 若将上述两边微分 l 次, 可得

$$\begin{aligned}P_l(x)=&\frac{1\cdot 3\cdot\cdots\cdot(2l-3)(2l-1)}{(2l)!}\frac{\mathrm{d}^l}{\mathrm{d}x^l}(x^2-1)^l\\=&\frac{1}{2^l l!}\frac{\mathrm{d}^l}{\mathrm{d}x^l}(x^2-1)^l\end{aligned} \tag{2-58}$$

(4) $P_l(\cos\theta)$ 展开成 $\cos\theta$ 之级数

$$\begin{aligned}(1-2z\cos\theta+z^2)=&1-2(\mathrm{e}^{\mathrm{i}\theta}+\mathrm{e}^{-\mathrm{i}\theta})z+z^2\\=&(1-z\mathrm{e}^{\mathrm{i}\theta})(1-z\mathrm{e}^{-\mathrm{i}\theta})\\(1-z\mathrm{e}^{\mathrm{i}\theta})^{-1/2}=&1+\frac{1}{2}z\mathrm{e}^{\mathrm{i}\theta}+\frac{1\cdot 3}{2\cdot 4}z^2\mathrm{e}^{2\mathrm{i}\theta}+\cdots\\(1-z\mathrm{e}^{-\mathrm{i}\theta})^{-\frac{1}{2}}=&1+\frac{1}{2}z\mathrm{e}^{-\mathrm{i}\theta}+\frac{1\cdot 3}{2\cdot 4}z^2\mathrm{e}^{-2\mathrm{i}\theta}+\cdots\end{aligned}$$

因 $P_l(\cos\theta)$ 系 $(1-ze^{i\theta})^{-\frac{1}{2}}(1-ze^{-i\theta})^{-\frac{1}{2}}$ 乘积中之 z^2 项之系数, 故得

$$\begin{aligned}P_l(\cos\theta) =&\frac{1\cdot 3\cdots(2l-1)}{2\cdot 4\cdots 2l}\left\{e^{il\theta}+e^{-il\theta}+\frac{1}{2}\frac{2l}{2l-1}[e^{i(m-2)\theta}+e^{-i(m-2)\theta}]+\cdots\right\}\\ =&\frac{1\cdot 3\cdots(2l-1)}{2\cdot 4\cdots 2l}\left\{2\cos l\theta+2\cdot\frac{l}{(2l-1)}\cos(l-2)\theta\right.\\ &\left.+2\frac{1\cdot 3\cdots(l-1)l}{1\cdot 2\cdots(2l-3)(2l-1)}\cos(l-4)\theta\cdots\right\}\end{aligned}\tag{2-59}$$

$$\begin{aligned}&P_0(\cos\theta)=1,\quad P_3(\cos\theta)=\frac{1}{8}(5\cos 3\theta+3\cos\theta)\\ &P_1(\cos\theta)=\cos\theta,\quad P_4(\cos\theta)=\frac{1}{64}(35\cos 4\theta+20\cos 2\theta+9)\end{aligned}\tag{2-60}$$

$$P_2(\cos\theta)=\frac{1}{4}(3\cos 2\theta+1),\quad P_5(\cos\theta)=\frac{1}{124}(63\cos 5\theta+35\cos 3\theta+30\cos\theta)$$

(59) 式中所有 $\cos n\theta$ 之系数皆为正值, 故 P_l 之最大值是当 $\theta=0$. 但由 (51) 式 a_l 之选定, $P_l(1)=1$, 因此

$$-1\leqslant P_l\leqslant 1\tag{2-61}$$

由 (59) 式, 可得

$$\begin{aligned}P_{2l}(\cos\theta)=&P_{2l}(\cos(\pi-\theta))\\ P_{2l+1}(\cos\theta)=&-P_{2l+1}(\cos(\pi-\theta))\end{aligned}\tag{2-62}$$

或

$$\begin{aligned}P_{2l}(x)=&P_{2l}(-x)\\ P_{2l+1}(x)=&(-1)P_{2l+1}(-x)\end{aligned}\tag{2-62a}$$

(5) 递推关系式 (recurrence relations)

由 (56) 式

$$(1-2xt+t^2)^{-\frac{1}{2}}=\sum_l t^l P_l(x),\tag{2-63}$$

将 (63) 式对 t 微分, 并将两边 t 同次之系数予以相等, 则得

$$(n+1)P_{n+1}(x)-(2n+1)xP_n(x)+nP_{n-1}(x)=0\tag{2-64}$$

再将 (63) 对 x 微分, 同理可得

$$P'_{n+1}-2xP'_n+P'_{n-1}-P_n=0\tag{2-65}$$

今将 (64) 对 x 微分, 可得

$$xP_n' - P_{n-1}' - nP_n = 0 \tag{2-66}$$

由 (65) 及 (66), 可得

$$P_{n+1}' - P_{n-1}' = (2n+1)P_n \tag{2-67}$$

由此式可得

$$P_{n+1}' + P_n' = \sum_{l=0}^{n}(2l+1)P_l \tag{2-68}$$

同理, 可得其他递推关系式

$$P_{n+1}' - xP_n' = (n+1)P_n \tag{2-66a}$$

$$(x^2-1)P_n' = nxP_n - nP_{n-1} \tag{2-66b}$$

(6) $P_l(x)$ 之正交关系与归一化

以 P_n 乘 (47) 式之 P_m 之 Legendre 方程式, 再将 P_m 与 P_n 互换, 所得之两方程式予以相减, 并对 x 积分, 其积分极限系后 -1 到 $+1$, 即得

$$[n(n+1)-m(m+1)]\int_{-1}^{1} P_m(x)P_n(x)\mathrm{d}x$$

$$=\left|(1-x^2)(P_nP_m' - P_mP_n')\right|_{-1}^{1} = 0$$

因此,

$$\int_{-1}^{1} P_m(x)P_n(x)\mathrm{d}x = 0, \quad 当 m \neq n \tag{2-69}$$

若 $m=n$ 时, 则取用下述之方法.

今将用由 Green 定理所表示之电位式 (24) 如下;

$$V(\boldsymbol{r}) = \frac{1}{4\pi}\oiint_S \left(\frac{1}{R}\frac{\partial V(\boldsymbol{r}')}{\partial \boldsymbol{n}} - V(\boldsymbol{r}')\frac{\partial}{\partial \boldsymbol{n}}\frac{1}{R}\right)\cdot \mathrm{d}\boldsymbol{S} \tag{2-70}$$

$R = |\boldsymbol{r} - \boldsymbol{r}'|$. 由 (56)

$$\frac{1}{R} = \frac{1}{r'}\sum_S \left(\frac{r}{r'}\right)^s P_s(\cos\Theta), \quad r < r' \tag{2-71}$$

Θ 乃是向量 $\boldsymbol{r}$ 与 $\boldsymbol{r}'$ 之间的夹角,

$$\cos\Theta = \cos\theta\ \cos\theta' + \sin\theta\ \sin\theta'\ \cos(\varphi - \varphi')$$

设取 (54) 式之解为 $V = r^m P_m(\cos\theta)$ 代入 (70), 得

$$V_m(r,\theta) = r^m P_m(\cos\theta) \tag{2-72}$$

$$V_m(r,\theta) = \frac{1}{4\pi}\oiint_S \left\{ r'^m P_m(\cos\theta)\sum_S (s+1)\frac{r^4}{r'^{2+2}}P_s(\cos\Theta) + mr'^{m-2}P_m(\cos\theta')\sum_S \frac{r^3}{r'^3}P_s(\cos\Theta)\right\} r'^2 \sin\theta' \mathrm{d}\theta' \mathrm{d}\varphi'$$

当 $r < r'$, 上两式恒相等, 故由 r^m 项之系数得

$$\frac{2m+1}{4\pi}\iint P_m(\cos\theta')P_s(\cos\Theta)\mathrm{d}\cos\theta'\mathrm{d}\varphi' = P_m(\cos\theta)\delta_{ms} \tag{2-73a}$$

使 $\theta = 0$, 则 $\cos\Theta = \cos\theta'$, 又因 $P_m(1) = 1$, 并用 (69), 则得

$$\int_{-1}^{1} P_m(x)P_n(x)\mathrm{d}x = \frac{2}{2m+1}\delta_{mn} \tag{2-73b}$$

(7) 第二类 Legendre 系数 (Legendre coefficient of the second kind)

(47) 式为一个二次微分方程式, 故应有两个独立解. Legendre 系数 $P_l(x)$ 仅是一个解, 此外尚有一独立解. 吾人将不于此导出, 只将其如 (50a) 之 $P_l(x)$ 用级数表示之;

$$Q_l(x) = 2^l \sum_{S=0}^{\infty} \frac{(l+s)!(l+2s)!}{s!(2l+2s+1)!}\frac{1}{x^{l+2s+1}}, \quad |x| > 1 \tag{2-74}$$

当 $|x| = 1$, 此式为发散的, 但 $|x| > 1$, 则为收敛. Q_l 称为 l 次之第二类 Legendre 系数. 它与 $P_l(x)$ 之关系为

$$Q_l(x) = \frac{1}{2}P_l(x)\ln\frac{1+x}{1-x} - \frac{2l-1}{1\cdot x}P_{l-1}(x) - \frac{2l-5}{3\cdot(n-1)}P_{l-3} + \cdots \tag{2-75}$$

最后一项为 $P_0(x)$. 只要 $|x| < 1$, 上式皆可成立.

$$Q_0(x) = \frac{1}{2}\ln\frac{1+x}{1-x}, \quad Q_1(x) = P_1(x)Q_0 - 1$$

$$\begin{aligned} Q_2(x) &= \frac{1}{2}P_2\ln\frac{1+x}{1-x} - \frac{3}{2}P_1 \\ &= \frac{3}{2}P_1(x)Q_1(x) - \frac{1}{2}Q. \end{aligned} \tag{2-75a}$$

$Q_l(x)$ 也同样满足 (64)-(68) 各递推关系式.

Legendre 方程式 (47) 之通解为

$$P(x) = A\ P_l(x) + B\ Q_l(x), \tag{2-76}$$

兹用 Legendre 系数以解电位理论之简单问题如下;

(i) 若有半径 a 之圆环, 其上总电荷为 e. 求于空间任何点之电位. 因此题之情形乃是轴 (如图 2.5 对 z 轴) 对称之问题, 电位只与 r,θ 有关, r 乃是环心 O 与观察点 P 之距离, θ 乃是 z 轴与 r 的夹角. 但因 (54) 中 $V(r,\theta)$ 之通解为

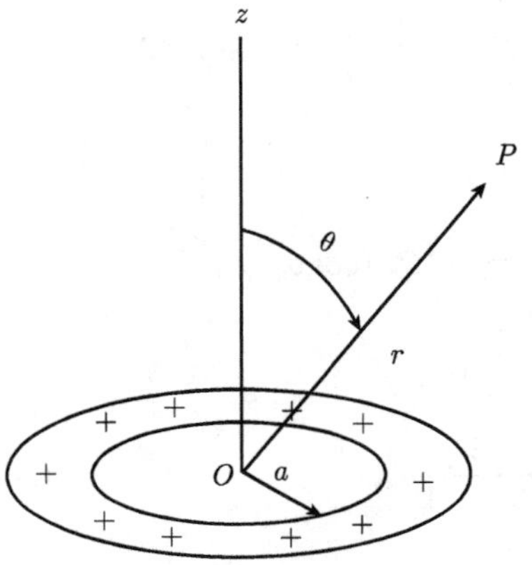

图 2.5

$$V(r,\theta)=\sum_m \left(A_m r^m + B_m \frac{1}{r^{m+1}}\right) p_m(\cos\theta)$$

若今有一点在 z 轴上, 则 $\theta = 0$, $P_l(1) = 1$. 故得

$$V(r,0) = \frac{e}{\sqrt{a^2+r^2}}$$

若将上式予展开得

$$\begin{aligned} V(r,0) &= \frac{e}{a}\left[1 - \frac{1}{2}\left(\frac{r}{a}\right)^2 + \frac{1\cdot 3}{2\cdot 4}\left(\frac{r}{a}\right)^4 + \cdots\right], \quad \text{当}\frac{r}{a} < 1 \\ &= e\left[\frac{1}{r} - \frac{1}{2}\frac{a^2}{r^3} + \frac{1\cdot 3}{2\cdot 4}\frac{a^4}{r^5} + \cdots\right], \quad \text{当}\frac{a}{r} < 1, \end{aligned}$$

将上式与

$$V(r,0) = \sum_m \left(A_m r^m + B_m \frac{1}{r^{m+1}}\right)$$

相比, 则得系数 A_m, B_m. 因此可得所需之解

$$\begin{aligned} V(r,\theta) &= \frac{e}{a}\left\{P_0 - \frac{1}{2}\left(\frac{r}{a}\right)^2 P_2 + \frac{1\cdot 3}{2\cdot 4}\left(\frac{r}{a}\right)^4 P_4 + \cdots\right\}, \quad \text{当}\frac{r}{a} < 1 \\ &= \frac{e}{r}\left\{P_0 - \frac{1}{2}\left(\frac{a}{r}\right)^2 P_2 + \frac{1\cdot 3}{2\cdot 4}\left(\frac{a}{r}\right)^4 P_4 + \cdots\right\}, \quad \text{当}\frac{a}{r} < 1 \end{aligned}$$

(ii) 若有一带电圆盘, 其半径为 a, 电荷密度为

$$\sigma(\rho) = \frac{e}{4\pi a\sqrt{a^2-\rho^2}}$$

ρ 系与盘中心之距离, 求空间任何点之电位.

与 (i) 相似, 此题也是轴对称问题. 今在盘轴上 (如图 2.6z 轴) 取一点 $(r,0)$, 则该点之电位为

$$V(r,0)=\frac{e}{a}\int_0^a\frac{\rho\mathrm{d}\rho}{\sqrt{(a^2-\rho^2)(r^2+\rho^2)}}$$
$$=\frac{e}{2a}\cos^{-1}\frac{r^2-a^2}{r^2+a^2}$$

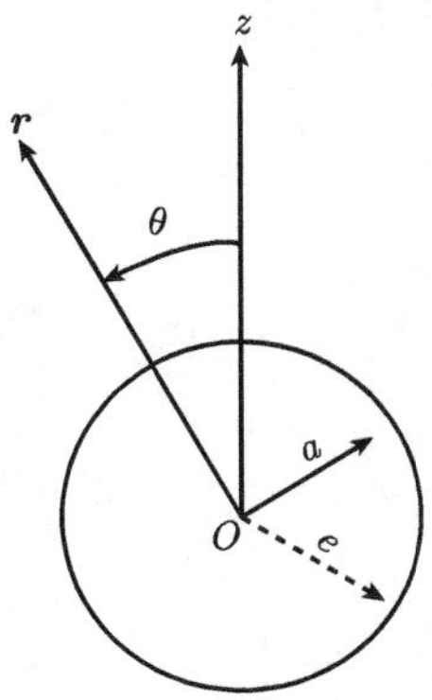

图 2.6

今

$$\frac{e}{2a}\arccos\frac{r^2-a^2}{r^2+a^2}=\frac{e}{2a}\left\{\pi-2\left[\left(\frac{r}{a}\right)-\frac{1}{3}\left(\frac{r}{a}\right)^3+\frac{1}{5}\left(\frac{r}{a}\right)^5-\frac{1}{7}\left(\frac{r}{a}\right)^7+\cdots\right]\right\},\quad\frac{r}{a}<1$$
$$=\frac{e}{2a}\cdot 2\left[\left(\frac{a}{r}\right)-\frac{1}{3}\left(\frac{a}{r}\right)^3+\frac{1}{5}\left(\frac{a}{r}\right)^5+\cdots\right],\quad\frac{a}{r}<1$$

因此与 (i) 同理可得

$$V(r,\theta)=\frac{e}{a}\left[\frac{\pi}{2}-\left(\frac{r}{a}\right)P_1+\frac{1}{3}\left(\frac{r}{a}\right)^3P_3-\frac{1}{5}\left(\frac{r}{a}\right)^5P_5+\cdots\right],\quad\frac{r}{a}<1$$
$$=\frac{e}{r}\left[\frac{a}{r}-\frac{1}{3}\left(\frac{a}{r}\right)^3P_2+\frac{1}{5}\left(\frac{a}{r}\right)^5P_4+\cdots\right],\quad\frac{a}{r}<1$$

(iii) 若今有一导球于一均匀电场 $\boldsymbol{E}_0$ 里, 求导球表面电荷密度. 本题系解 Laplace 方程式

$$\nabla^2V=0$$

其边界条件为在球面上 $(r=a)$ 时 $V(r)=0$, 及当 $r\to\infty$ 时, $V\to-E_0r\cos\theta$. 由于第二条件, V 务有下式

$$V=\left(Ar+B\frac{1}{r^2}\right)P_1(\cos\theta).$$

由此二条件, 乃得

$$A=-E_0,\quad B=a^3E_0$$

所以

$$V=-\left(1-\frac{a^3}{r^3}\right)E_0r\cos\theta,\quad a<r$$

故电荷面密度 σ 为

$$\sigma = \varepsilon_0 E_r\Big|_{r=a} = 3\varepsilon_0 E_0 \cos\theta.$$

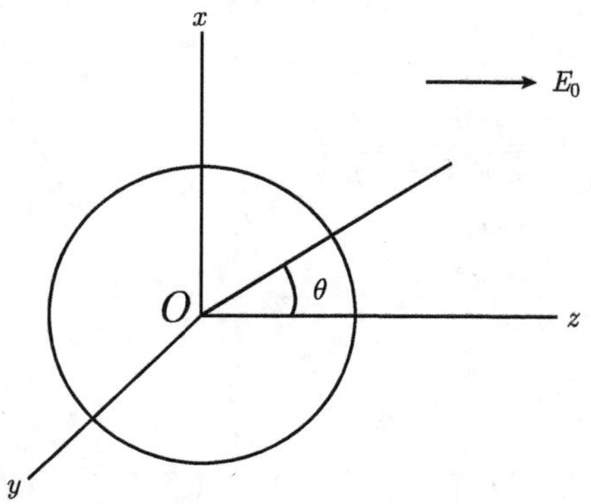

图 2.7

(iv) 上题之导球代以电介质球 ($\varepsilon = k\varepsilon_0$).

本题也是解 Laplace 方程式, 但其边界条件则为

(a) $V(r,\theta) \to -E_0 r\cos\theta$,　当$r \to \infty$

(b) $(D_\text{i})_n = (D_\text{e})_n$　　于$r = a$

D_i 系电介质 ($k\varepsilon_0$) 球内之位移电场 $k\varepsilon_0 E$, D_e 为电介质球外之位移电场 (球外之介质若为空气). n 表示法线分量. 则本题可用下式表示;

$$V_\text{e}(r,\theta) = \left(A_\text{e} r + B_\text{e}\frac{1}{r^2}\right)P_1(\cos\theta) = A_\text{e} r\cos\theta + B_\text{e}\frac{1}{r^2}\cos\theta$$

$$V_\text{i}(r,\theta) = \left(A_\text{i} r + B_\text{i}\frac{1}{r^2}\right)\cos\theta$$

i, e 分别表示该球内, 外之意思. 由 (a) 之边界条件得

$$A_\text{e} = -E_0$$

因当 $r = 0$ 时, V_i 为 (有限) 定值, 故令

$$B_\text{i} = 0.$$

由 (b) 之边界条件可得

$$-k\varepsilon_0 A_\text{i}\cos\theta = \varepsilon_0 E_0\cos\theta + \frac{2\varepsilon_0 B_\text{e}}{a^3}\cos\theta$$

于 $r = a$, $V_\text{e} = V_\text{i}$, 故从这些方程解得

$$A_\text{i} = -\frac{3E_0}{k+2} = -\left(1 - \frac{k-1}{k+2}\right)E_0$$

$$B_{\mathrm{e}} = \frac{k-1}{k+2} a^3 E_0$$

因此,

$$V_{\mathrm{i}} = -\left(1 - \frac{k-1}{k+2}\right) E_0 r \cos\theta$$

$$V_{\mathrm{e}} = -\left(1 - \frac{k-1}{k+2} \frac{a^3}{r^3}\right) E_0 r \cos\theta$$

故电介质内的电场系沿 x 方向 (若 E_0 之方向为 x) 为

$$E_{\mathrm{i}} = \frac{3}{k+2} E_0$$

但因 (见 (1-77))

$$D_{\mathrm{i}} = k\varepsilon_0 E_{\mathrm{i}} = \varepsilon_0 E_{\mathrm{i}} + P$$

故

$$P = \frac{3(k-1)}{k+2} \varepsilon_0 E_0 = 3(k-1)\varepsilon_0 E_{\mathrm{i}}$$

介质球之电偶矩为

$$P = 4\pi a^3 \frac{k-1}{k+2} \varepsilon_0 E_0$$

若 E_p 系因电介质之极化所造成之内电场, 则

$$E_{\mathrm{i}} = E_0 + E_p$$

故

$$E_p = -\frac{k-1}{k+2} E_0$$

$$D_{\mathrm{i}} = \frac{3k}{k+2} \varepsilon_0 E_0 = \frac{3}{1 + \frac{2}{k}} \varepsilon_0 E_0 > \varepsilon_0 E_0$$

当 $k \to \infty$, 则上式之结果与前题 (ii) 相同.

(v) 本题乃是在均匀电场 E_0 中电介质里 $(k\varepsilon_0)$ 挖一个球形空洞. 则可证 (当习题)

$$V_{\text{介电质}} = -\left(1 + \frac{k-1}{2k+1} \frac{a^3}{r^3}\right) E_0 r \cos\theta$$

$$V_{\text{空洞}} = -\frac{3k}{2k+1} E_0 r \cos\theta$$

$$E_{\text{空洞}} = \frac{3k}{2k+1} E_0 = \frac{3}{2 + \frac{1}{k}} E_0 > E_0$$

表面电荷密度$\sigma_P = -\dfrac{3(k-1)}{2(k+1)}\varepsilon_0 E_0 \cos\theta$

(vi) 本例乃说明 Legendre 系数 $Q_l(x)$ 之用途. 设有一边界问题如下; 若有一无穷大锥面导体 ($\theta = \alpha$), 其电位为零, 另有一共轴锥体 ($\theta = \beta, \beta >$ 或 $< \alpha$), 其电位为 $V(r, \beta)$ 系满足 Laplace 方程式的. 求于 α 与 β 之间 θ 角之电位 $V(r, \theta)$.

本题通解可写作下式

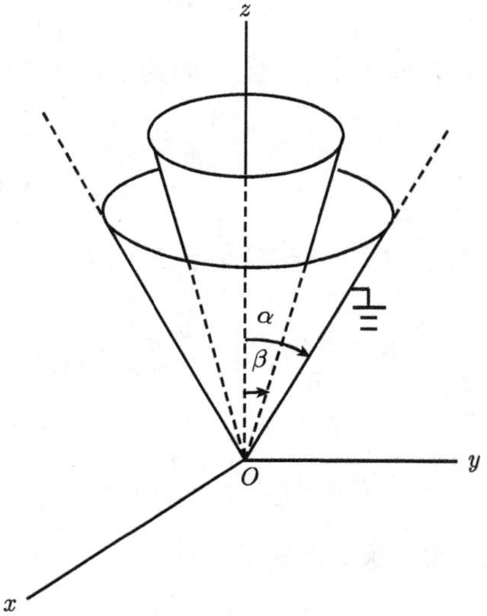

图 2.8

$$V(r,\theta) = \sum_n \left(A_n r^n + B_n \frac{1}{r^{n+1}}\right)(C_n P_n(\cos\theta) + D_n Q_n(\cos\theta))$$

而边界条件为

$$V(r,\alpha) = 0, \quad V(r,\beta) = \sum_n \left(A_n r^n + B_n \frac{1}{r^{n+1}}\right)$$

因此, 吾人可选

$$C_n = aQ_n(\cos\alpha), \quad D_n = -aP_n(\cos\alpha)$$

这里

$$\frac{1}{a} = Q_n(\cos\alpha)P_n(\cos\beta) - P_n(\cos\alpha)Q_n(\cos\beta)$$

如边界条件为

$$V(r,\alpha) = 0, \quad V(r,\beta) = 常数 = V_1,$$

则只有 $n = 0$ 项存在. 因 $P_0(x) = 1$,

$$Q_0(x) = \frac{1}{2}\ln\frac{1+x}{1-x} = -\ln\tan\frac{\theta}{2} \quad (x = \cos\theta)$$

$$A_0 = V_1$$

故

$$V(r,\theta) = V(\theta) = V_1 \frac{\ln\ \tan\dfrac{\beta}{2} - \ln\tan\dfrac{\theta}{2}}{\ln\tan\dfrac{\beta}{2} - \ln\tan\dfrac{\alpha}{2}}.$$

2.4.2 联附 Legendre 系数 (associated Legendre coefficients)

今再回来讨论 $m = \pm$ 整数时, (46) 式之情形,

$$\frac{\mathrm{d}}{\mathrm{d}x}\left[(1-x^2)\frac{\mathrm{d}P}{\mathrm{d}x}\right] + \left[\alpha^2 - \frac{m^2}{1-x^2}\right]P = 0 \tag{2-77}$$

我们将不假设 $\alpha^2 = l(l+1)$, 而将证明 α^2 为 (77) 式之本征值 (eigenvalues), 由这些值所得 P 之解, 皆满足特定边界条件. 方程式 (77) 在 $x = \pm 1$ 有两个非本性之奇点 (吾人并不考虑在无穷远之奇点, 因为 x 之范围乃在 $-1 \leqslant x \leqslant 1$ 之间). 欲探讨 $x = 1$ 时该方程式之特性, 吾人可将 x 变数, 代以 $z = 1 - x$, 则该式即为

$$\frac{\mathrm{d}^2P}{\mathrm{d}z^2} + \frac{2(1-z)}{z(2-z)}\frac{\mathrm{d}P}{\mathrm{d}z} + \left[\frac{\alpha^2}{z(2-z)} - \frac{m^2}{z^2(2-z)^2}\right]P = 0$$

当 $z = 0$, 上式有一个极 (pole). 设

$$P = z^\lambda \sum_S a_s z^s$$

将此代入上方程式, 并使 z 之最低项的系数等于零, 则得指数方程式为

$$\lambda(\lambda-1) + \lambda - \frac{m^2}{4} = 0, \quad 或 \quad \lambda = \pm\frac{|m|}{2} \tag{2-78}$$

此方程式 λ 有两个根, 其互差为一整数, 由此两根所得之两个解并非相互独立的. 欲找第二个独立之解, 则需使用其他方法. 此法可参阅 Whittaker 和 Watson 的 *A Course on Modern Analysis*, Cambridge Univ. Press(1927). p.200. 吾人将取 $\lambda = \dfrac{|m|}{2}$ 之根.

在 $x = -1$ 之极, 则同理可得 $(1+x)^{\frac{|m|}{2}}$ 之因子. 今设

$$\begin{aligned} P(x) =& [(1-x)(1+x)]^{\frac{|m|}{2}} u(x) \\ =& (1-x^2)^{\frac{|m|}{2}} u(x) \end{aligned} \tag{2-79}$$

由 (77) 式, 可得 $u(x)$ 之方程式为

$$(1-x^2)\frac{\mathrm{d}^2u}{\mathrm{d}x^2} - 2(m+1)x\frac{\mathrm{d}u}{\mathrm{d}x} + [\alpha^2 - (m+1)m]u = 0 \tag{2-80}$$

这里 m 系 $|m|$. 设

$$u(x) = \sum_s C_s x^s$$

即得一递推关系式如下:

$$\begin{aligned}&(s+1)(s+2)C_{s+2}\\=&[s(s+1)+2(m+1)s-\alpha_2-m(m+1)]C_s\end{aligned}$$

当 s 甚大时, 由上式之级数里, 两个连接项之比应为

$$\frac{C_{s+2}x^{s+2}}{C_s x^s} \approx x^2$$

故该级数可视为$\dfrac{1}{1-x}$, 而在 (79) 式之 $P(x)$ 可视为 $(1-x^2)^{\frac{m}{2}-1}$. 当 $m=0$, 或 $m=1$, x 在 ± 1 点, 则 $P(x)$ 即不收敛. 欲免此困难, 吾人可使该级数到 x^k 项即终止, 而使 $C_{k+2}=C_{k+4}=\cdots=0$, 欲达上述之目的, 则需

$$\alpha^2 = (k+m)(k+m+1) = l(l+1), \tag{2-81}$$

l 为一整数,

$$l \geqslant m$$

将 $\alpha^2 = l(l+1)$ 代入 (77) 式, 则得

$$\frac{\mathrm{d}}{\mathrm{d}x}\left[(1-x^2)\frac{\mathrm{d}P}{\mathrm{d}x}\right] + \left[l(l+1) - \frac{m^2}{1-x^2}\right]P(x) = 0 \tag{2-77a}$$

欲得 (80) 式之 u 解, 则只需将第 (47a) 式

$$(1-x^2)\frac{\mathrm{d}^2 P_l}{\mathrm{d}x} - 2x\frac{\mathrm{d}P_l}{\mathrm{d}x} + l(l+1)P_l = 0$$

对 x 加以微分 m 次. 结果为

$$\begin{aligned}&(1-x^2)\frac{\mathrm{d}^{m+2}P_l}{\mathrm{d}x^{m+2}} - 2(m+1)x\frac{\mathrm{d}^{m+1}P_l}{\mathrm{d}x^{m+1}}\\&+(l-m)(l+m+1)\frac{\mathrm{d}^m P_l}{\mathrm{d}x^m} = 0\end{aligned} \tag{2-82}$$

以 (80) 与 (82) 相比, 可知 $u(x)$ 与 $\dfrac{\mathrm{d}^m P_l}{\mathrm{d}x^m}$ 皆满足同一个方程式. 故 (77a) 之解应为

$$P_l^m(x) = (-1)^m(1-x^2)^{\frac{m}{2}}\frac{\mathrm{d}^m P_l}{\mathrm{d}x^m} \tag{2-83}$$

这函数乃称为 l 次, m 阶之联附 Legendre 函数 (或多项式), $l \geqslant m$. 若 $l < m$, 则 $\dfrac{\mathrm{d}^m P_l}{\mathrm{d}x^m} = 0$. $(-1)^m$ 乃是传统的习惯加上去的.

由 (50a) 之 $P_l(x)$ 式, 可得 $P_l^m(x)$ 之级数为

$$
\begin{aligned}
P_l^m(x) =& \frac{(2l)!}{2^l l!(l-m)!}(1-x^2)^{\frac{m}{2}}\left[x^{l-m} - \frac{(l-m)(l-m-1)}{2\cdot(2l-1)}x^{l-m-2}\right.\\
&\left. + \frac{(l-m)(l-m-1)(l-m-2)(l-m-3)}{2\cdot 4\cdot(2l-1)(2l-3)}x^{l-m-4} + \cdots\right]
\end{aligned} \tag{2-84}
$$

下面为该多项式之几个形式

$$
\begin{aligned}
&P_0^0 = 1, && P_3^2 = 15(1-x^2)x\\
&P_1^0 = x, && P_3^3 = 15(1-x^2)^{3/2}\\
&P_1^1 = (1-x^2)^{\frac{1}{2}}, && P_4^0 = \frac{1}{8}(35x^4 - 30x^2 + 3)\\
&P_2^0 = \frac{1}{2}(3x^2-1), && P_4^1 = \frac{5}{2}(1-x^2)^{\frac{1}{2}}(7x^3 - 3x)\\
&P_2^1 = 3(1-x^2)^{\frac{1}{2}}x, && P_4^2 = \frac{15}{2}(1-x^2)(7x^2-1)\\
&P_2^2 = 3(1-x^2), && P_4^3 = 105(1-x^2)^{\frac{3}{2}}x\\
&P_3^0 = \frac{1}{2}(5x^3-3x), && P_4^4 = 105(1-x^2)^2\\
&P_3^1 = \frac{3}{2}(1-x^2)^{\frac{1}{2}}(5x^2-1)
\end{aligned} \tag{2-85}
$$

今已知 $(1-x^2)^{\frac{m}{2}}\dfrac{\mathrm{d}^m P_l}{\mathrm{d}x^m}(x)$ 为(77a) 之特别解. 该方程式之第二个线性的独立解, 可用下法求得. 将 (47a) 式之 $P_l(x)$ 代以 $Q_l(x)$, 得

$$
(1-x^2)\frac{\mathrm{d}^2 Q_l}{\mathrm{d}x^2} - 2x\frac{\mathrm{d}Q_l}{\mathrm{d}x} + l(l+1)Q_l = 0 \tag{2-86}
$$

将其微分 m 次可得

$$
Q_l^m(x) = (-1)^m(1-x^2)^{\frac{m}{2}}\frac{\mathrm{d}^m Q_l}{\mathrm{d}x^m}, \quad -1 < x < 1, \tag{2-87}
$$

此为第二类之联附 Legendre 函数.

[于纯数理之探讨, 而非在解电位理论问题时, 常于 P_l^m, Q_l 等函数, 将变数 x 的领域拓展至 $x > 1$, 或甚至为虚数. 若 $z > 1$ 而为实数, 则由 (58) 可定义 $P_l(z)$, 及

$$
P_l^m(z) = (z^2-1)^{\frac{m}{2}}\frac{\mathrm{d}^m P_l(z)}{\mathrm{d}z^m}, \quad z > 1
$$

同理, 可借用 (75) 式, 并将 $\ln\dfrac{1+x}{1-x}$ 改为 $\ln\dfrac{1+z}{1-z}$, 则得 $Q_l(z)$ 为

$$
Q_l^m(z) = (z^2-1)^{\frac{m}{2}}\frac{\mathrm{d}^m Q_l(z)}{\mathrm{d}z^m}
$$

此处对这些函数将不再做进一步讨论, 读者若有兴趣请参阅前已述及之 Whittaker 和 Watson 书].

下面将列举些 $P_l^m(x)$ 之特性,

(1) 递推关系式

$$(1-x^2)\frac{\mathrm{d}P_l^m}{\mathrm{d}x}=(1-x^2)^{\frac{1}{2}}P_l^{m+1}-mxP_l^m \tag{2-88a}$$

$$(1-x^2)\frac{\mathrm{d}P_l^m}{\mathrm{d}x}=(l+m)P_{l-1}^m-lxP_l^m \tag{2-88b}$$

$$(2l+1)xP_l^m=(l-m+1)P_{l+1}^m+(l+m)P_{l-1}^m \tag{2-88c}$$

$$(2l+1)(1-x^2)^{\frac{1}{2}}P_l^m=P_{l+1}^{m+1}-P_{l-1}^{m+1} \tag{2-88d}$$

$$\begin{aligned}&=-(l-m+1)(l-m+2)P_{l+1}^{m-1}\\&\quad+(l+m-1)(l+m)P_{l-1}^{m-1}\end{aligned} \tag{2-88e}$$

$$(1-x^2)^{\frac{1}{2}}P_l^{m+1}=2mxP_l^m-(l+m)(l-m+1)(1-x^2)^{\frac{1}{2}}P_l^{m-1} \tag{2-88f}$$

(2) $P_l^m(x)$ 之正交化与归一化

设有积分如下

$$F(m)=\int_{-1}^{1}(1-x^2)^m\frac{\mathrm{d}^mP_l}{\mathrm{d}x^m}\frac{\mathrm{d}^mP_k}{\mathrm{d}x^m}\mathrm{d}x \tag{2-89}$$

用部分积分法, 可得

$$F(m)=-\int_{-1}^{1}\frac{\mathrm{d}^{m-1}P_l}{\mathrm{d}x^{m-1}}\frac{\mathrm{d}}{\mathrm{d}x}\left[(1-x^2)^m\frac{\mathrm{d}^mP_k}{\mathrm{d}x^m}\right]\mathrm{d}x$$

于 (82) 式中 m 代以 $m-1$, 并乘上 $(1-x^2)^{m-1}$, 得

$$\begin{aligned}&\frac{\mathrm{d}}{\mathrm{d}x}\left\{(1-x^2)^m\frac{\mathrm{d}^mP_l}{\mathrm{d}x^n}\right\}\\&=-(l-m+1)(l+m)(1-x^2)^{m-1}\frac{\mathrm{d}^{m-1}P_l}{\mathrm{d}x^{m-1}}\end{aligned}$$

用此式于上面之积分, 可得一递推关系式为

$$F(m)=(l-m+1)(l+m)F(m-1)$$

将上述方法一再重复, 可得

$$\begin{aligned}F(m)&=(l-m+1)(l+m)(l-m+2)(l+m-1)F(m-2)\\&=\frac{(l+m)!}{(l-m)!}F(0)\end{aligned} \tag{2-89a}$$

由 (69) 式已知 $F(0)$, 因此

$$\int_{-1}^{1} P_l^m(x)P_k^m(x)\mathrm{d}x = \frac{2}{2l+1}\frac{(l+m)!}{(l-m)!}\delta_{l,k} \tag{2-90}$$

故能将 $P_l^m(x)$ 归一化如下. 设

$$\Theta_{l,m}(x) = (-1)^m \left[\frac{2l+1}{2}\frac{(l-m)!}{(l+m)!}\right]^{\frac{1}{2}} P_l^m(x) \tag{2-91}$$

则

$$\int_{-1}^{1} \Theta_{l,m}(x)\Theta_{l,m}(x)\mathrm{d}x = 1 \tag{2-90a}$$

(90) 式外另一积分为

$$\int_{-1}^{1} \frac{1}{(1-x^2)}P_l^m(x)P_l^m(x)\mathrm{d}x = \frac{1}{2m}\frac{(l+m)!}{(l-m)!} \tag{2-92}$$

设将 (40) 式之 $\Phi(\varphi)$ 与 (83) 式之 $P_{lm}(\cos\theta)$ 集合一起, 则 (35) 式 Laplace 方程之通解为

$$\sum_{l=0}^{\infty} Y_l(\theta,\varphi) = \sum_{l=0}^{\infty}\sum_{m=0}^{l} Y_{l,m}(\theta,\varphi) \tag{2-93}$$

$$Y_{l,m}(\theta,\varphi) = (A_{l,m}\ \cos m\varphi + B_{l,m}\ \sin m\varphi)P_l^m(\cos\theta) \tag{2-94}$$

$Y_{l,m}$ 称为 l 次田谐函数 (tesseral harmonic).

今再回到 (72) 式, 将 $V(r,\theta)$ 代以下式

$$V(r,\theta,\varphi) = r^l Y_l(\theta,\varphi)$$

以同于由 (72) 至 (73a) 之方法, 可得

$$\frac{2l+1}{4\pi}\iint Y_l(\theta',\varphi')P_s(\cos\Theta)\mathrm{d}\cos\theta'\mathrm{d}\varphi' = Y_l(\theta,\varphi)\delta_{l,s} \tag{2-95}$$

此处

$$\cos\Theta = \cos\theta\ \cos\theta' + \sin\theta\ \sin\theta'\ \cos(\varphi-\varphi') \tag{2-96}$$

(73a) 乃是 (95) 之特例.

兹假设 $P_l^m(\cos\theta), \mathrm{e}^{\mathrm{i}m\varphi}$ 在 θ,φ 之空间里构成一完集 (a complete set), 换言之, 此空间中任何函数 $f(\theta,\varphi)$, 皆可用 $Y_{l,m}(\theta,\varphi)$ 之级数予以展开. [若欲知晓完集之定义与条件, 请参阅 Courant and Hilbert 的*Methoden der Mathematischen physik.* Vol.

l. (1931), Chapter 6, §3, 或 E. C. Kemble 的 *The Fundamental Principles of Quantum Mechanics*(1937), pp. 136-137]. 设今将 $P_s(\cos\Theta)$ 展开

$$P_s(\cos\Theta)=\sum_{n,k}C_{kn}(\theta',\varphi')P_n^k(\cos\theta)\mathrm{e}^{\mathrm{i}k\varphi} \tag{2-97}$$

将上式两边乘以 $P_l^m(\cos\theta)\mathrm{e}^{-\mathrm{i}m\varphi}\mathrm{d}\cos\theta\mathrm{d}\varphi$, 并对 θ,φ 积分, 再用 (90) 和 (95) 式, 可得

$$C_{lm}(\theta',\varphi')=\frac{(l-|m|)!}{(l+|m|)!}P_l^m(\cos\theta')\mathrm{e}^{-\mathrm{i}m\varphi'} \tag{2-98}$$

故

$$P_l(\cos\Theta)=\sum_{m=-l}^{l}\frac{(l-|m|)!}{(l+|m|)!}P_l^m(\cos\theta)P_l^m(\cos\theta')\mathrm{e}^{\mathrm{i}m(\varphi-\varphi')} \tag{2-99}$$

$$=2\sum_{m=l}^{l}\frac{(l-m)!}{(l+m)!}P_l^m(\cos\theta)P_l^m(\cos\theta')\cos m(\varphi-\varphi')+P_l(\cos\theta)P_l(\cos\theta') \tag{2-99a}$$

这结果乃称为球谐函数之额加定理 (addition theorem).

今将 (99) 或 (99a) 代入 (71), 得

$$\frac{1}{|\boldsymbol{r}-\boldsymbol{r}'|}=\sum_{l=0}^{\infty}\sum_{m=-l}^{l}\frac{(l-|m|)!}{(l+|m|)!}\frac{r_<^l}{r_>^{l+1}}P_l^m(\cos\theta)P_l^m(\cos\theta')\mathrm{e}^{\mathrm{i}m(\varphi-\varphi')} \tag{2-100}$$

$r_>$, $r_<$ 乃视 r 和 r' 孰大孰小而定, 大的称为 $r_>$, 小的称为 $r_<$.

(91) 式中归一化之 Θ_{lm} 和下式归一化的 Φ_m

$$\Phi_m(\varphi)=\frac{1}{\sqrt{2\pi}}\mathrm{e}^{\mathrm{i}m\varphi}$$

合并起来, 满足下式之关系

$$\sum_{m=-l}^{l}|\Theta_{l,m}(\cos\theta)\Phi_m(\varphi)|^2=\frac{2l+1}{4\pi} \tag{2-101}$$

此结果可于 (99) 式中使 $\Theta=0$ 及 (91) 式得之.

最后 (36) 之 $V(r,\theta,\varphi)$ 电位为

$$V(r,\theta,\varphi)=\sum_{l=0}^{\infty}\sum_{m=1}^{l}\left(A_lr^l+B_l\frac{1}{r^{l+1}}\right)P_l^m(\cos\theta)\left\{\begin{array}{l}\cos m\varphi\\ \sin m\varphi\end{array}\right. \tag{2-102}$$

$R(r)$ 乃由 (45) 式中得之.

2.5 Laplace 方程式, Bessel 函数

某些电位理论, 热传导与量子力学等问题, 常常地使用圆柱坐标 $\boldsymbol{r}(\rho, z, \varphi)$. 该坐标线元素 (line element) 为

$$\mathrm{d}s^2 = \mathrm{d}\rho^2 + \mathrm{d}z^2 + \rho^2 \mathrm{d}\varphi^2$$

Laplace 方程式为

$$\nabla^2 V = \frac{\partial^2 V}{\partial \rho^2} + \frac{1}{\rho}\frac{\partial V}{\partial \rho} + \frac{1}{\rho^2}\frac{\partial^2 V}{\partial \varphi^2} + \frac{\partial^2 V}{\partial Z^2} = 0 \tag{2-103}$$

这方程式亦可使用分离变数法解之. 设

$$V = R(\rho)Z(z)\varPhi(\varphi)$$

则 (103) 式化分成三个常微分方程

$$\frac{\mathrm{d}^2 \varPhi}{\mathrm{d}\varphi^2} + n^2 \varPhi = 0 \tag{2-104}$$

$$\frac{\mathrm{d}^2 Z}{\mathrm{d}z^2} - k^2 Z = 0 \tag{2-105}$$

$$\frac{\mathrm{d}^2 R}{\mathrm{d}x^2} + \frac{1}{x}\frac{\mathrm{d}R}{\mathrm{d}x} + \left(1 - \frac{n^2}{x^2}\right)R = 0, \ x = k\rho \tag{2-106}$$

n^2, k^2 为未定之常数. (104) 和 (105) 之解为

$$\varPhi(\varphi) = \left\{\begin{matrix} \cos \\ \sin \end{matrix}\right. (n\varphi) \tag{2-107}$$

$$Z(z) = \left\{\begin{matrix} \cosh \\ \sinh \end{matrix}\right. (kz) \tag{2-108}$$

(106) 式称为 Bessel 方程式, 其解称为 Bessel 函数, 或是圆柱谐函数.

兹将试用级数法解 (106). 设

$$R(x) = x^{\lambda} \sum_{k=0}^{\infty} a_k x^k \tag{2-109}$$

代入 (106), 即得指数方程式为

$$(\lambda - n)(\lambda + n) = 0 \tag{2-110}$$

若 n 是整数时, 则 (110) 的两根 λ, 只差一个整数, 若取 $\lambda = n$, 则可得一个解, 而另外一个独立解, 需用其他方法求取 (和讨论 (78) 式情形同). 见下文 74 页 (7).

今取 $\lambda = n$(整数或非整数). 将 (109) 代入 (106) 中, 则得一递推关系式为

$$a_k = -\frac{1}{k(2n+k)}a_{k-2}$$

或

$$a_2 = \frac{a_0}{2^2(n+1)}, \quad a_4 = \frac{a_0}{2^2 2!(n+1)(n+2)},$$
$$a_{2k} = \frac{(-1)^k a_0}{2^{2k}k!(n+1)\cdots(n+k)}$$

若令

$$a_0 = \frac{1}{2^n \Gamma(n+1)}$$

$\Gamma(z)$ 为 gamma 函数,

$$\Gamma(z-1) = z\Gamma(z),$$
$$\Gamma(z+1) = z!, \text{ 若 } z \text{ 是正整数} 0, 1, 2, \cdots$$

则

$$a_{2k} = \frac{(-1)^k}{2^n 2^{2k} k! \Gamma(n+k+1)}$$

故 (109) 解为一无穷级数, 该级数称为 n 次第一类 $J_n(x)$Bessel 函数 (Bessel function $J_n(x)$ of the first kind of order n), 即为

$$J_n(x) = \sum_{k=0}^{\infty}(1-k)^k \frac{1}{k!\Gamma(n+k+1)}\left(\frac{x}{2}\right)^{n+2k} \tag{2-111}$$

下文将简单的介绍一些 Bessel 函数之性质

(1) 若 n 为整数, 则 $J_n(x)$ 可由下述之母函数 (generating function) 予以定义

$$\phi(x,t) \equiv \exp\left[\frac{x}{2}\left(t - \frac{1}{t}\right)\right] \tag{2-112}$$

$$= \sum_{n=-\infty}^{\infty} t^n J_n(x) \tag{2-112a}$$

若将 (112) 式中 $\exp\left(\frac{xt}{2}\right)$ 及 $\exp\left(-\frac{xt}{2}\right)$ 展开, 提出 t^n 之系数使它等于 (112a) 式 t^n 系数, 则可得

$$J_n(x) = \sum_{s=0}^{\infty} \frac{(-1)^s \left(\frac{x}{2}\right)^{n+2s}}{s!(s+n)!} \tag{2-111a}$$

注意: 变数 x 可为实数或虚数.

(2) 从 (112) 可见

$$\phi(x,t)=\phi\left(x,-\frac{1}{t}\right)$$

由此式和 (112a), 即得

$$J_n(x)=(-1)^n J_{-n}(x),\quad n=\text{整数} \tag{2-113}$$

(3) 递推公式

将 (112a) 对 t 微分, 比较 t^{n-1} 之系数, 则得

$$J_{n+1}(x)+J_{n-1}(x)=\frac{2n}{x}J_n(x) \tag{2-114}$$

将 (112a) 对 x 微分, 同理可得

$$\frac{\mathrm{d}J_n}{\mathrm{d}x}=\frac{1}{2}(J_{n-1}-J_{n+1}) \tag{2-115}$$

重复运用此关系, 则任何高阶之 J_n 微分, 皆可用 J_n Bessel 函数予以表示.

(4) Bessel 函数之积分形式

若于 (112) 式中, 使 $t=\mathrm{e}^{\mathrm{i}\phi}$, 则 (112) 可化为

$$\mathrm{e}^{\mathrm{i}x\sin\phi}=\sum_{-\infty}^{\infty}J_n(x)\mathrm{e}^{\mathrm{i}n\phi} \tag{2-116}$$

乘以 $\mathrm{e}^{-\mathrm{i}m\phi}$, 对 ϕ 从 0 到 2π 予以积分, 则得

$$2\pi J_n(x)=\int_0^{2\pi}\exp[\mathrm{i}(x\sin\phi-n\phi)]\mathrm{d}\phi \tag{2-117}$$

如 x 为实数, 则 $J_n(x)$ 亦为实数. 所以

$$2\pi J_n(x)=\int_0^{2\pi}\cos(x\sin\phi-n\phi)\mathrm{d}\phi \tag{2-118}$$

这乃是 Bessel 之原来形式. 使

$$I(n,k)=\int_0^{\pi}\sin^{2n}\phi\cos^{nk}\phi\mathrm{d}\phi \tag{2-119}$$

以部分积分法, 可得

$$I(n,k)=\frac{2k-1}{2(n+k)}I(n,k-1)=\frac{2n-1}{2(n+k)}I(n-1,k)$$

再连续运用部分积分法, 最后可得

$$I(n,k)=\frac{(2n)!(2k)!\pi}{2^{2n+2k}n!k!(n+k)!} \tag{2-120}$$

由 (119) 和 (120) 可得

$$\begin{aligned}&\frac{(-1)^k}{k!(n+k)!}\left(\frac{x}{2}\right)^{2k}\\=&\frac{2^{2n}n!}{(2n)!}\frac{1}{\pi}\int_0^\infty\frac{(-1)^k}{(2k)!}\sin^{2n}\phi\cos^{2k}\phi x^{2k}\mathrm{d}\phi\end{aligned}$$

两边乘以 $\left(\frac{x}{2}\right)^n$, 再对级数之 k 总加起来, 由 (111a) 可看出其左方为 $J_n(x)$, 其右方经改写后为

$$J_n(x)=\frac{x^n}{1\cdot3\cdot5\cdots(2n-1)}\frac{1}{\pi}\int_0^x\sin^{2n}\phi\cos(x\cos\phi)\mathrm{d}\phi \tag{2-121}$$

$$=\frac{x^n}{1\cdot3\cdot5\cdots(2n-1)}\frac{1}{\pi}\int_{-1}^1(1-y^2)^{\frac{2n-1}{2}}\cos xy\ \mathrm{d}y \tag{2-121a}$$

注意: 在导上式之时, n 系取作整数. 但 (121) 和 (121a) 在任何 n 值皆可成立, 只要将分母 $1\cdot3\cdot5\cdots(2n-1)$ 代以 $\sqrt{\pi}2^n\Gamma\left(n+\frac{1}{2}\right)$. 若 $n=\frac{1}{2}$或 $\frac{3}{2}$, 则 (121a) 称为三角 Bessel 函数

$$J_{\frac{1}{2}}(x)=\sqrt{\frac{2}{\pi x}}\sin x,\quad J_{\frac{3}{2}}(x)=\sqrt{\frac{2}{\pi x}}\left(\frac{\sin x}{x}-\cos x\right) \tag{2-122}$$

$$J_{-\frac{1}{2}}(x)=\sqrt{\frac{2}{\pi x}}\cos x,\quad J_{-\frac{3}{2}}(x)=\sqrt{\frac{2}{\pi x}}\left(\sin x+\frac{\cos x}{x}\right) \tag{2-122a}$$

由 (114) 可得其他阶次 (order) 之 $J_n(x)$. 而 n 不管是整数或非整数, 第 (114) 式关系是皆可成立的.

(5) Bessel 函数之根

(111a) 中 n 为整数之 Bessel 函数, 系无穷级数, 该方程式等对每个 n 值, 均有无数个根, 如

$$J_n(x)=0,\quad \text{则根为}\xi_{ns},\quad s=1,2,3,\cdots \tag{2-123}$$

$$\frac{\mathrm{d}J_n(x)}{\mathrm{d}x}=0,\quad \text{则根为}\eta_{ns},\quad s=1,2,3,\cdots \tag{2-123a}$$

吾人将采用 ξ_{ns}, ξ_{nt}, $\cdots$ 代表 $J_n(x)=0$ 之根.

(6) 阶次 n 相同但变数不同之 Bessel 函数的正交关系.

当应用 $J_n(x)$Bessel 函数于电位问题时, 吾人可遇到 J_n 在圆柱边界 $(\rho = a)$ 为零之条件的情形. 吾人可运用一完集的 $J_n\left(\xi_{ns}\frac{\rho}{a}\right)$ 级数. 今 (106) 可写为

$$\frac{1}{\rho}\frac{\mathrm{d}}{\mathrm{d}\rho}\left(\rho\frac{\mathrm{d}J_n}{\mathrm{d}\rho}\right)+\left(\frac{\xi_{ns}^2}{a^2}-\frac{n^2}{\rho^2}\right)J_n\left(\xi_{ns}\frac{\rho}{a}\right)=0 \tag{2-124}$$

将上式乘以 $J_n\left(\xi_{nt}\frac{\rho}{a}\right)$, 写下 $J_n\left(\xi_{nt}\frac{\rho}{a}\right)$的方程式而乘以 $J_n\left(\xi_{nt}\frac{a}{\rho}\right)$, 二式相减, 再乘以 $\rho d\rho$ 予以积分, 可得

$$(\xi_{ns}^2-\xi_{nt}^2)\int_0^a J_n\left(\xi_{ns}\frac{\rho}{a}\right)J_n\left(\xi_{nt}\frac{\rho}{a}\right)\rho\mathrm{d}\rho=0,\quad s\neq t \tag{2-125}$$

因此, 该无穷集 (infinite set)$J_n\left(\xi_{ns}\frac{\rho}{a}\right)$, $s=1,2,3,\cdots$, 在 $0\leqslant\rho\leqslant a$ 之范围里, 皆为正交的.

若 $s=t$, 则 (125) 之积分, 可如下求得. 将 (106) 式乘以 $x^2\frac{\mathrm{d}J_n}{\mathrm{d}x}\mathrm{d}x$, 并作部分积分, 可得

$$\int_0^x J_n^2(x)x\mathrm{d}x=\frac{1}{2}\left|x^2(J_n'(x))^2+(x^2-n^2)J_n^2(x)\right|_0^x$$

由 (114) 及 (115) 可得

$$J_n'=\frac{n}{\rho}J_n-J_{n+1}=-\frac{n}{\rho}J_n+J_{n-1}$$

故

$$\begin{aligned}\int_0^x J_n^2(x)x\mathrm{d}x=&\frac{1}{2}\left\{x^2J_n^2(x)+x^2J_{n+1}^2(x)\right\}-nxJ_n(x)J_{n+1}(x)\\=&\frac{1}{2}\left\{x^2J_n^2(x)+x^2J_{n-1}^2(x)\right\}-nxJ_n(x)J_{n-1}(x)\end{aligned} \tag{2-126}$$

若 $x=\xi_{ns}\frac{\rho}{a}$, 且问题的物理边界位于 $\rho=a$, 则按 (123), $J_n(\xi_{ns})=0$, 故

$$\int_0^a J_n^2\left(\xi_{ns}\frac{\rho}{a}\right)\rho\mathrm{d}\rho=\frac{a^2}{2}J_{n+1}^2(\xi_{ns}),\quad 或\quad \frac{a^2}{2}J_{n-1}^2(\xi_{ns}) \tag{2-127}$$

因 ξ_{ns} 不是 $J_{n+1}(x)$ 或 $J_{n-1}(x)$ 之根, 故上式皆不为零.

(7) 第二类 Bessel 函数 (Bessel functions of the second kind)

若 n 为整数, 则 $J_n(x)$ 和 $J_{-n}(x)$ 并不是各自独立的函数. 故必须求 (106) 之另外一个独立解.

已知函数

$$N_n(x)=\frac{1}{\sin n\pi}(\cos n\pi J_n(x)-J_{-n}(x)) \tag{2-128}$$

也是 (106) 之解. 但若 n 为整数, 则此系一未定值 $\left(\dfrac{0}{0}\right)$. 在此情形, 可将分母与分子同时对 n 微分以定其值. 因详细步骤过于冗长, 故仅将其结果列于下面:

$$\begin{aligned}\pi N_n(x) =&2\ln\left(\frac{x}{2}\right)J_n(x)-\sum_{k=0}^{8}\frac{(-1)^k}{k!(n+k)!}\left[\Psi(k)+\Psi(n+k)\right]\\&\left(\frac{x}{2}\right)^{n+2k}-\sum_{k=0}^{n-1}\frac{(n-k-1)!}{k!}\left(\frac{x}{2}\right)^{-n+2k}\end{aligned}\tag{2-129}$$

这里

$$\Psi(z)=\frac{\mathrm{d}\ln\Gamma(z+1)}{\mathrm{d}z}\tag{2-130}$$

为 Gamma 函数之对数导数, 满足下列递推关系式的

$$\begin{aligned}&\Psi(z)=\Psi(z-1)+\frac{1}{z}\\&\Psi(n)=\Psi(0)+1+\frac{1}{2}+\cdots+\frac{1}{n}\\&\Psi(0)=-C,\quad C=0.577215\cdots(\text{Euler 常数})\end{aligned}\tag{2-130a}$$

(参阅 G. N. Watson 书 61-62 页. 此处采用 Jahnke and Emde 的 *Tables of Functions* 的 Ψ 的定义; 该 Ψ 与 Watson 所用的 ψ 有所差别, 此处之 $\Psi(z)$, 乃 Watson 书中的 $\psi(z+1)$)

$N_n(x)$ 同样满足 (114), (115) 之递推关系式, 且如 (113) 亦得

$$N_{-n}(x)=(-1)^n N_n(x)\tag{2-131}$$

(8) $J_n,\ J_{-n}, N_n, N_{-n}$ 之渐近性质

由 (111) 和 (129) 式, 可见于 $x\ll 1$ 时

$$\begin{aligned}&J_n(x)\approx\frac{1}{\Gamma(n+1)}\left(\frac{x}{2}\right)^n,\quad J_0(0)=1\\&N_0(x)\approx\frac{2}{\pi}\left[\ln\frac{x}{2}+C\right]\\&N_n(x)\approx-\frac{\Gamma(n)}{\pi}\left(\frac{2}{x}\right)^n\end{aligned}\tag{2-132}$$

C 为 Euler 常数. 若 $x\gg 1$ 时 (且 $x\gg n$), 则

$$\begin{aligned}&J_{\pm n}(x)\approx\sqrt{\frac{2}{\pi x}}\cos\left(x\mp\frac{\pi}{2}n-\frac{\pi}{4}\right)\\&N_{\pm n}(x)\approx\sqrt{\frac{2}{\pi x}}\sin\left(x\mp\frac{\pi}{2}n-\frac{\pi}{4}\right)\end{aligned}\tag{2-132a}$$

(9) 修变的 Bessel 函数 (modified Bessel functions)

若将 (106) 代以

$$\frac{\mathrm{d}^2R}{\mathrm{d}x^2}+\frac{1}{x}\frac{\mathrm{d}R}{\mathrm{d}x}-\left(1+\frac{n^2}{x^2}\right)R=0 \tag{2-133}$$

则该方程式称为修变的 Bessel 方程式. 若将 x 代以 $\mathrm{i}x$, 则上式可转换成 (106). 因此 (133) 之解, 可由 (106) 得之. 设 (133) 之解, 在 n 为整数时, 以 I_n 来表示, 则

$$\begin{aligned}I_n(x)=&\frac{1}{\mathrm{i}^n}J_n(\mathrm{i}x)\\=&\sum_{k=0}^{\infty}\frac{1}{k!(n+k)!}\left(\frac{x}{2}\right)^{2k+n}\end{aligned} \tag{2-133a}$$

(133) 之第二独立解不是 I_{-n}, 在通常文献中是用 K_n 来表示.

2.6 Laplace 方程式; 椭球坐标

按解析几何, 二次曲面的方程式为

$$\frac{x^2}{a_1}+\frac{y^2}{a_2}+\frac{z^2}{a_3}=1 \tag{2-134}$$

若 a_1, a_2, a_3 皆大于零, 则为椭圆球曲面. 设 $a_3<a_2<a_1$, 则于 $z=0$ 平面的截面系椭圆, 其二焦点在 x 轴上, 与原点之距离为 $\pm\sqrt{a_1-a_2}$. 于 $y=0$ 平面的截面亦为椭圆, 其二焦点在 x 轴上, 与原点之距离为 $\pm\sqrt{a_1-a_3}$. 同理, 于 $x=0$ 平面的截面, 亦为椭圆, 其二焦点在 y 轴, 与原点之距离为 $\pm\sqrt{a_2-a_3}$. 若于 a_1,a_2,a_3 各加上常数 ρ, (a_1-a_3), (a_1-a_2), (a_2-a_3) 等间之差值不变, 故

$$\frac{x^2}{a_1+\rho}+\frac{y^2}{a_2+\rho}+\frac{z^2}{a_3+\rho}=1 \tag{2-135}$$

乃系与 (136) 共焦点之椭圆曲面.

若 a_1, $a_2>0$, 而 $a_3<0$, 则 $z=0$ 截面为椭圆, 而 $x=0$ 和 $y=0$ 之两截面乃为双曲面. 该二次曲面乃系“一片的双曲面”. 若 $a_1>0$, 而 a_2, $a_3<0$, 则 $z=0$ 和 $y=0$ 之截面皆为双曲面, 该二次曲面乃系“两片双曲面”, 不与 $x=0$ 平面相交. (135) 的二次曲面, 仍与 (134) 的共焦点.

先讨论共焦点二次曲面

$$\frac{x^2}{a^2+\rho}+\frac{y^2}{b^2+\rho}+\frac{z^2}{c^2+\rho}=1 \tag{2-136}$$

并设

$$c^2<b^2<a^2$$

于下面 ρ 值之范围, (136) 所表示之图形如下;

$$\begin{aligned} &-c^2 < \rho, && \text{椭圆球} \\ &-b^2 < \rho < -c^2, && \text{一片双曲面} \\ &-a^2 < \rho < -b^2, && \text{两片双曲面} \end{aligned} \tag{2-137}$$

今可取一 ρ_1 值, 使 (136) 二次曲面通过任何点 (x_1, y_1, z_1), 即是

$$\begin{aligned} f(\rho_1) \equiv &(a^2+\rho_1)(b^2+\rho_1)(c^2+\rho_1) - x_1^2(b^2+\rho_1) \\ &\times (c^2+\rho_1) - y_1^2(c^2+\rho_1)(a^2+\rho_1) \\ &- z_1^2(a^2+\rho_1)\times(b^2+\rho_1) \\ =&0 \end{aligned}$$

今由细察得知: $f(-a_1^2) < 0$, $f(-b_1^2) > 0$, $f(-c_1^2) < 0$, 及 $f(\infty) > 0$. 因此, $f(\rho_1) = 0$ 方程式有三个实数根. 设以 ζ, η, ξ 为 ρ_1 之三个根, 其次序为 $\zeta < \eta < \xi$, 由此可见

$$-a^2 < \zeta < -b^2, \quad -b^2 < \eta < -c^2, \quad -c^2 < \xi \tag{2-138}$$

因此任何一点 $(x_1,\ y_1,\ z_1)$, 对应三个数 (ξ_1, η_1, ζ_1).ξ, η, ζ 可视为坐标, 下述的表

$$\zeta = \text{常数}, \quad \eta = \text{常数}, \quad \xi = \text{常数} \tag{2-139}$$

乃是 (137) 式中之二次曲面.

兹将证明于 (139) 之三组曲面是互相正交的. 今椭球之法线 n_ξ, 其方向余弦可如下求得. 因椭球方程为

$$F(\xi, x, y, x) \equiv \frac{x^2}{a^2+\xi} + \frac{y^2}{b^2+\xi} + \frac{z^2}{c^2+\xi} - 1 = 0 \tag{2-140}$$

或

$$\xi(x, y, z) = \text{常数} \tag{2-140a}$$

其方向余弦乃

$$\left(\frac{\partial \xi}{\partial x}, \frac{\partial \xi}{\partial y}, \frac{\partial \xi}{\partial z}\right) \Big/ |\mathrm{grad}\xi|$$

但由

$$\mathrm{d}F = \frac{\partial F}{\partial x}\mathrm{d}x + \frac{\partial F}{\partial y}\mathrm{d}y + \frac{\partial F}{\partial z}\mathrm{d}z + \frac{\partial F}{\partial \xi}\mathrm{d}\xi = 0$$

可得

$$\frac{\partial \xi}{\partial x} = -\frac{\dfrac{\partial F}{\partial x}}{\dfrac{\partial F}{\partial \xi}} = -\frac{2x}{(a^2+\xi)F'(\xi)}$$

这里

$$-F'(\xi)=\frac{x^2}{(a^2+\xi)^2}+\frac{y^2}{(b^2+\xi)^2}+\frac{z^2}{(c^2+\xi)^2}$$

同法, 以 η 代 (140) 式之 ξ, 即可得 n_η 法线之余弦方向, 由 (140) 式, $\rho=\xi,\eta$, 即可证 n_ζ, n_η 互相正交, 同法可证明 n_ζ, n_η, n_ξ 互相正交.

今引入一般传统之符记

$$\begin{aligned}h_\xi \equiv&\frac{1}{2}\sqrt{-F'(\xi)}\\=&\frac{1}{2}\left[\frac{x^2}{(a^2+\xi)^2}+\frac{y^2}{(b^2+\xi)^2}+\frac{z^2}{(c^2+\xi)^2}\right]^{\frac{1}{2}}\end{aligned}\tag{2-141}$$

换言之;

$$\frac{1}{h_\xi}=|\text{grad}\xi|=-\frac{\partial\xi}{\partial n}\tag{2-141a}$$

同理

$$\frac{1}{h_\eta}=|\text{grad}\eta|=-\frac{\partial\eta}{\partial n},\quad \frac{1}{h_\zeta}=|\text{grad}\zeta|=-\frac{\partial\zeta}{\partial n}\tag{2-141b}$$

h_ξ^{-1}, h_η^{-1}, h_ζ^{-1}分别为 $\xi=$ 常数, $\eta=$ 常数, $\zeta=$ 常数等曲面之法线微分导数. 由二次曲面方程式可得

$$\begin{aligned}\frac{1}{h_\xi}&=-\frac{\partial\xi}{\partial n}=\frac{2S_\xi}{\sqrt{(\xi-\eta)(\xi-\zeta)}}\\\frac{1}{h_\eta}&=-\frac{\partial\eta}{\partial n}=\frac{2S_\eta}{\sqrt{(\eta-\zeta)(\eta-\xi)}}\\\frac{1}{h_\zeta}&=-\frac{\partial\zeta}{\partial n}=\frac{2S_\zeta}{\sqrt{(\zeta-\xi)(\zeta-\eta)}}\end{aligned}\tag{2-142}$$

这里

$$S_\xi=[(a^2+\xi)(b^2+\xi)(c^2+\xi)]^{\frac{1}{2}},\quad \xi=\xi,\ \eta,\ \zeta\tag{2-142b}$$

用这种 (ξ,η,ζ) 为坐标之椭圆球 Laplace 方程式, 可写为

$$\begin{aligned}\Delta^2V=&\frac{4}{(\xi-\eta)(\eta-\zeta)(\xi-\zeta)}\left[(\eta-\zeta)S_\xi\frac{\partial}{\partial\xi}\left(S_\xi\frac{\partial V}{\partial\xi}\right)\right.\\&\left.+(\zeta-\xi)S_\eta\frac{\partial}{\partial\eta}\left(S_\eta\frac{\partial V}{\partial\eta}\right)+(\xi-\eta)S_\zeta\frac{\partial}{\partial\zeta}\left(S_\zeta\frac{\partial V}{\partial\zeta}\right)\right]=0\end{aligned}\tag{2-143}$$

从数学观点而言, 解该方程式是非常困难的. 但吾人仍欲将该理论应用在最简单, 而尚有兴趣的电位问题. 该问题乃是: 有一总电荷 e 之椭圆体导球, 求在其表面上之电荷密度.

该导体之面

$$\frac{x^2}{a^2}+\frac{y^2}{b^2}+\frac{z^2}{c^2}=1 \tag{2-144}$$

系等位面. 首先, 吾人必须证明 (140) 之共焦点椭球是否也是等位面. 该问题可由第 (2-10) 式 Lamé条件予以回答. 利用 (143) 之 Laplacian 并使用 (141)-(142), 可得

$$\begin{aligned}\frac{\nabla^2\xi}{|\text{grad}\xi|^2}&=\frac{1}{S_\xi}\frac{\mathrm{d}}{\mathrm{d}\xi}S_\xi\\&=\frac{1}{2}\left[\frac{1}{(a^2+\xi)}+\frac{1}{(b^2+\xi)}+\frac{1}{(c^2+\xi)}\right]\end{aligned}$$

这确只是 ξ 的函数 (与 ζ, η 无关), 故满足 Lamé条件. 因此 (140) 一组之 $\xi=$ 常数之椭圆球面, 皆是等位面, 且在每一个 $\xi=$ 常数面上, 皆得

$$V(\xi)=\text{常数}.$$

在导体之外, 该 Laplace 方程式化为

$$\frac{\mathrm{d}}{\mathrm{d}\xi}\left\{\sqrt{(a^2+\xi)(b^2+\xi)(c^2+\xi)}\frac{\mathrm{d}V}{\mathrm{d}\xi}\right\}=0$$

其解为

$$V(\xi)=\int_\xi^\infty \mathrm{d}V=C\int_\xi^\infty\frac{\mathrm{d}\xi}{\sqrt{(a^2+\xi)(b^2+\xi)(c^2+\xi)}} \tag{2-145}$$

上式为椭圆积分, 不能用初等函数求解的. 但在距离远时 ($r^2=x_2+y_2+z_2\to\infty$), 它的特性可以立即得知. 由 (140) 式, 可见, 当 $\xi\gg a^2,b^2,c^2$ 时, ξ 接近 r^2, 故

$$V(\xi)=C\int_\xi^\infty\frac{1}{\xi^{3/2}}\mathrm{d}\xi=\frac{2C}{\sqrt{\xi}}\to\frac{2C}{r} \tag{2-146}$$

于无穷远处时, $V(\xi)$ 为零. 积分常数 C 可由一带电荷 e 之导体在很远距离所造成之电位为 $\dfrac{e}{4\pi\varepsilon_0 r}$ 予以求得. 故 $C=\dfrac{e}{8\pi\varepsilon_0}$

今将回到前面所说欲求椭圆导球表面电荷密度的问题. 在导球上之电荷密度为

$$\sigma=\varepsilon_0E_n=-\varepsilon_0\frac{\partial V}{\partial n}.$$

由 (145), (141), (141a), 可得

$$\frac{\partial V}{\partial n}=\frac{\mathrm{d}V}{\mathrm{d}\xi}\frac{\partial\xi}{\partial n}=\frac{-e}{4\pi\varepsilon_0}\frac{1}{\sqrt{(a^2+\xi)^2(b^2+\xi)(c^2+\xi)}}$$

$$\times\left[\frac{x^2}{(a^2+\xi)^2}+\frac{y^2}{(b^2+\xi)^2}+\frac{z^2}{(c^2+\xi)^2}\right]^{-\frac{1}{2}}$$

在导体面上, (140) 中 $\xi=0$, 故

$$\sigma=\frac{e}{4\pi abc}\left[\frac{x^2}{a^4}+\frac{y^2}{b^4}+\frac{z^2}{c^4}\right]^{-\frac{1}{2}} \tag{2-147}$$

椭球之特列之一, 系一圆盘, 可看作下述的极限情形

$$a=b \quad c\to O$$

欲求圆盘之 σ, 可由方程式 (145) 得

$$\frac{z^2}{c^2}=1-\frac{x_2^2+y_2^2}{a^2}$$

所以

$$\frac{x^2+y^2}{a^4}+\frac{z^2}{c^4}=\frac{1}{c^2}\left[1-\left(1-\frac{c^2}{a^2}\right)\frac{x^2+y^2}{a^2}\right]$$

$$\lim_{c\to 0}\sigma=\frac{e}{4\pi b}\frac{1}{\sqrt{a^2-(x^2+y^2)}} \tag{2-148}$$

故在该盘的边缘, 表面电荷密度为无穷大.

椭圆球的另一特例为细针形导体, 于此须使

$$b=c\to\delta(\text{小}),\quad a=\text{有限值}$$

用上述相同方法, 可得

$$\lim_{b=c\to\delta}\sigma=\frac{e}{4\pi\delta}\frac{1}{\sqrt{a^2-x^2}} \tag{2-149}$$

于针的两端, 电荷密度系无穷大. 电导体之类端或凸出点, 其电场 E 极强, 可产生所谓电晕放电 (corona discharge), 这即是避雷针所根据之原理.

习　题

1. 设 A, B 系二向量函数, 二者及其一次二次导数皆系于体积 V 及其表面 S 连续的. 证明下列定理:

$$\iiint\limits_V(\text{curl}\boldsymbol{A}\cdot\text{curl}\boldsymbol{B}-\boldsymbol{A}\cdot\text{curl curl }\boldsymbol{B})\text{d}^3r=\iint\limits_S[\boldsymbol{A}\times\text{curl}\boldsymbol{B}]_n\text{d}\boldsymbol{S},$$

$$\iiint\limits_V(\boldsymbol{B}\cdot\text{curl curl}\boldsymbol{A}-\boldsymbol{A}\cdot\text{curl curl }\boldsymbol{B})\text{d}^3r=\iint\limits_S[\boldsymbol{A}\times\text{curl}\boldsymbol{B}-\boldsymbol{B}\times\text{curl}\boldsymbol{A}]_n\text{d}\boldsymbol{S},$$

n 乃指 (向外) 垂直于 $\mathrm{d}\boldsymbol{S}$ 之分量.

注: 应用 divergence 定理于 $\boldsymbol{A}\times\mathrm{curl}\boldsymbol{B}$, 等.

2. 证明

$$G(\boldsymbol{r},\boldsymbol{r}')=-\frac{1}{4\pi|\boldsymbol{r}-\boldsymbol{r}'|}$$

及 (2-11) 方程式之解

$$\nabla^2 G(\boldsymbol{r},\boldsymbol{r}')=\delta^3(\boldsymbol{r}-\boldsymbol{r}')$$

(即第 (2-126) 之意).

3. 兹有 $V(\boldsymbol{r})$ 之方程式

$$\nabla^2 V+k^2V=0,\quad k=\text{常数}$$

设 v 为一空间的体积, 其表面为 S. 兹引入一函数 u

$$u(R)=\frac{1}{R}\mathrm{e}^{\mathrm{i}kR},\quad R=|\boldsymbol{r}-\boldsymbol{r}'|,$$

系下方程式之解

$$\nabla_R^2 u+k^2u=0$$

故 $u(R)$ 乃一以 $\boldsymbol{r}$ 点为中心的圆球波. 证明在 S 面内任何点 $\boldsymbol{r}$, $V(\boldsymbol{r})$ 之值系

$$V(\boldsymbol{r})=\frac{1}{4\pi}\iint\limits_S\left[\frac{\mathrm{e}^{\mathrm{i}kR}}{R}\frac{\partial V(\boldsymbol{r}')}{\partial\boldsymbol{n}}-V(\boldsymbol{r}')\frac{\partial}{\partial\boldsymbol{n}}\left(\frac{\mathrm{e}^{\mathrm{i}kR}}{R}\right)\right]\mathrm{d}S$$

如在一面积素 ΔS 上, $V=0$ 及 $\dfrac{\partial V}{\partial\boldsymbol{n}}=0$, 证明在 S 内所有的点, V 皆等于零.

4. Kirchhoff-Huygen 原则

设 $Q(\boldsymbol{r}_0)$ 点为

$$V(R_0)=\frac{1}{R_0}\mathrm{e}^{\mathrm{i}kR_0},\quad R_0=|\boldsymbol{r}'-\boldsymbol{r}_0|$$

波的波源; 将闭面 S 视作由一无限平面 S_1 及一大半球面 S_2 构成. S_2 半球面的中心为 $P(\boldsymbol{r})$ 点, 其半径为 $R=|\boldsymbol{r}'-\boldsymbol{r}|$, 如图 2.9 所示.

证明当 $R\to\infty$ 时, 第 3 题之面积分成为只在 S_1 面的积分.

设 S_1 面代以一不透明的片而有一洞孔 σ, Kirchhoff 的计算 $V(r)$ 的方法, 系假设:

(1) 在 S_1 不透明的部分, V 和 $\dfrac{\partial V}{\partial n}$ 都等于零,

(2) 在洞孔 σ, 则 V 和 $\dfrac{\partial V}{\partial n}$ 之值, 与引入不透明片之前的原来值相同.

此方法 (或理论) 的错误何在?

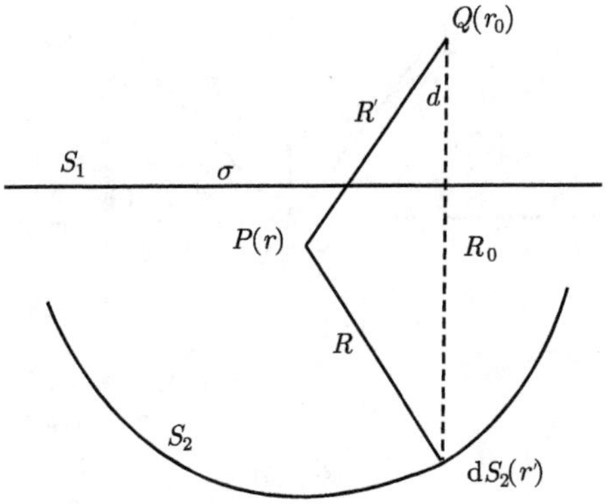

图 2.9

5. 在下式

$$V(r)=\frac{1}{4\pi}\iint_S\left(G\frac{\partial V}{\partial n}-V\frac{\partial G}{\partial n}\right)\mathrm{d}S$$

中之 G 函数, 设取下方程式

$$\nabla_R^2 G+k^2G=0$$

在体积 $v(R=0$ 点除外) 内之解, 符合下各条件的

$$G(R)\to\frac{1}{R}\mathrm{e}^{\mathrm{i}kR},\quad \text{当}R\to 0$$

$$G(R)=0\quad \text{在第 4 题中 } S_1 \text{ 面上},$$

$$R\left(\frac{\partial G}{\partial n}-\mathrm{i}kG\right)\to 0,\quad \text{当}R\to\infty.$$

证明

$$V(r)=-\frac{1}{4\pi}\iint_{S_1}V\frac{\partial G}{\partial n}\mathrm{d}S$$

6. Huygen 原则

于第 4 题 (见图 2.9) 之 S_1 面的 σ 孔, 设有一坐标, 其中心点 O 在孔的中央 (见图 2.10). 使

$$G=\frac{\mathrm{e}^{\mathrm{i}kR}}{R}-\frac{\mathrm{e}^{\mathrm{i}kR'}}{R'}$$

$$R=|\boldsymbol{r}-\boldsymbol{r}'|$$

$$R'=|\boldsymbol{r}_1-\boldsymbol{r}'|$$

故在 S_1 面 (包括孔 σ) 时,

$$G=0.$$

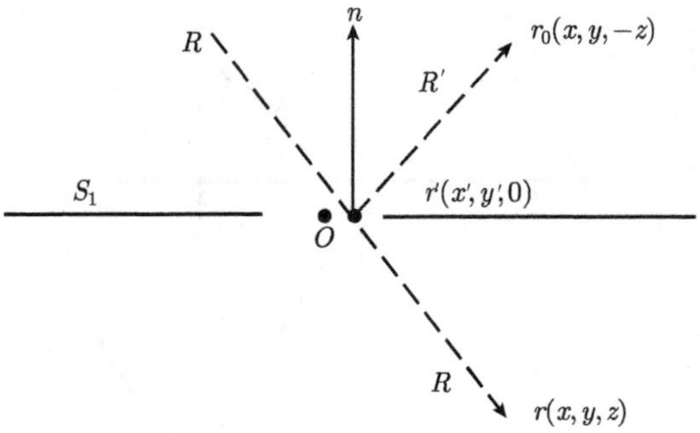

图 2.10

试由下式

$$\frac{\partial G}{\partial n}=-\frac{\partial G}{\partial z'}=2\frac{\partial}{\partial R}\left(\frac{\mathrm{e}^{\mathrm{i}kR}}{R}\right)\cos \boldsymbol{n}\hat{\boldsymbol{R}}$$

$$=2\cos \boldsymbol{n}\hat{\boldsymbol{R}}\mathrm{i}k\frac{\mathrm{e}^{\mathrm{i}kR}}{R}\left(1-\frac{1}{\mathrm{i}kR}\right)$$

在短波长 $\lambda \ll R$, 若 $\dfrac{2\pi R}{\lambda}=kR\gg 1$, 情形下, 证明

$$V(\boldsymbol{r})=-\frac{\mathrm{i}k}{2\pi}\iint_{S_1} V(\boldsymbol{r}')\frac{\mathrm{e}^{\mathrm{i}|\boldsymbol{r}-\boldsymbol{r}'|}}{|\boldsymbol{r}-\boldsymbol{r}'|}\cos \boldsymbol{n}\hat{\boldsymbol{R}}\,\mathrm{d}S$$

并解释这 Huygen 原则的意义.

7. 如第 4 题的波源 Q 系一点源, 证明

$$V(\boldsymbol{r})=-\frac{\mathrm{i}k}{2\pi}\iint_{S_1}\frac{\mathrm{e}^{\mathrm{i}k|\boldsymbol{r}_0-\boldsymbol{r}_1|+ik|\boldsymbol{r}-\boldsymbol{r}'|}}{|\boldsymbol{r}_0-\boldsymbol{r}'||\boldsymbol{r}-\boldsymbol{r}'|}\cos \boldsymbol{n}\hat{\boldsymbol{R}}\,\mathrm{d}S$$

8. Eikonal

设介体的介电常数为 ε, 电磁导常数为 μ. 电磁场在该介体中的传播, 遵守下波动方程式

$$\left(\nabla^2-\varepsilon\mu\frac{\partial^2}{\partial t^2}\right)U(r,t)=0$$

(U 为电场 E, 或磁场 H, 或矢量位等, 见本册第四章). ε, μ 可能是坐标 x,y,z 的函数, 而与时间 t 无关的. 兹引用波速 (相位速)v, 波矢量 (或称为传播矢量)k, 波长 λ 及频率 ω,

$$v^2=\frac{1}{\mu\varepsilon}$$

$$k^2=\left(\begin{array}{c}2\pi\\ \lambda\end{array}\right)^2=\left(\frac{\omega}{v}\right)^2$$

并使

$$U(\boldsymbol{r},t)=u(\boldsymbol{r})\mathrm{e}^{-\mathrm{i}\omega t}$$

由此可得 u 的方程式为

$$\nabla^2 u + k^2 u = 0$$

兹引入 Eikonal S, 其定义为

$$u(\boldsymbol{r}) = A(\boldsymbol{r})\mathrm{e}^{\mathrm{i}k_0 S(\boldsymbol{r})}$$

此处之 k_0, 系 k 在介体为真空 ($\varepsilon = \varepsilon_0$, $\mu = \mu_0$) 之值,

$$k_0 = \frac{2\pi}{\lambda_0} = \sqrt{\mu_0 \varepsilon_0}\omega$$

证明在 $\lambda_0 \to 0$(或 $k_0 \to \infty$) 的极限时, u 的方程式成

$$(\nabla S)^2 - n^2(r) = 0$$

$$(\nabla \ln A) \cdot (\nabla S) = -\frac{1}{2}\nabla^2 S$$

$$n(r) = \frac{k}{k_0} = \sqrt{\frac{\mu\varepsilon}{\mu_0\varepsilon_0}} = \text{折射率}$$

试解释 S 的物理意义.

9. 二次微分方程式

$$\Lambda y + \lambda\rho(x)y = 0, \quad \lambda = \text{常数}, \quad \rho(x) \geqslant 0,$$

$$\Lambda = \frac{\mathrm{d}}{\mathrm{d}x}\left(p(x)\frac{\mathrm{d}}{\mathrm{d}x}\right) - q(x)$$

谓为 self-adjoint, 如对任二函数 $y(x)$, $z(x)$,

$$z\Lambda y - y\Lambda z = \frac{\mathrm{d}F(x)}{\mathrm{d}x}$$

亦即谓左方式为一个函数 $F(x)$ 的导数. 如 $F(x)$ 符合下边界条件

$$F(b) - F(a) = 0 \text{ 或} F(b) = F(a) = 0$$

证明:

(1) 属于两个不同 λ 值, λ_1, λ_2, 之解 $y_1(x)$, $y_2(x)$ 系垂直的, 即

$$\int_a^b y_1(x)y_2(x)\rho(x)\mathrm{d}x = 0, \quad \lambda_1 \neq \lambda_2$$

(2) 运算子 Λ 的本征值 (eigenvalue)λ 系实数.

10. 证下列各方程式系 self-adjoint 的:

$$\frac{1}{\sin\theta}\frac{\mathrm{d}}{\mathrm{d}\theta}\left(\sin\theta\frac{\mathrm{d}}{\mathrm{d}\theta}\right)P_l + l(l+1)P_l = 0, \quad 0 \leqslant \theta \leqslant \pi$$

$$\frac{1}{\sin\theta}\frac{\mathrm{d}}{\mathrm{d}\theta}\left(\sin\theta\frac{\mathrm{d}}{\mathrm{d}\theta}\right)P_l^m - \frac{m^2}{\sin^2\theta}P_l^m + l(l+1)P_l^m = 0, \quad 0 \leqslant \theta \leqslant \pi$$

$$\frac{\mathrm{d}^2J}{\mathrm{d}x^2}+\frac{1}{x}\frac{\mathrm{d}J}{\mathrm{d}x}+\left(1-\frac{n^2}{x^2}\right)J=0,\quad 0\leqslant x$$

$$\frac{\mathrm{d}^2H}{\mathrm{d}x^2}-2x\frac{\mathrm{d}H}{\mathrm{d}x}+2nH(x)=0,\quad -1\leqslant x\leqslant 1$$

$$x\frac{\mathrm{d}^2L}{\mathrm{d}x^2}+(1-x)\frac{\mathrm{d}L}{\mathrm{d}x}+nL=0,\quad 0\leqslant x$$

$$x\frac{\mathrm{d}^2L}{\mathrm{d}x^2}+(1-\alpha-x)\frac{\mathrm{d}L}{\mathrm{d}x}+(n-\alpha)L=0,\quad 0\leqslant x$$

11. 所谓三角 Bessel 函数 $j_n(x)$ 系

$$j_n(x)=\sqrt{\frac{\pi}{2x}}J_{n+\frac{1}{2}}(x),$$

$J_{n+\frac{1}{2}}(x)$ 见 (121), (121a), (122), (122a) 各式.

$$\int_{-\infty}^{\infty}j_n(x)j_n(x)\mathrm{d}x=\begin{cases}0, & m\neq n\\ \dfrac{\pi}{2(2n+1)}, & m=n,\end{cases}$$

m, n 系正整数 $n\geqslant 0$, $m>0$

注: 参看 G. N. Watson, *Bessel Functions,* p. 404, 及本书 (133) 式.

12.

$$r_{12}=\sqrt{r_1^2+r_2^2-2r_1r_2x},\quad x=\cos\ \theta$$

设 $r_1<r_2$ 证明

$$\int_{-1}^{1}\frac{\mathrm{e}^{\mathrm{i}kr_{12}}}{r_{12}}\mathrm{d}x=2\frac{\sin kr_1}{kr_1}\frac{\mathrm{e}^{\mathrm{i}kr_2}}{kr_2}$$

注: 用下公式

$$\frac{\mathrm{e}^{\mathrm{i}kr_{12}}}{r_{12}}=\sum_{l=0}^{\infty}(2l+1)j_l(kr_1)\{i\ j_l(kr_2)+(-1)^lj_{-l}(kr_2)\}P_l(x),$$

及 (122), (122a), (73b) 各式.

13. 一长圆柱形导电杆, 半径为 a, 外罩以均匀电介体, 其半径为 b, 电介常数为 k. 此杆置于均匀电场 E 中, 杆与 E 垂直, 导电杆连接于地 (电位等于零). 求电介体内及外之电位, 及导电杆上之电荷密度.

14. 一导电球, 带有电荷 Q, 置于一均匀电场 E_0 中. 证明球上感应电在球外所产生的电场, 系与一强度为 E_0a^3 之变电极所生的同.

15. 一平行板的电容器的一面, 有一半球形的凸起处, 其半径 a, 远小于电容器两板的间距 $d(a\ll d)$, 如图 2.11 所示. 离凸出处甚远处的电场为 E_0. 求凸出半球面的电荷密度, 及其附近板面, 对面板面的密度. 又求两板间各处的电位.

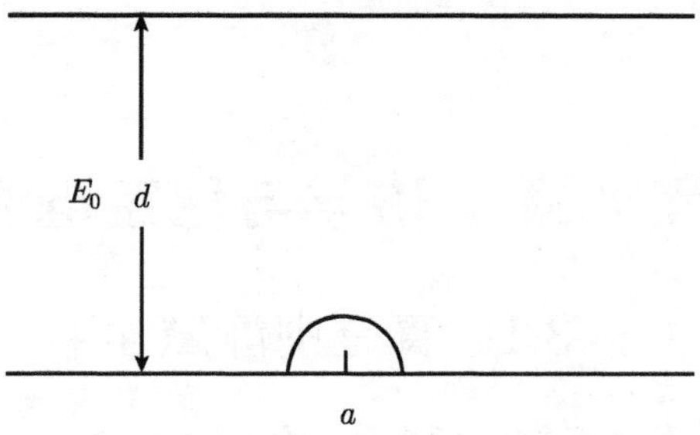

图 2.11

16. 两球形导电体, 半径各为 a, 各带电荷 Q, 两球心之距离为 $d(d > 2a)$. 求等位面及两球面之电荷面密度.

17. 如前题两球的电荷为 Q 及 $-Q$, 求等位面及两球的电荷面密度.

18. 有一电介体之球, 其半径为 a, 于其赤道平面上, 绕有一细电丝圈, 圈之半径为 $b(b > a)$, 圈带有电荷 Q. 求球内的电位.

第 3 章　磁学与稳定电流

3.1　真空中静磁学

历史上, 磁学现象发现远较电学为早. 约在 1785 年, Coulomb 提出两个磁极之间作用力与距离平方成反比之定律 (此处所谓磁极, 并非孤立的单极, 而是细长磁针之磁极). 真空中, 该力可由下式表示之*：

$$F=\frac{\mu_0}{4\pi r^2}p_1p_2 \tag{3-1}$$

若使

$$\frac{\mu_0}{4\pi}=1 \tag{3-2}$$

则每单位磁极强度 p_0, 定义为两个同性单位磁极, 其距离为 1cm 时, 其相互排斥力为 1 达因.

$\boldsymbol{B}$, 称为磁感应 (magnetic induction), 系作用在单位磁极 p_0 之力, 故

$$B=\frac{F}{p}\left(\text{或}\lim_{\Delta p\to 0}\frac{\Delta F}{\Delta p}\right) \tag{3-3}$$

设定义 $\boldsymbol{H}$(磁场强度) 为

$$\boldsymbol{B}=\mu_0\boldsymbol{H} \tag{3-4}$$

注意, 于真空中, $\boldsymbol{B}$ 与 $\boldsymbol{H}$ 只差个常数 μ_0, μ_0 乃视所取之单位而定. 至于 $\boldsymbol{B}$ 和 $\boldsymbol{H}$ 在磁介质里不同情形, 将于本章第 2 节中述之.

兹引入静磁学之磁位 (magnetic potential)$U(r)$ 如下：

$$U(\boldsymbol{r})=\frac{\mu_0}{4\pi}\frac{p_1}{|\boldsymbol{r}-\boldsymbol{r}_1|} \tag{3-5}$$

上式乃是由在 $\boldsymbol{r}_1$ 处之磁极 p_1, 于 $\boldsymbol{r}$ 点所产生之磁位. 在 $\boldsymbol{r}$ 点之磁场可写为

$$\boldsymbol{B}(\boldsymbol{r})=-\nabla U \tag{3-6}$$

$$=\frac{\mu_0p_1}{4\pi R^3}\cdot\boldsymbol{R},\quad \boldsymbol{R}=\boldsymbol{r}-\boldsymbol{r}_1 \tag{3-7}$$

若磁极分布的密度为 ρ, 则其磁位为

* 注意, 此处 Coulomb 定律系 μ_0 在分子上, 而早期之文献, 则在分母. 经由 (1) 式作 p_0 之定义. 按此定义, 则作用于单位磁极上之力为 $\boldsymbol{B}$, 而非 $\boldsymbol{H}$. 关于 $\boldsymbol{B}$ 及 $\boldsymbol{H}$ 之意义, 在下文第 3.5 节中将再综述之.

$$U(\boldsymbol{r}) = \frac{\mu_0}{4\pi}\iiint\limits_V \frac{\rho(\boldsymbol{r}_1)\mathrm{d}^3\boldsymbol{r}_1}{|\boldsymbol{r}-\boldsymbol{r}_1|} \tag{3-5a}$$

利用 (1-18) 之 Gauss 定理, 可得

$$\mathrm{div}\boldsymbol{B} = \mu_0\rho \tag{3-8}$$

或得 Poisson 方程式

$$\nabla^2 U = -\mu_0\rho \tag{3-8a}$$

但由实验至今尚未发现单磁极之存在, 故

$$\rho = 0,$$
$$\mathrm{div}\boldsymbol{B} = 0 \tag{3-9}$$

磁偶矩 (magnetic dipole moment)m 之定义为

$$m = pd$$

乃是由两个异性而大小相等之磁极 p 构成. 如其间距为 d, 则 pd 之乘积, 称为磁偶矩, 或定义为

$$m = \lim_{\substack{p\to\infty \\ d\to 0}} pd = \text{有限值}$$

一磁偶矩 $\boldsymbol{m}$ 置于磁场 $\boldsymbol{B}$ 中, 则作用于其上之力偶, 由第 (3) 式之定义, 为

$$\text{力偶} = [\boldsymbol{m}\times\boldsymbol{B}] \tag{3-10}$$

$\boldsymbol{m}$ 之能量则为

$$W = -\boldsymbol{m}\cdot\boldsymbol{B} \tag{3-11}$$

在 $\boldsymbol{r}_1$ 之磁偶矩, 在 $\boldsymbol{r}$ 点所产生之磁位 (若 $|\boldsymbol{r}-\boldsymbol{r}_1| \gg d$) 为

$$U(\boldsymbol{r}) = \frac{\mu_0}{4\pi}\frac{\boldsymbol{m}\cdot\boldsymbol{R}}{R^3}, \quad R = |\boldsymbol{r}-\boldsymbol{r}_1| \tag{3-12}$$

$$= -\frac{\mu_0}{4\pi}\boldsymbol{m}\cdot\nabla\left(\frac{1}{R}\right) \tag{3-12a}$$

$$= \frac{\mu_0}{4\pi}\boldsymbol{m}\cdot\nabla_1\left(\frac{1}{R}\right) \tag{3-12b}$$

这里 ∇ 和 ∇_1 系分别对坐标 $\boldsymbol{r}$ 和 $\boldsymbol{r}_1$ 之梯度算符. 若磁偶矩分布之密度为 M(每单位体积的磁偶矩), 则磁位为

$$U(\boldsymbol{r}) = \frac{\mu_0}{4\pi}\iiint\limits_v \boldsymbol{M}(\boldsymbol{r}_1)\nabla_1\left(\frac{1}{R}\right)\mathrm{d}^3\boldsymbol{r}_1, \quad R = |\boldsymbol{r}-\boldsymbol{r}_1| \tag{3-13}$$

$$= \frac{\mu_0}{4\pi} \iint\limits_S \frac{\boldsymbol{M} \cdot \mathrm{d}\boldsymbol{S}}{R} - \frac{\mu_0}{4\pi} \iiint\limits_v \frac{1}{R} \mathrm{div}_1 \boldsymbol{M} \mathrm{d}^3 \boldsymbol{r}_1 \tag{3-13a}$$

S 乃该分布之体积之边界面, $\boldsymbol{M}$ 亦称磁化强度 (magnetization).

3.2 磁介质中静磁学 (magnetostatics in a magnetic medium)

由 (13a) 和 (5a), 可见一磁偶之分布, 是相当于一磁极密度分布

$$\rho_M = -\mathrm{div}\boldsymbol{M} \tag{3-14}$$

$$\sigma_M = M_n$$

M_n 乃是沿 S 之法线的分量. 这情形与静电学中电介体里静电场现象完全一样 (参阅 (1-71b)—(1-71a)).

今将 (14) 代入 (8), 由于 (4) 式, 可写成

$$\mathrm{div}(\mu_0 \boldsymbol{H}) = \mu_0 \rho_M,$$

故得

$$\mathrm{div}(\mu_0 \boldsymbol{H}) = -\mu_0 \mathrm{div}\boldsymbol{M} \tag{3-15}$$

兹定义在介体里之 $\boldsymbol{B}$ 磁场为

$$\boldsymbol{B} = \mu_0(\boldsymbol{H} + \boldsymbol{M}) \tag{3-16}$$

故由 (15), (16) 可得

$$\mathrm{div}\boldsymbol{B} = 0 \tag{3-17}$$

此式综合所有静磁学中 Coulomb 定律之结论, 并指出无自由单磁极存在. 下文将由 $\boldsymbol{B}$ 和传导电流与磁化电流间的关系, 再导出 (16) 式, 参阅 (65).

物质中磁化强度 $\boldsymbol{M}$ 之构成, 可分为两部分: (1) 由永久磁性而来的 $\boldsymbol{M}_0$, 和 (2) 由外来磁场感应所生之 $\boldsymbol{M}_H$,

$$\boldsymbol{M} = \boldsymbol{M}_0 + \boldsymbol{M}_H \tag{3-18}$$

在某些温度范围中, $\boldsymbol{M}_0$ 是与温度变化无关的. 除铁磁性物质 (ferromagnetic material) 外, 所有其他物质之 $\boldsymbol{M}_H$, 通常与 $\boldsymbol{H}$ 的关系, 可以线性接近表示之

$$\boldsymbol{M}_H = \chi \boldsymbol{H} \tag{3-19}$$

χ 称为磁化率 (susceptibility), 其值可为正或负, 视物质不同而定.

3.2.1 $\chi > 0$ 顺磁性 (paramagnetism)

顺磁性物质 (如周期表内过渡元素之盐类等) 之 χ, 与温度之关系如下：

$$\chi = \frac{C}{T}$$

这就是所谓 Curie 定律. 1905 年, 法国 P. Langevin 氏有理论解释之. 该理论可详阅《理论物理第二册：量子论与原子结构》甲部, 第 4 章第 4 节. 该理论可简述如下. 液离或气体之顺磁性物质, 由原子或离子组成. 这些原子或离子内之电子, 不仅有轨道上运动并有自旋运动. 这些运动可产生磁偶矩. 由于分子之运动, 这些磁偶矩的排列方向是无规律的, 在任一特定方向 $\boldsymbol{M}$ 之平均值应为 0. 但若有外磁场 H 加于其上时, 这些磁偶矩有顺此磁场方向指向的趋势, 故沿着 H 方向之磁偶矩 M_H 平均值已不为零. 但若温度愈高, 则热激动现象愈呈重要, M_H 之平均值亦愈小. 在温度 T 时, 每个磁偶矩沿着 $\boldsymbol{H}$ 方向之分量平均值 m_H, 依照 Boltzmann 定律计算可得

$$\bar{m}_H = \frac{m_0^2}{3kT} H$$

但

$$N\bar{m}_H = \bar{M}_H = \chi H$$

故

$$\chi = \frac{Nm_0^2}{3kT} \tag{3-20}$$

N 乃是每单位体积之分子数. (20) 也就是上文之 Curie 定律.

3.2.2 $\chi < 0$ 反磁性 (diamagnetism)

有许多物质如稀有气体, 氢分子, 碱土金属离子如 Na^+, K^+ 等, 或卤素离子等, 它们的原子或离子内之电子虽有轨道运动或自旋运动, 但其总角动量为零, 故没有磁偶矩之产生. 但当有外加磁场时, 由于需产生反抗电流以阻止磁场进入 (请参阅下面 Lenz 定律), 该电流产生磁偶矩, 成为负磁化率. 反磁性之古典理论将于第 6 章, 第 2 节讨论之.

顺磁性之情形与电学极化现象非常相似 (关于后者的 Debye 理论, 与前者的 Langevin 理论, 实是相同的). 但电学中则无类似 $\chi < 0$ 之情形.

3.2.3 铁磁性 (ferromagnetism)

自然界有许多非常强的磁性物质 (如铁等), 它们不仅有很大 M 值 (故必有很大磁导率 μ), 且有显著的磁滞现象. 关于铁磁性之理论比上面述及之顺, 反磁性理论远为困难与复杂. 在此, 吾人将不予以讨论.

除铁磁性物质外, 由 (16) 和 (19), 已知

$$
\begin{aligned}
\boldsymbol{B} &= \mu_0(\boldsymbol{H} + \chi\boldsymbol{H}) \\
&= \mu\boldsymbol{H}
\end{aligned}
$$

故

$$\mu = \mu_0(1 + \chi) \tag{3-21}$$

现将讨论两个介质间 B 场之边界条件, 与静电学之边界条件 (1-87) 的讨论完全相同. 但因无自由单磁极之存在, 故 $\boldsymbol{B}$ 之法线分量在交接面, 乃满足连续条件.

$$(\boldsymbol{B}_2 - \boldsymbol{B}_1) \cdot \boldsymbol{n} = 0, \tag{3-22}$$

或按 (1-89) 式,

$$\mathrm{div}\boldsymbol{B} = 0 \tag{3-22a}$$

由 (22) 和 (21) 可得

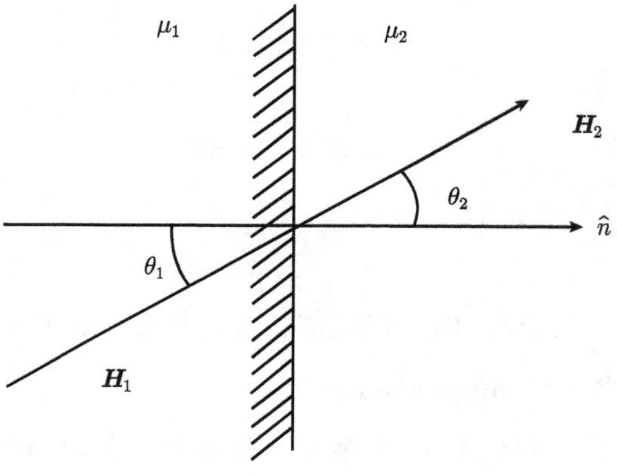

图 3.1

$$\frac{H_2 \cos\theta_2}{H_1 \cos\theta_1} = \frac{\mu_1}{\mu_2} \tag{3-23}$$

如图 3.1 所示, θ_1 和 θ_2 乃分别为 $\boldsymbol{H}_1$, $\boldsymbol{H}_2$ 与边界面之法线 n 之夹角. 若 $\mu_1 \gg \mu_2$(如介质 1 系铁磁性物质), 则 $\cos\theta_2 \approx 1$ 及 $\boldsymbol{H}_2$ 垂直于边界面. 这与导电体外之电场边界条件相类似.

下文第 4 节将述 $\boldsymbol{H}$ 之边界条件.

3.3 静磁场能量

真空中静磁场能量系与 (1-22) 相似, 而于介质里, 则仍与 (1-91) 相似, 故

$$W = \frac{1}{2}\iiint \boldsymbol{H}\cdot\boldsymbol{B}\mathrm{d}^3r \tag{3-24}$$

这里

$$\boldsymbol{B} = \mu_0\boldsymbol{H}, \quad \text{于真空里}$$
$$\boldsymbol{B} = \mu\boldsymbol{H}, \quad \text{于介质里, (16) 式}$$

若有永久磁化强度 $\boldsymbol{M}_0$ 之分布 (16), (18), 则其能量为

$$W = \frac{1}{2}\iiint \mu_0\boldsymbol{M}_0\cdot\boldsymbol{H}\mathrm{d}^3r$$

由 (16) 和 (21), 得

$$W = -\frac{1}{2}\iiint \boldsymbol{H}\cdot\boldsymbol{B}\mathrm{d}^3r + \frac{1}{2}\iiint(1+\chi)\mu_0H^2\mathrm{d}^3r \tag{3-24a}$$

因 divcurl $\equiv 0$, 由 (17) 式, 吾人可引入一向量场 (vector field)$\boldsymbol{A}$, 称为向量位 vector potential, 使

$$\boldsymbol{B} = \mathrm{curl}\boldsymbol{A} \tag{3-25}$$

按任何两向量函数, 皆符合下述之恒等式

$$\boldsymbol{H}\cdot\mathrm{curl}\boldsymbol{A} = \mathrm{div}[\boldsymbol{A}\times\boldsymbol{H}] + \boldsymbol{A}\cdot\mathrm{curl}\boldsymbol{H}$$

故 (24) 可改写为

$$W = \frac{1}{2}\iiint \mathrm{div}(\boldsymbol{A}\times\boldsymbol{H})\mathrm{d}^3r + \frac{1}{2}\iiint \boldsymbol{A}\cdot\mathrm{curl}\boldsymbol{H}\mathrm{d}^3r$$

第一项积分可应用 Gauss 定理：将体积分化成面积分. 如场 $\boldsymbol{A}$ 和 $\boldsymbol{H}$ 在无穷远之距离时, 其值趋近于零, 分别如 $\frac{1}{r^2}, \frac{1}{r^3}$, 则面积分为零. 故得

$$W = \frac{1}{2}\iiint_V (\boldsymbol{A}\cdot\mathrm{curl}\boldsymbol{H})\mathrm{d}^3r \tag{3-26}$$

3.4 稳定电流所产生之磁场：Biot-Savart 定律

在早期, 静磁学乃建立于磁极观念上. 早在 1825 年, Ampère(1775—1836) 揣测谓磁性系源自物质内分子间之电流. 可惊异的是当时分子的存在, 是尚未建立的. 当然, 按近代理论原子结构之看法, 这观念是完全正确的. 现代电磁学之讨论皆根据电流产生磁场效应, 而不用磁极观念. 现代的静磁学理论, 皆是根据下述之 Biot-Savart 定律和 Ampère 定律, 而不是 Coulomb 定律.

于 1820 年, 首先由丹麦的 Oersted(Hans Christian, 1777—1851) 发现稳定电流产生磁场 (影响磁针) 之现象. 不久后, Biot(Jean-Baptiste, 1774—1862) 和 Savart

(Felix, 1791—1841) 建立关于磁场之定律如下; 若有电流 I 于导线上 (图 3.2), 今在线上 $\boldsymbol{r}_1$ 点取一导体元素 $\mathrm{d}\boldsymbol{s}$, 其方向为电流方向, 则在 $\boldsymbol{r}$ 点之磁场为

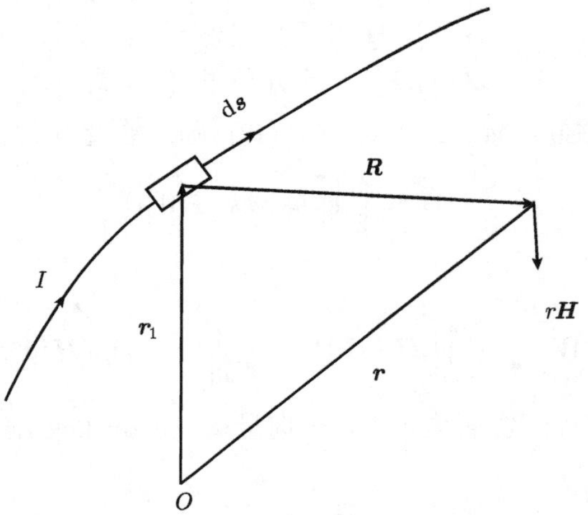

图 3.2

$$\begin{aligned} \gamma \boldsymbol{H} &= \frac{I}{4\pi R^3}[\mathrm{d}\boldsymbol{s} \times \boldsymbol{R}] \\ \boldsymbol{R} &= \boldsymbol{r} - \boldsymbol{r}_1 \end{aligned} \tag{3-27}$$

$[\mathrm{d}\boldsymbol{s} \times \boldsymbol{R}]$ 之方向由右手旋转定则决定之. 实验里, (27) 右边之量相当于作用在单位磁极上之力 (这空间里之介质虽是空气, 但吾人仍可视其为在真空). 欲说明 (27), 兹取一特例: 有一无穷细长的直线导线, 载有电流 I, 求于距离导线 R 处之磁场, 如 3.3 图所示.

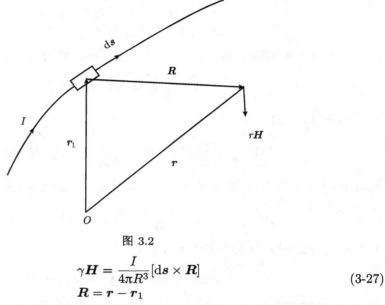

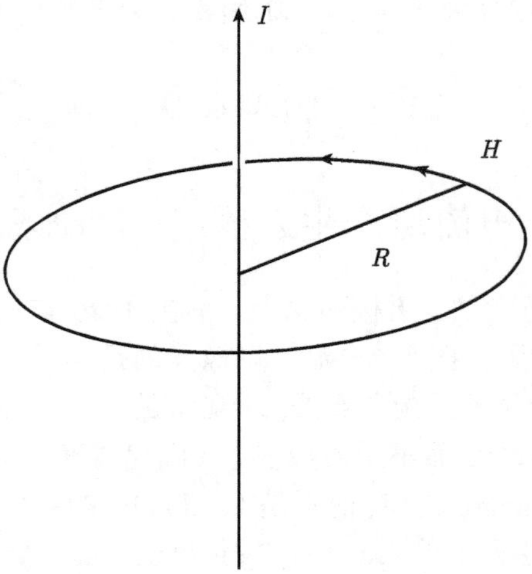

图 3.3

由 (27), 经简单积分, 可得

$$\gamma H = \frac{I}{2\pi R} \tag{3-28}$$

$\boldsymbol{H}$ 乃位在垂直于电流之平面上, 构成无数同心圆 (图 3.3).

一个单位磁极, 如沿 H 绕电流一周, 所作之功

$$2\pi\gamma HR = I \tag{3-29}$$

在旧的文献中, 这称为 magnetomotive 力, 虽则以维度言, 实非 "力" 也. 在进一步探讨磁学前, 读者或会讶异 (27) 式 Biot-Savart 定律之形式与其他书有异. 在此我们将试申述数点.

(i) (27) 式之 γ 常数

静电学中之 Coulomb 定律, 吾人引入常数 ε_0, 而在静磁学之 Coulomb 定律也引入常数 μ_0. 即在真空, 吾人亦须引入这两个常数, 俾能自由选择电荷与磁极之单位的定义. 于今, Biot-Savart 定律, 系电流与磁的相互关系的定律, 我们没有先天的理由 (a priori reason) 认为 ε_0 和 μ_0 已够将所有电磁量自由定义了的. 故吾人在 Biot-Savart 定律中引入另一常数 γ. 下文吾人将可看出: 在 (a) 静电单位制 (e.s.u), (b) 电磁单位制 (e.m.u) (c) m.k.s.a 单位制, 所有电磁量的选定, 皆可采 $\gamma = 1$ 之值. 但在 Gauss 制, 则必需使 $\gamma = c$(c 为光在真空中速率).

(ii) $\boldsymbol{B}$ 和 $\boldsymbol{H}$

第 (3) 式中, 曾定义 $\boldsymbol{B}$ 为作用于单位磁极之力. 但在 (27) 或 (28) 式, Biot-Savart 定律却以 H 来表示, 而 H 是未曾先有定义的. 有些书的 Biot-Savart 定律, 是用 $\boldsymbol{B}$ 而不是 $\boldsymbol{H}$, 更使人迷糊. 所以于此处, 吾人拟著重下一点. 若电流 I 是传导电流 (conduction current) 时, 则正确 Biot-Savart 定律应为 (27) 或 (28). 从历史的实验观点, 发现 Biot-Savart 定律时, 电流是传导电流. 这点在讨论介质中之磁化电流时将可予以澄清. 参阅 (64—65a) 式.

若吾人不愿将 Biot-Savart 定律看作 H 的定义, 则关于 $\boldsymbol{H}$ 之定义, 仍有待解释. 这点亦需在讨论到 Ampère 定律时予以解释.

今再回到 (28) 或 (29) 之 Biot-Savart 定律. 该定律亦可表成下式

$$\gamma \int_C \boldsymbol{H} \cdot \mathrm{d}\boldsymbol{s} = I \tag{3-30}$$

该积分系取围绕着电流 I 之封闭曲线 C 的积分. 此处 I 可能不是一个电流, 而是包括在 C 曲线内所有电流. 若 C 是围绕 I 之同心圆时, 则 (30) 式可化为 (28) 式. (30) 式之完满论据, 将于下文见之.

若今有一电流密度 $\boldsymbol{j}$ 之电流分布而不是单一电流, 则 (30) 为

$$\oint_C \gamma \boldsymbol{H} \cdot \mathrm{d}\boldsymbol{s} = \iint_S \boldsymbol{j} \cdot \mathrm{d}\boldsymbol{S} \tag{3-31}$$

$\boldsymbol{j}$ 为每通过单位面积之电流, (面积与 $\boldsymbol{j}$ 垂直), S 系以封闭曲线 C 为边界之任一表面. 由 Stokes 定理得知

$$\mathrm{curl}\gamma\boldsymbol{H} = \boldsymbol{j} \tag{3-32}$$

此处宜注意者, 是上式只适用于稳定电流 (详见下文).

若取 (32) 之两边之 divergence, 因 div curl≡0, 故得

$$\mathrm{div}\boldsymbol{j} = 0 \tag{3-33}$$

由电荷不减定律, 电荷密度 ρ 和电流密度 $\boldsymbol{j}$ 应遵守连续性方程式 (continuity equation)

$$\frac{\partial \rho}{\partial t} + \mathrm{div}\boldsymbol{j} = 0 \tag{3-34}$$

只于稳定电流情况下, 电流通过的每点皆无增损, 即 $\dfrac{\partial \rho}{\partial t} = 0$, 始得 $\mathrm{div}\boldsymbol{j} = 0$. 若电流随着时间而改变, 则由 (32) 所导出之 (33), 就不合 (34) 之连续性方程式. 此点将于第 4 章、第 2 节详论之.

前已述及 $\boldsymbol{B}$ 之边界条件, 今将讨论 $\boldsymbol{H}$ 之边界条件. 设若有两不同之性质 μ_1 和 μ_2. 今在跨过交接面取一垂直截面, 使 $\mathrm{d}\boldsymbol{s}$ 为一长方形的封闭线 C 上, 围绕交接线, 如图 3.4 所示, 该长方形之长边各在不同介质之一侧. n 为垂直于该小平面 $\mathrm{d}\boldsymbol{S}$ 之法线, n 故切于交接面. 兹使该长方形之短边 h 渐小而趋近于零. 由 (31), H 切线分量满足下式

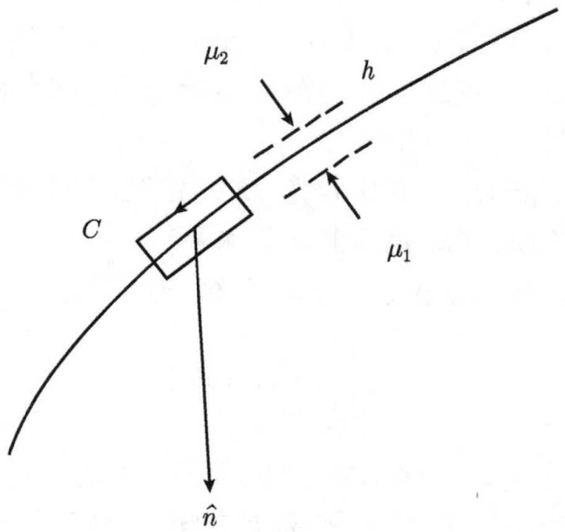

图 3.4

$$\gamma(H_2 - H_1)_t = i \tag{3-35}$$

i 为 S 面上之电流面密度 (每单位长度之电流), 若 $i=0$ 则,

$$(H_2 - H_1)_t = 0 \tag{3-35a}$$

该式与 (1-89) 之电场 E 边界条件相类似.

3.5 Ampère 定律：两电流线圈间之作用力

Oersted 发现电流之磁效应后, Ampère 即作进一步探讨, 其结果刊于 1825 年的一极重要的著作; 确立了带有电流之导体在磁场内所受作用力之定律, 及两个电流间的作用力之定律. 后者称为 Ampère 定律.

若有两载电流之导体线圈 (图 3.5), 第一线圈内载有电流 I_1, 今于 r_1 点取一线元素 $\mathrm{d}s_1$. 同样地, 于载电流 I_2 第二线圈上也取一 $\mathrm{d}s_2$ 之线元线. 由实验得知作用于 r_2 点之 $\mathrm{d}s_2$ 上之力为

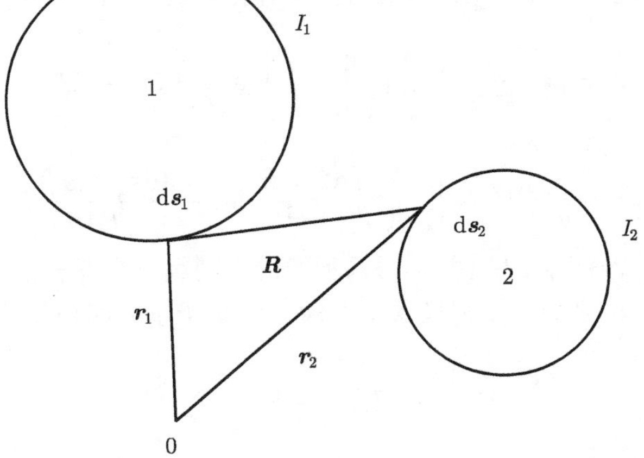

图 3.5

$$\begin{aligned} F_2 &= \frac{\mu_0}{4\pi\gamma^2} I_1 I_2 \frac{1}{R^3}[\mathrm{d}\boldsymbol{s}_2 \times (\mathrm{d}\boldsymbol{s}_1 \times \boldsymbol{R})] \\ \boldsymbol{R} &= \boldsymbol{r}_2 - \boldsymbol{r}_1 \end{aligned} \tag{3-36}$$

常数 μ_0 和 γ 乃视 Coulomb 定律中之磁极单位和电流之单位而定.

该定律可化成两个定律; 一是 (27) 式之 Biot-Savart 定律

$$\gamma H(\boldsymbol{r}_2) = \frac{I_1}{4\pi R^3}[\mathrm{d}\boldsymbol{s} \times \boldsymbol{R}] \tag{3-37}$$

此乃 $\mathrm{d}\boldsymbol{s}_1$ 线素的电流 I_1, 在 r_2 点所产生之场 $\boldsymbol{H}$. 另一定律为

$$F_2 = I_2 \left[\mathrm{d}\boldsymbol{s}_2 \times \frac{1}{\gamma}\boldsymbol{B}(\boldsymbol{r}_2)\right] \tag{3-38}$$

此乃 $I_2\mathrm{d}\boldsymbol{s}_2$ 在磁场 $\boldsymbol{B}(\boldsymbol{r}_2)$ 所受的作用力. (38) 可视为 $\boldsymbol{B}$ 之定义, 即 B 系每单位电流每单位长度 s_2 所受之作用力, 以之替代第 (3) 式的定义 (谓 B 乃每单位磁极上所受之作用力). 目前电磁学皆倾向于采用电流以定义所有的磁量. 在本书中, 吾人特将第 (1) 式中之 Coulomb 定律, 第 (27) 式的 Biot-Savart 定律, 和第 (38) 式之 Ampère*定律, 写成一形式, 使 $\boldsymbol{B}$ 的两种不同定义, 是相互吻合而不相矛盾的.

若将 (36) 之 Ampère 定律, 与 (37)Biot-Savart 定律及 (38) 之 Ampère 定律相比较, 可看出于真空时

$$\frac{1}{\gamma}B = \frac{\mu_0}{\gamma^2}\gamma H \tag{3-39}$$

或

$$B = \mu_0 H \tag{3-39a}$$

此可视为 H 的定义. 由此乃视 (36) 式为电流的定义, 而 (38) 式却是 B 的定义, 最后 (37) 或 (39) 系 H 的定义.

今再回头讨论 (36) 式之 Ampère 定律. 对有限长的 s_1 和 s_2 之导线, 则作用于 s_2 之力为

$$\boldsymbol{F}_2 = \frac{\mu_0}{4\pi\gamma^2}I_1I_2\int_{s_2}\int_{s_1}\frac{1}{R^3}[\mathrm{d}\boldsymbol{s}_2\times(\mathrm{d}\boldsymbol{s}_1\times\boldsymbol{R})], \tag{3-40}$$

化简可得

$$F_2 = \frac{\mu_0}{4\pi\gamma^2}I_1I_2\int_{s_2}\int_{s_1}\left[\frac{\mathrm{d}\boldsymbol{s}_2\cdot\boldsymbol{R}}{R^3}\mathrm{d}\boldsymbol{s}_1 - \frac{(\mathrm{d}\boldsymbol{s}_1\cdot\mathrm{d}\boldsymbol{s}_2)}{R^3}\boldsymbol{R}\right] \tag{3-41}$$

若 $\boldsymbol{s}_1$ 和 $\boldsymbol{s}_2$ 为两个密闭线圈 (并不需系平面的), 则第一个积分为零.

欲求作用在 $\boldsymbol{s}_1$ 之力 F_1, 则只需将下标 1 和 2 予以交相替换. 又因 $\boldsymbol{R}=\boldsymbol{r}_2-\boldsymbol{r}_1$ 为向量, 故可见

$$\boldsymbol{F}_2 = -\boldsymbol{F}_1$$

这即是牛顿第三定律.

Ampère 定律之一特例系：两条载有电流的无穷长平行导线, 二者间距离为 R, 则作用于每导线上每单位长之力, 由 (36) 式可求得

$$\frac{\Delta F}{\Delta L} = \frac{\mu_0}{4\pi\gamma^2}\frac{2I_1I_2}{R} \tag{3-42}$$

用这个形式的 Ampère 定律作电流之定义, 是极方便的, (“不需明显地” 使用磁极的观念的). 在本书导言中, 即以此作 m.k.s.a 制中电流单位之定义.

上段特用 “不需明显地” 数字, 是经过下述的考虑的. 在用 Coulomb 定律作磁极 p 的定义, 是和常数 μ_0 有关的. 见第 (3) 式. 如以 Ampère 定律第 (42) 式作

* (38) 式之定律系 Ampère 所立. Heaviside 认为是 Ampère 之最伟大贡献. 有些较旧的书亦称该式为 Ampère 定律. 但很不幸, 最近一些书里, 对 (38) 式皆不特别予以命名.

电流的定义, 而 (42) 式有 μ_0 之出现, 则间接地电流也和 p 有关的. 由 (42) 式定义 I, 再以 (37) 式定义 B, 和以第 (3) 式定义 B, 两个定义在因次上是相符合而不矛盾的. 由于未有自由单磁极的证实, 现代的偏向是不采用磁极的观念, 而却采用 (42)Ampère 定律作电流的定义. 再由此而按 (38) 式 Ampère 定律, 作 B 的定义. 这样, 表面上似未 "显明地" 使用磁极观念, 但因 (42) 式有 μ_0 之出现, 则 B 与磁极之间仍有关系存在的. 所幸的是根据上述的两种观点的定义, 是不相抵触的.

在此我们拟再指出即在真空, B 和 H 仍有分别的问题. 我们已有下列各关系

$$F=\frac{\mu_0}{4\pi}\frac{p_1p_2}{r^2} \tag{3-1}$$

$$B=\frac{F}{p} \tag{3-3}$$

$$\frac{B}{\mu_0}=H=\frac{I}{2\pi R} \tag{3-28}$$

在后一式中已使 $\gamma=1$. 在 (1) 式中, 我们使 $\frac{\mu_0}{4\pi}=1$ 作磁极单位的定义, 以 (3) 式定义 B, 再按 (28) 定义 I. p 之单位是与 $\sqrt{\frac{4\pi}{\mu_0}}$ 成比例, 而 B 则与 $\sqrt{\frac{\mu_0}{4\pi}}$ 成比例. 按较早期的习惯, 上三定律乃写作下列形式;

$$F=\frac{1}{4\pi\mu_0}\frac{p_1p_2}{r^2} \tag{3-1a}$$

$$H=\frac{F}{p} \tag{3-3a}$$

$$H=\frac{I}{2\pi R} \tag{3-28a}$$

在 (1a) 式使 $4\pi\mu_0=1$ 作磁极之单位的定义, 它的数值, 和今采用之单位制完全相同, 但其单位却与 $\sqrt{4\pi\mu_0}$ 成比, 而作用于单位磁极之力则为 H, 与 $\frac{1}{\sqrt{4\pi\mu_0}}$ 成比. 因此, 由 (3) 式所得作用于单位的磁极之力 B, 乃是早期习惯所使用之 (3a) 式的 H 的 μ_0 倍. 下述的关系

$$B=\mu_0H$$

在旧的或新的制度里均相同.

从上述的比较, 知在昔日制度里, H 乃对 (1a) 式中定义的单位磁极之作用力, 而在目前通用之制度中, 对由 (1) 式定义的单位磁极之作用力乃系 B, 虽则 B 可由 (42) 式之 Ampère 定律而定义的. (42) 式虽与磁极没有直接关系, 但由于 μ_0 之出现, 仍与 Coulomb 定律有关系之存在, 故亦与磁极有间接之关系 (μ_0 在 (1), (23) 及 (42) 式出现的位置, 是使前述两个观点的 B 定义, 不相冲突的).

这里要着重的, 是上述对 B 和 H 的讨论, 不是无谓的, 因为 μ_0 并非永系无因次之常数 $\left(\text{虽则于 (1) 式里可使 } \mu_0 = 4\pi, \text{而于 (1a) 可使 } \mu_0 = \frac{1}{4\pi}\right)$. 在 Gauss 制, 我们使 $\varepsilon_0 = \mu_0 = 1$, 但必需引用第三个因次常数 $\gamma = c$ 于 (28) 和许多关系式. 在其他的制度, 则 ε_0 和 μ_0 不是无因次的纯数字常数.

但欲更了然 B 和 H 之关系, 则有待下节介质问题的讨论, 见 (64), (65) 和 (65a) 各式.

3.6　电流所产生之向量位 (vector potential) 与磁矩 (magnetic moment)

于稳定电流下, 由 (25), (32) 和 (39a), 可得

$$\mathrm{curl}\boldsymbol{B} = \mathrm{curl\ curl}\boldsymbol{A} = \frac{\mu_0}{\gamma}\boldsymbol{j} \tag{3-44a}$$

按恒等式

$$\mathrm{curl\ curl} = \mathrm{grad\ div} - \nabla^2$$

及在静磁学中可加下条件 (见下第四章 (4-18) 式)

$$\mathrm{div}\boldsymbol{A} = 0 \tag{3-43}$$

故得

$$\nabla^2\boldsymbol{A} = -\frac{\mu_0}{\gamma}\boldsymbol{j} \tag{3-44}$$

这乃是一个 Poisson 方程式, 它在无边界之空间里的特解 (见 2-15) 式系

$$A(r') = \frac{\mu_0}{4\pi}\iiint \frac{j(\boldsymbol{r})\mathrm{d}^3\boldsymbol{r}}{|\boldsymbol{r}-\boldsymbol{r}'|} \tag{3-45}$$

(45) 式系 $\boldsymbol{r}$ 点之电流分布密度为 $j(\boldsymbol{r})$, 在 $\boldsymbol{r}'$ 点所产生之向量位.

今若有一小电流圈 (如图), 它的大小, 远小于与观察点 p 之距离 ($|\boldsymbol{R}| = |\boldsymbol{r}-\boldsymbol{r}'|$). 求在 r 点之向量位.

首先将 $\dfrac{1}{|\boldsymbol{r}-\boldsymbol{r}'|}$ 展开, 并取到 $\dfrac{r'}{r}$ 项为止.

$$\frac{1}{|\boldsymbol{r}-\boldsymbol{r}'|} = \frac{1}{r} + \frac{\boldsymbol{r}\cdot\boldsymbol{r}'}{r^3} + \cdots \tag{3-46}$$

代入 (45) 式, 则向量位为

$$A(\boldsymbol{r}) = \frac{\mu_0}{4\pi\gamma}\left[\oint \frac{I\mathrm{d}\boldsymbol{r}'}{r} + \oint I\frac{(\boldsymbol{r},\boldsymbol{r}')}{r^3}\mathrm{d}\boldsymbol{r}' + \cdots\right] \tag{3-47}$$

$\boldsymbol{r}$ 为定点, 积分乃是沿该密闭之小线圈的积分. 第一个积分 $\oint \mathrm{d}\boldsymbol{r}' = 0$. 第二个积分可证明*为

$$\oint (\boldsymbol{r}, \boldsymbol{r}')\mathrm{d}\boldsymbol{r}' = \frac{1}{2}\oint [(\boldsymbol{r}' \times \mathrm{d}\boldsymbol{r}') \times \boldsymbol{r}] \tag{3-48}$$

故

$$A = \frac{\mu}{4\pi\gamma r^3}\left\{\frac{1}{2}\oint \boldsymbol{r}' \times \mathrm{d}\boldsymbol{s}\right\} \times \boldsymbol{r} \tag{3-49}$$

这里 $\mathrm{d}\boldsymbol{s} = \mathrm{d}\boldsymbol{r}'$. 今定义一个电流圈之磁矩为

$$m = \frac{1}{2\gamma} I \oint \boldsymbol{r} \times \mathrm{d}\boldsymbol{s} \tag{3-50}$$

所以

$$A\varepsilon\boldsymbol{r} = \frac{\mu_0}{4\pi}\frac{[\boldsymbol{m} \times \boldsymbol{r}]}{\boldsymbol{r}^3} \tag{3-51}$$

上式乃是由微小之电流线圈于 $\boldsymbol{r}$ 点所产生之向量位. (50) 式可写为

$$\boldsymbol{m} = \frac{1}{\gamma} I \iint \mathrm{d}S = \frac{1}{\gamma} IS \tag{3-52}$$

这里 $\mathrm{d}\boldsymbol{S} = \frac{1}{2}(\boldsymbol{r} \times \mathrm{d}\boldsymbol{s})$ 为向量面积素, $\boldsymbol{S}$ 乃该线圈之向量面积. 在平面线圈情形下, S 即系圈之面积.

由电流线圈所产生之磁场 B 为

$$\boldsymbol{B}(\boldsymbol{r}) = \frac{\mu_0}{4\pi}\mathrm{curl}\frac{\boldsymbol{m} \times \boldsymbol{r}}{r^3} = \frac{\mu_0}{4\pi}\left[\frac{3(\boldsymbol{m} \cdot \boldsymbol{r})\boldsymbol{r}}{r^5} - \frac{m}{r^3}\right] \tag{3-53}$$

如系一电流素之分布, 则只要将 (50) 代以下式

$$\boldsymbol{m} = \frac{1}{2\gamma}\iiint (\boldsymbol{r}' \times \boldsymbol{j})\mathrm{d}^3\boldsymbol{r}' \tag{3-54}$$

第 (51) 式之 $\boldsymbol{A}$ 和 (53) 式之 $\boldsymbol{B}$, 仍皆可用此 $\boldsymbol{m}$.

若磁矩于空间分布之密度为 $\boldsymbol{M}(\boldsymbol{r}_1)$(每单位体积之磁矩), 则向量位 $\boldsymbol{A}(\boldsymbol{r})$, 由 (51) 式得

$$\boldsymbol{A}(\boldsymbol{r}) = \frac{\mu_0}{4\pi}\iiint \frac{M(\boldsymbol{r}_1) \times (\boldsymbol{r} - \boldsymbol{r}_1)}{|\boldsymbol{r} - \boldsymbol{r}_1|^3}\mathrm{d}^3\boldsymbol{r}_1 \tag{3-55}$$

---

*

$$\frac{1}{2}[(\boldsymbol{r}' \times \mathrm{d}\boldsymbol{r}') \times \boldsymbol{r}]_x = \frac{1}{2}(\boldsymbol{r}' \cdot \boldsymbol{r})\mathrm{d}\boldsymbol{r}'_x - \frac{1}{2}\boldsymbol{r}_x(\boldsymbol{r} \cdot \mathrm{d}\boldsymbol{r}')$$

所以

$$(\boldsymbol{r} \cdot \boldsymbol{r}')\mathrm{d}\boldsymbol{r}'_x - \frac{1}{2}[\boldsymbol{r}' \times \mathrm{d}\boldsymbol{r}'] \times \boldsymbol{r}_x = \frac{1}{2}(\boldsymbol{r} \cdot \boldsymbol{r}')\mathrm{d}\boldsymbol{r}'_x + \frac{1}{2}(\boldsymbol{r} \cdot \mathrm{d}\boldsymbol{r}')\boldsymbol{r}'_x$$

及

$$\oint_{S'} \{(\boldsymbol{r} \cdot \boldsymbol{r}')\mathrm{d}\boldsymbol{r}' - \frac{1}{2}[\boldsymbol{r}' \times \mathrm{d}\boldsymbol{r}'] \times \mathrm{d}\boldsymbol{r}\} = \frac{1}{2}\oint_{S'} \mathrm{d}(\boldsymbol{r}'(\boldsymbol{r}' \cdot \boldsymbol{r})) = 0$$

兹考虑由于磁性物质中由感应磁化 M_H 所产生的该向量位 $\boldsymbol{A}_M$(非如 (50) 和 (51) 等式中由电流所产生之 $\boldsymbol{A}$), 则与 (55) 相似, 可得

$$\boldsymbol{A}_M(\boldsymbol{r}) = \frac{\mu_0}{4\pi}\iiint \frac{M_H(\boldsymbol{r}_1)\times(\boldsymbol{r}-\boldsymbol{r}_1)}{|\boldsymbol{r}-\boldsymbol{r}_1|^3}\mathrm{d}^3\boldsymbol{r}_1 \tag{3-56}$$

今

$$\mathrm{curl}_1\frac{\boldsymbol{M}(\boldsymbol{r}_1)}{R} = \frac{1}{R}\mathrm{curl}_1\boldsymbol{M} + \frac{\boldsymbol{R}\times\boldsymbol{M}_H}{R^3},\quad \boldsymbol{R}=\boldsymbol{r}-\boldsymbol{r}_1 \tag{3-57}$$

下标 1 指系对 $\boldsymbol{r}_1$ 微分.

$$\iiint\limits_V \mathrm{curl}_1\left(\frac{\boldsymbol{M}_H}{R}\right)\mathrm{d}^3\boldsymbol{r}_1 = \iint\limits_S \frac{\mathrm{d}\boldsymbol{S}\times\boldsymbol{M}_H}{R} \tag{3-58}$$

S 乃是概括所有磁性物质的体积之表面. 如体积 V 中, 有 a, b 两介质之边界面 S_{ab}, 则 M 于跨过 S_{ab} 时有不连续性. 吾人可用一密闭面 S' 包围 S_{ab}, 除去该不连续性, 如图 3.6 所示. 则上积分成为

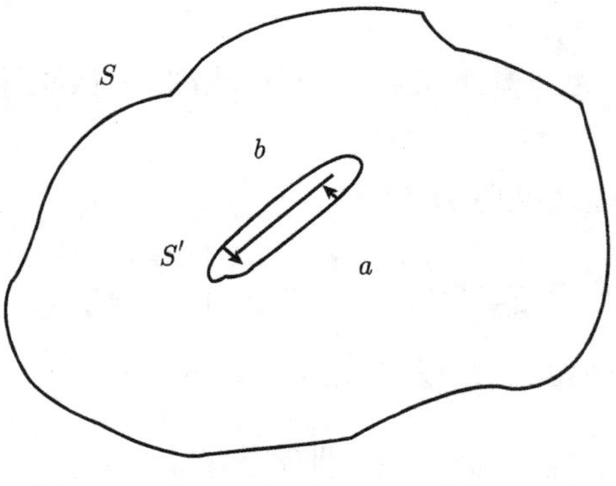

图 3.6

$$\iint\limits_S \frac{\mathrm{d}\boldsymbol{S}\times\boldsymbol{M}_H}{R} \to \iint\limits_S \frac{\mathrm{d}\boldsymbol{S}\times\boldsymbol{M}_H}{R} + \iint\limits_{S'} \frac{\mathrm{d}\boldsymbol{S}\times\boldsymbol{M}_H}{R} \tag{3-59}$$

假使所有磁性物质在 S 面内, 则第一个积分为零. 当 S' 趋合 S_{ab} 时, 则第二个积分为

$$-\iint\limits_{S_{ab}} \frac{\mathrm{d}\boldsymbol{S}_{ab}\times\boldsymbol{M}_b}{R} + \iint\limits_{S_{ab}} \frac{\mathrm{d}\boldsymbol{S}_{ab}\times\boldsymbol{M}_a}{R} \tag{3-60}$$

将 (59), (60) 代入 (58) 式里, 并将 (58), (57) 代入 (56) 式, 则得

$$\boldsymbol{A}_M(\boldsymbol{r}) = \frac{\mu_0}{4\pi}\iiint \frac{\mathrm{curl}\boldsymbol{M}(\boldsymbol{r}_1)\mathrm{d}^3\boldsymbol{r}_1}{|\boldsymbol{r}-\boldsymbol{r}_1|} + \frac{\mu_0}{4\pi}\iint\limits_{S_{ab}} \frac{(\boldsymbol{M}_b-\boldsymbol{M}_a)\times\mathrm{d}\boldsymbol{S}_{ab}}{|\boldsymbol{r}-\boldsymbol{r}_1|} \tag{3-61}$$

$\mathrm{d}\boldsymbol{S}_{ab}$ 之方向乃由 a 到 b.

兹将 (61) 式与 (45) 式相较, 即见物质之磁化强度 M, 相当于一个分子的平均电流密度 $\bar{\boldsymbol{j}}_M$

$$\bar{\boldsymbol{j}}_M = \gamma \mathrm{curl} \boldsymbol{M} \tag{3-62}$$

且两物质之间边界面 S_{ab} 之 M 亦与一平均表面电流密度相当

$$\bar{\boldsymbol{i}}_M = (\boldsymbol{M}_b - \boldsymbol{M}_a) \times \boldsymbol{n} \tag{3-63}$$

$\boldsymbol{n}$ 系 S_{ab} 面由 a 到 b 之法线 (单位矢量).

若 (32) 写为下式

$$\mathrm{curl} \mu_0 \boldsymbol{H} = \frac{\mu_0}{\gamma} \boldsymbol{j}$$

对右方之 $\boldsymbol{j}$, 加上相当之分子电流 (62), 并引入一个 $\boldsymbol{B}$

$$\mathrm{curl} \boldsymbol{B} = \frac{\mu_0}{\gamma} (\boldsymbol{j} + \gamma \mathrm{curl} \boldsymbol{M}_H) \tag{3-64}$$

或

$$\mathrm{curl} \left(\frac{\boldsymbol{B}}{\mu_0} - \boldsymbol{M}_H \right) = \boldsymbol{j} \tag{3-65}$$

依照 (16), 则再得前此之 (32) 式

$$\mathrm{curl} \gamma \boldsymbol{H} = \boldsymbol{j} \tag{3-65a}$$

按此, 传导电流与 $\boldsymbol{H}$ 的关系, 和总电流 (传导 + 磁化) 与 $\boldsymbol{B}$ 的关系相当. 这与电学 (1-79), (1-75) 完全类似:

$$\mathrm{div} \boldsymbol{D} = \rho$$

$$\mathrm{div} \varepsilon_0 \boldsymbol{E} = \rho + \rho_p$$

此处是谓自由电荷与 $\boldsymbol{D}$ 的关系, 和总电荷 (自由 + 极化) 与 $\boldsymbol{E}$ 的关系相当. 由此我们可说 $\boldsymbol{B}$ 是相当于 $\boldsymbol{E}$, 而 $\boldsymbol{H}$ 是相当于 $\boldsymbol{D}$ 的.

第 (19) 式中, $\boldsymbol{M}_H$ 代以近似值

$$M_H = \chi H \tag{3-66}$$

故从 (65), 得

$$\frac{\boldsymbol{B}}{\mu_0} - \chi \boldsymbol{H} = \boldsymbol{H}$$

或

$$\boldsymbol{B} = (1 + \chi) \mu_0 \boldsymbol{H} \tag{3-67}$$

$(1+\chi)\mu_0=\mu$ 称为磁导率 (permeability)

$$\boldsymbol{B}=\mu\boldsymbol{H} \tag{3-67a}$$

如感应磁化 $\boldsymbol{M}_H$ 外, 还有永久磁化 $\boldsymbol{M}_0$ 如 (18) 式, 则只需将 (67), (67a) 代以下式

$$\boldsymbol{B}=(1+\chi)\mu_0\boldsymbol{H}+\mu_0\boldsymbol{M}_0 \tag{3-68}$$

$$\boldsymbol{B}=\mu\boldsymbol{H}+\mu_0\boldsymbol{M}_0 \tag{3-68a}$$

磁矩 $\boldsymbol{m}$ 于磁场 $\boldsymbol{B}$ 中之能量, 由 (11) 式可知为

$$W=-\boldsymbol{m}\cdot\boldsymbol{B} \tag{3-69}$$

$\boldsymbol{m}$ 见于 (50) 式. 作用于 $\boldsymbol{m}$ 之力为

$$F=\nabla(\boldsymbol{m}\cdot\boldsymbol{B}) \tag{3-70}$$

3.7　稳定电流的磁场之能量

(26) 式里已知场能为

$$W=\frac{1}{2}\iiint(\boldsymbol{A}\cdot\mathrm{curl}\boldsymbol{H})\mathrm{d}^3\boldsymbol{r}$$

用 (32) 式, 可得

$$W=\frac{1}{2\gamma}\iiint(\boldsymbol{A}\boldsymbol{j})\mathrm{d}^3\boldsymbol{r} \tag{3-71}$$

上式系磁场之能量, 以电流密度 $\boldsymbol{j}$(这是磁场 $\boldsymbol{H}$ 之源) 和向量位表示的. 如向量位是由电流密度 $\boldsymbol{j}(\boldsymbol{r})$ 而来的, 则由 (45) 式可得

$$W=\frac{\mu_0}{8\pi\gamma^2}\iiint\iiint\frac{\boldsymbol{j}'(\boldsymbol{r}')\cdot\boldsymbol{r}(\boldsymbol{r})}{|\boldsymbol{r}-\boldsymbol{r}'|}\mathrm{d}^3\boldsymbol{r}'\mathrm{d}^3\boldsymbol{r} \tag{3-72}$$

此式可视为稳定电流的交互作用之能量.

假如有许多负载电流 (I_k) 之导体 (k), 则 (72) 可写为

$$W=\frac{1}{2\gamma^2}\sum_{i_1k}L_{ik}I_iI_k \tag{3-73}$$

这里

$$L_{ik}=\frac{\mu_0}{4\pi I_iI_k}\iiint_{V_i}\iiint_{V_h}\frac{\boldsymbol{j}_i(\boldsymbol{r}_i)\cdot j_k(\boldsymbol{r}_k)}{|\boldsymbol{r}_i-\boldsymbol{r}_k|}\mathrm{d}^3\boldsymbol{r}_i\mathrm{d}^3\boldsymbol{r}_k,\quad i\neq k \tag{3-74}$$

此间的 L_{ik}, 称为互感系数 (coefficients of mutual induction), 其值大小, 乃视导体之几何形状与空间分布情形而定. 若有 "线" 性电流 (当导体之截面远小于它们之间距离 $|\boldsymbol{r}_i-\boldsymbol{r}_k|$ 时), 则 (74) 可化为

$$L_{ik}=\frac{\mu_0}{4\pi}\int_{S_i}\int_{S_k}\frac{\mathrm{d}\boldsymbol{s}_i\cdot\mathrm{d}\boldsymbol{s}_k}{|\boldsymbol{r}_i-\boldsymbol{r}_k|},\quad i\neq k \tag{3-74a}$$

$\mathrm{d}s_i, \mathrm{d}s_k$ 乃是导体之长度素 (element of length). 由 (74) 或 (74a), 可见

$$L_{ik}=L_{ki} \tag{3-75}$$

兹将 (71) 式应用于一群导体 k, 则

$$W=\frac{1}{2\gamma}\sum_k\iiint\boldsymbol{A}\cdot\boldsymbol{j}_k\mathrm{d}^3\boldsymbol{r}_k=\frac{1}{2\gamma}\sum_k I_k\oint\boldsymbol{A}\cdot\mathrm{d}\boldsymbol{s}_k \tag{3-76}$$

由 Stokes 定理

$$\oint\limits_{S_k}\boldsymbol{A}\cdot\mathrm{d}\boldsymbol{s}=\iint\limits_{S_k}\mathrm{curl}\boldsymbol{A}\cdot\mathrm{d}\boldsymbol{S}\equiv\varPhi_k \tag{3-77}$$

此处的面积分之值, 即第 k 线路之磁通量 (magnetic flux). 该通量于下一章电磁感应之法拉第定律中, 为一极重要之观念.

目前我们以 (77) 定义 $\varPhi_k$. (76) 可化为

$$W=\frac{1}{2\gamma}\sum_k I_k\varPhi_k \tag{3-78}$$

由 (78) 与 (73) 相比, 得

$$\gamma\varPhi_k=\sum_i L_{ik}I_i=\sum_i L_{ki}I_i \tag{3-79}$$

$L_{ki}=L_{ik}$ 互感系数, 乃将通过 k 线路之磁通量 $\varPhi_k$, 与 i 线路之电流 I_i 联系起来.

但在 $i=k$ 情形, 方程式 (74) 和 (74a) 不能适用, 因为 $|\boldsymbol{r}_i-\boldsymbol{r}_j|=0$. 若只有单一线路时, 吾人可定义自感系数 (coefficient of self-inducion)L 为

$$W=\frac{1}{2\gamma^2}LI^2 \tag{3-80}$$

若有一线电路 s, 由 (71) 可得

$$\begin{aligned}W&=\frac{1}{2\gamma}I\oint\boldsymbol{A}\cdot\mathrm{d}\boldsymbol{s}\\&=\frac{1}{2\gamma}I\iint\limits_{S}\boldsymbol{B}\cdot\mathrm{d}\boldsymbol{S}\end{aligned}$$

$$= \frac{1}{2\gamma} I \Phi \tag{3-81}$$

有如 (77) 式. Φ 为联于线路 s 之磁通量. 将 (80) 与 (81) 相比, 则见

$$\gamma \Phi = LI \tag{3-82}$$

3.8 Ohm 定律; Joule 定律

Ohm 定律乃是经验定律; 若有一负载电流 I 之线性导体, 该导体上任两点之间的电位差, 是与该电流 I 成正比;

$$V = RI \tag{3-83}$$

该比例常数 R 称为电阻. 一已知之导体物质, 电阻乃与其长度 l 成正比而与其截面积 A 成反比

$$R = \rho \frac{l}{A} \tag{3-84}$$

ρ 为电阻率 (resistivity). 若 R 之单位为 Ω(Ohm), 则在 (83) 式之电位差 V 为 1 伏特, 而电流 I 为 1 安培.

(83) 系 Ohm 定律的积分形式. 若将 (83) 式两边除以长度 l, 再除以截面积 A, 则因

$$E = \frac{V}{l}, \quad j = \frac{I}{A}$$

故

$$E = \left(R \frac{A}{l} \right) j = \rho j \tag{3-85}$$

ρ 为上述之电阻率, 假如 E 为伏特/米而 j 是安培/米 ^{2}, 则其单位为欧姆 · 米. 此处虽无微分出现, (85) 亦称为 Ohm 氏定律的微分形式. (85) 式也可写为

$$\boldsymbol{j} = \sigma \boldsymbol{E} \tag{3-86}$$

σ 称为物质电导系数 (conductivity), ρ 和 σ 系物质的性质.

当一电荷 e 降落电位差 V 时, 该电场所作之功为

$$W = eEd = eV$$

当电流 I 流经一电位差 V 时, 电场场所作之功率为

$$\text{(power) 功率} = IV = \frac{V^2}{R} = RI^2 \tag{3-87}$$

功率单位为瓦特 (伏特 · 安培). 电能 (每秒) 可转换或被消耗成热能, 乃是由于导体中之电阻 (摩擦) 所致. 这种能量转换定律, 于 1841 年 J. P. Joule 由实验予以建立. 此热能 $VI\Delta t = RI^2\Delta t = \frac{1}{R}V^2\Delta t$, 称为 Joule 热.

最后有宜注意的两点. 第一点, 电阻率 $\rho(85)$ 之因次为欧姆–长度. 但它常被误解为电阻/立方厘米; 因为它的数值恰与具有截面积 1 平方厘米而长度 1 厘米之物质的电阻相等之故.

第二点更为重要. (83) 或 (86) 之定律, 和电磁学其他定律不同; 那就是它对时间之不可逆性. 这与热传导之方程式相似, 热 (电荷) 永是由高温 (电位) 处流至低温 (电位) 处, 而不逆转的.

习　题

1. 稳定的电流 (不变的电流) 的向量位 A, 符合下方程式

$$\text{curl curl}\boldsymbol{A} = \frac{\mu_0}{\gamma}\boldsymbol{j} \tag{1}$$

$$\text{div}\boldsymbol{A} = 0 \tag{2}$$

见 (3-44a), (43) 式. 证明此方程式之解, 符合下边界条件

$$A = \text{在一闭的面}S\text{上等于一某函数}F(r) \tag{3}$$

的, 是唯一的解.

注　运用第 2 章第 1 题之第一定理.

证明　如将上 (3) 边界条件, 代以下述条件:

$$\text{在}S\text{面上}, \text{curl}\boldsymbol{A} = \text{某一函数}G(\boldsymbol{r}), \tag{4}$$

方程式 (1), (2) 之解亦系唯一的.

2. 证明下二向量位 $\boldsymbol{A}$, $\boldsymbol{A}'$

$$\boldsymbol{A}\left(-\frac{B}{2}y, \frac{B}{2}x, 0\right), \quad \boldsymbol{A}'(-By, 0, 0)$$

的差别, 只是一纯量的梯度, 故由二者所得的磁场相同 (在静场情形下).

3. 在有限领域中, 分布有稳定电流 $\boldsymbol{j}(\boldsymbol{r})$. 证明其在 $\boldsymbol{r}'$ 点所产生的磁场 $\boldsymbol{B}(\boldsymbol{r}')$ 为

$$\boldsymbol{B}(\boldsymbol{r}') = \frac{\mu_0}{4\pi\gamma}\iiint \frac{1}{|\boldsymbol{r}' - \boldsymbol{r}|}\text{curl}\boldsymbol{j}(\boldsymbol{r})\text{d}^3\boldsymbol{r}$$

注　用 (45) 式及第 1 章第 14 题的定理.

4. 证明任一矢量函数 $\boldsymbol{F}(\boldsymbol{r})$, 永可写成二向量函数之和, 其一之 curl 等于零, 其他之 divergence 等于零, 亦即

$$\boldsymbol{F} = -\nabla\phi + \text{curl}\boldsymbol{G}$$

故

$$\mathrm{div}\boldsymbol{F} = -\nabla^2\phi, \quad \mathrm{curl}\boldsymbol{F} = \mathrm{curl\ curl}\boldsymbol{G}$$

证明

$$\phi(\boldsymbol{r}') = \frac{1}{4\pi}\iiint \frac{1}{|\boldsymbol{r}'-\boldsymbol{r}|}\mathrm{div}\boldsymbol{F}(\boldsymbol{r})\mathrm{d}^3\boldsymbol{r} + \Psi(\boldsymbol{r}')$$

$$\nabla^2\Psi(\boldsymbol{r}) = 0$$

$$\boldsymbol{G}(\boldsymbol{r}') = \frac{1}{4\pi}\iiint \frac{1}{|\boldsymbol{r}'-\boldsymbol{r}|}\mathrm{curl}\boldsymbol{F}(\boldsymbol{r})\mathrm{d}^3\boldsymbol{r}$$

此结果系 Helmholtz 定理.

5. 在静磁场的情形, (43) 式中的向量位 $\boldsymbol{A}$, 符合

$$\mathrm{div}\boldsymbol{A} = 0$$

按第 4 题之 Helmholtz 定理, 此关系的意义为何? $\mathrm{div}\boldsymbol{A} = 0$ 的条件, 是否完全确定了 $\boldsymbol{A}$(对磁场 $\boldsymbol{B} = \mathrm{curl}\boldsymbol{A}$ 而言)?

6. 如应用第 4 题的定理于电场 $\boldsymbol{E}$, 即

$$\boldsymbol{E} = -\nabla\phi + \mathrm{curl}\boldsymbol{G}$$

求一均匀电磁 E_x(在 x 一轴方向) 的 $\phi, \boldsymbol{G}$ 及 Ψ 位.

7. 电流面密度 $\boldsymbol{j}_s$ 之定义如下:

$$\boldsymbol{j}_s = \lim_{d\to 0}\boldsymbol{j}d$$

$\boldsymbol{j}$ 系在一片形空间 (厚度为 d) 的电流密度.

$\boldsymbol{j}_s$ 之向量位 $\boldsymbol{A}(\boldsymbol{r}')$ 系

$$\boldsymbol{A}(\boldsymbol{r}') = \frac{\mu_0}{4\pi\gamma}\iint_S \frac{1}{R}\boldsymbol{j}_s(\boldsymbol{r})\mathrm{d}\boldsymbol{S}, \quad R = |\boldsymbol{r}-\boldsymbol{r}'|,$$

见 (45) 式. 证明穿过一有 j_s 的面积素 $\mathrm{d}\boldsymbol{S}$ 时, 向量位 $\boldsymbol{A}$ 是连续的.

证明磁场 $\boldsymbol{B}(\boldsymbol{r}')$ 乃

$$\boldsymbol{B}(\boldsymbol{r}') = \frac{\mu_0}{4\pi\gamma}\iint_S \left[\boldsymbol{j}_s(r)\times\nabla\frac{1}{R}\right]\mathrm{d}\boldsymbol{S}$$

证明穿过有 $\boldsymbol{j}_s$ 的 $\mathrm{d}\boldsymbol{S}$ 时, $\boldsymbol{B}$ 是不连续的,

$$\boldsymbol{B}_+ - \boldsymbol{B}_- = \frac{\mu_0}{\gamma}[\boldsymbol{j}_s\times\boldsymbol{n}]$$

n 系 $\mathrm{d}\boldsymbol{S}$ 的单位法线向量, 即在法线方向

$$(\boldsymbol{B}_+ - \boldsymbol{B}_-)_n = 0$$

在切线方面,

$$n\times(\boldsymbol{B}_+ - \boldsymbol{B}_-) = \frac{u_0}{\gamma}\{\boldsymbol{j}_s - (\boldsymbol{j}_s)\boldsymbol{n}\}$$

8. 设 N 为磁化强度 (magnetization) 之面密度 (即每单位面积的磁双极矩). 证明 S 面的 $\boldsymbol{N}(\boldsymbol{r})$ 在 $\boldsymbol{r}'$ 点所生之向量位 $\boldsymbol{A}$ 为

$$\boldsymbol{A}(\boldsymbol{r}')=\frac{\mu_0}{4\pi}\iint_S\left[\boldsymbol{N}(\boldsymbol{r})\times\nabla\frac{1}{R}\right]\mathrm{d}\boldsymbol{S},\quad R=|\boldsymbol{r}-\boldsymbol{r}'|,$$

见 (55) 式.

证明穿经一有 $N(r)$ 的 $\mathrm{d}S$ 时, 向量位 A 乃不连续的

$$\boldsymbol{A}_+-\boldsymbol{A}_-=\mu_0[\boldsymbol{N}\times\boldsymbol{n}]$$

n 乃与 $\mathrm{d}S$ 垂直的单位向量, 亦即谓在法线方向.

$$(\boldsymbol{A}_+-\boldsymbol{A}_-)_n=0$$

在切线方向,

$$[\boldsymbol{n}\times(\boldsymbol{A}_+-\boldsymbol{A}_-)]=\mu_0\{\boldsymbol{N}-(\boldsymbol{n}\cdot\boldsymbol{N})\boldsymbol{n}\}\neq 0,\text{除}\boldsymbol{N}\text{与}\mathrm{d}S\text{垂直外}$$

(见第 1 章第 1 及 2 题).

9. 证明 S 面 $\boldsymbol{N}(r)$ 磁极化强度在 $\boldsymbol{r}'$ 点之磁场 $\boldsymbol{B}$ 为

$$\begin{aligned}\boldsymbol{B}(\boldsymbol{r}')=&-\frac{\mu_0}{4\pi}\nabla\iint_S\boldsymbol{N}_n\frac{\partial}{\partial n}\left(\frac{1}{R}\right)\mathrm{d}\boldsymbol{S}\\&-\frac{\mu_0}{4\pi}\nabla\left\{\iint\frac{1}{R}(\mathrm{curl}[\boldsymbol{n}\times\boldsymbol{N}])\cdot\mathrm{d}\boldsymbol{S}\right.\\&\left.-\int_C\frac{1}{R}[\boldsymbol{n}\times\boldsymbol{N}]\cdot\mathrm{d}\boldsymbol{s}\right\},\quad R=|\boldsymbol{r}-\boldsymbol{r}'|\end{aligned}$$

$\boldsymbol{n}$ 乃与 $\mathrm{d}S$ 垂直之单位向量, C 乃 S 面之边, $\mathrm{d}\boldsymbol{s}$ 乃 C 之线素

注　参看 J. A. Stratton, Electromagnetic Theory, 第 248~249 页

10. 电流密度 $\boldsymbol{j}(\boldsymbol{r})$ 的向量位 (见 (44) 式), 系

$$\nabla^2\boldsymbol{A}=-\frac{\mu_0}{\gamma}\boldsymbol{j}\tag{1}$$

或

$$\mathrm{curl}\ \mathrm{curl}\boldsymbol{A}=\frac{\mu_0}{\gamma}\boldsymbol{j}$$
$$\mathrm{div}\boldsymbol{A}=0$$

按第 (3-45) 式, 第 (1) 式的一个特解系

$$\boldsymbol{A}(\boldsymbol{r}')=\frac{\mu_0}{4\pi\gamma}\iiint_V\frac{1}{R}\boldsymbol{j}(\boldsymbol{r})\mathrm{d}^3\boldsymbol{r},\quad R=|\boldsymbol{r}-\boldsymbol{r}'|$$

证明一全解是

$$\begin{aligned}\boldsymbol{A}(\boldsymbol{r}') =&\frac{\mu_0}{4\pi\gamma}\iiint\limits_V \frac{1}{R}\boldsymbol{j}(\boldsymbol{r})\mathrm{d}^3\boldsymbol{r} - \frac{1}{4\pi}\iint\limits_S \left\{\frac{1}{R}\boldsymbol{n}\times\boldsymbol{B}\right.\\ &\left.-(\boldsymbol{n}\times\boldsymbol{A})\times\nabla\frac{1}{R} - A_n\nabla\frac{1}{R}\right\}\mathrm{d}\boldsymbol{S}\end{aligned} \tag{2}$$

注　用第 2 章第 1 题之第二定理, 使其 $\boldsymbol{B}$ 向量函数等于

$$\boldsymbol{B}(\boldsymbol{r},\boldsymbol{r}') = \frac{1}{R}\boldsymbol{b},\quad \boldsymbol{b} = \text{常数矢量}.$$

由于 $\dfrac{1}{R}$ 之出现, 需由体积 V 中挖去围 r 点的一小圆球, 其面为 S_1. 先证由该定理可得

$$\begin{aligned}\frac{\mu_0}{\gamma}\iiint \frac{1}{R}\boldsymbol{j}(\boldsymbol{r})\mathrm{d}^3\boldsymbol{r} = \iint\limits_{S+S_1}&\left\{(\boldsymbol{A}\cdot\boldsymbol{n})\nabla\frac{1}{R}\right.\\ &\left.+\left(\nabla\frac{1}{R}\right)\times(\boldsymbol{A}\times\boldsymbol{n}) + \frac{\boldsymbol{n}\times\boldsymbol{B}}{R}\right\}\mathrm{d}\boldsymbol{S},\end{aligned}$$

更由此证明上第 (2) 式结果.

11. 设在闭表面为 $\boldsymbol{S}$ 的体积 V 中 $\boldsymbol{r}$ 点之电流密度为 $\boldsymbol{j}(\boldsymbol{r})$, 证明在 V 内 $\boldsymbol{r}'$ 点的磁场 $\boldsymbol{B}$ 为

$$\begin{aligned}\boldsymbol{B}(\boldsymbol{r}') =&\frac{\mu_0}{4\pi\gamma}\iiint\limits_V\left[\boldsymbol{j}\times\nabla\frac{1}{R}\right]\mathrm{d}^3\boldsymbol{r}\\ &-\frac{1}{4\pi}\iint\limits_S\left\{[\boldsymbol{n}\times\boldsymbol{B}]\times\nabla\frac{1}{R} + (\boldsymbol{n}\cdot\boldsymbol{B})\nabla\frac{1}{R}\right\}\mathrm{d}\boldsymbol{S},\end{aligned}$$

在 V 外 $\boldsymbol{r}'$ 点, 则

$$\boldsymbol{B}(\boldsymbol{r}') = \frac{\mu_0}{4\pi\gamma}\iiint\left[\boldsymbol{j}\times\nabla\frac{1}{R}\right]\mathrm{d}^3\boldsymbol{r},\quad R = |\boldsymbol{r}'-\boldsymbol{r}|$$

12. 证明由磁极矩 $\boldsymbol{M}$ 分布所产生的向量位 $\boldsymbol{A}(\boldsymbol{r})$, 符合下方程式

$$\mathrm{curl\ curl}\boldsymbol{A} = 0$$

13. 证明由磁化强度 $\boldsymbol{M}$(每单位体积之磁极矩) 所生之磁场 $\boldsymbol{B}$, 符合下式

$$\begin{aligned}\boldsymbol{B}(\boldsymbol{r}') &= -\frac{\mu_0}{4\pi}\iiint\limits_V \mathrm{curl}'\left[\boldsymbol{M}\times\nabla'\frac{1}{R}\right]\mathrm{d}^3\boldsymbol{r}\\ &= \frac{\mu_0}{4\pi}\iiint\limits_V \nabla\left(\boldsymbol{M}\cdot\nabla\frac{1}{R}\right)\mathrm{d}^3\boldsymbol{r},\quad R = |\boldsymbol{r}'-\boldsymbol{r}|\end{aligned}$$

注　由第 (56) 式开始

14. 一静磁场, 纯由磁化体分布所产生, 在任何点皆无电流. 证明对整个空间积分的

$$\frac{1}{2}\iiint \boldsymbol{H}\cdot\boldsymbol{B}\mathrm{d}^3\boldsymbol{r} = 0.$$

15. 光滑平面桌上置有二小磁极矩, 其强度为 $\boldsymbol{m}_1, \boldsymbol{m}_2$, 二者之距离 R, 远大于磁矩之长度. 见图 3.7. $\boldsymbol{m}_1, \boldsymbol{m}_2$ 与 $\boldsymbol{R}$ 所作之角为 θ_1, θ_2. 求作用于 $\boldsymbol{m}_1$ 及 $\boldsymbol{m}_2$ 之力, 并求作用于 $\boldsymbol{m}_1$ 及 $\boldsymbol{m}_2$ 之力矩 (torque), 二者的总角动量 (对平面上的一固定点).

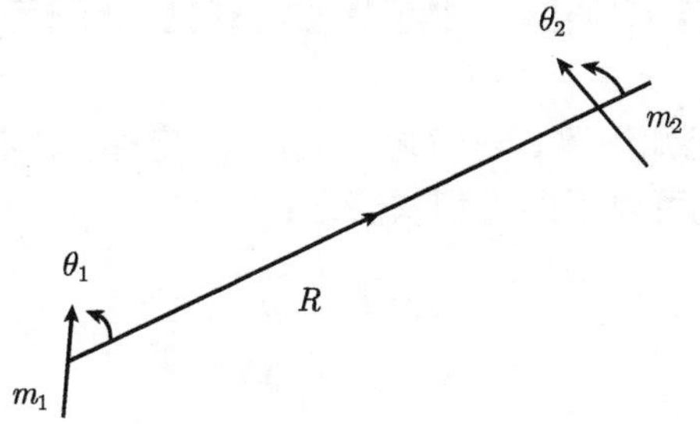

图 3.7

16. 一电线路之自感系数为 L. 如其电流为 I(密度 $\boldsymbol{j}$), 第 (80), (71) 式有下关系

$$\frac{1}{2\gamma^2}LI^2 = \frac{1}{2\gamma}\iiint\limits_V (\boldsymbol{A}\cdot\boldsymbol{j})\mathrm{d}^3\boldsymbol{r},$$

$\boldsymbol{A}$ 系矢量位函数. 证明上式可写作

$$\frac{1}{2\gamma^2}LI^2 = \frac{1}{2}\iiint\limits_{V'} \mu H^2\mathrm{d}^3\boldsymbol{r},$$

$\boldsymbol{H}$ 系磁场. 二式中之体积 V 及 V', 意义为何?

17. 一铜球, 半径为 a, 有电荷均匀的分布其表面上. 兹将球绕其直径之一, 以等角速度旋转. 求球内及球外之向量位函数 $\boldsymbol{A}$ 及磁场 $\boldsymbol{B}$.

18. 一线圈, 其半径为 r, 其总电荷为 Q 均匀分布于圈上. 兹使圈绕其 (垂直) 轴心以等角速度 $\boldsymbol{w}$ 旋转.

证明在线圈平面上距中心为 $R(R>r)$ 之点处, 其磁场 H_{g}(与圈平面垂直) 为

$$H_{\mathrm{g}} = \frac{Qw}{2\pi e}\left[\frac{1}{R+r}K(k) - \frac{1}{R-r}E(k)\right],$$

K, E 为椭圆积分

$$K(k) = \int_0^{\pi/2}(1-k^2\sin\phi)^{-1/2}\mathrm{d}\phi$$

$$E(k) = \int_0^{\pi/2}(1-k^2\sin\phi)^{-1/2}\mathrm{d}\phi$$

$$k^2 = \frac{4Rr}{(R+r)^2}$$

证明在线圈对称轴上距中心为 $R(R>r)$ 之点处, 其磁场 H_{p}(沿对称轴) 为

$$H_{\mathrm{p}} = \frac{Qw}{C}\frac{r^2}{(R+r)^3}.$$

计算当 $R=4r$ 时, H_{g} 及 H_{p} 之值.

注 用 Biot-Savart 定律

第 4 章　Maxwell 方程式

目前为止, 吾人已知静磁、电学之 Coulomb 定律, 稳定电流之 Biot-Savart 定律和 Ampère 定律. 这可以下面方程式表之:

$$\text{div } \boldsymbol{D} = \rho \tag{4-1}$$

$$\text{div } \boldsymbol{B} = 0 \tag{4-2}$$

$$\text{curl } \gamma \boldsymbol{H} = j \tag{4-3}$$

分别参阅 (1-79), (3-9) 和 (3-32) 式.

但吾人已注意到第 (3) 式, 除了在稳定电流情况下, 是与 (3-34) 式之连续性方程式抵触的. 下文将述 Maxwell 除去此抵触, 及综合 Faraday 之感应定律, 构成电磁场整部的方程式.

4.1　Ampere 定律与 Maxwell 之位移电流 (displacement current)

首先, 吾人将 (1) 式 Coulomb 定律拓展到非静电场之情形, 使 $\boldsymbol{D}$ 及 ρ 可视为时间函数,

$$\frac{\partial \rho}{\partial t} = \frac{\partial}{\partial t}\text{div}\boldsymbol{D} = \text{div}\frac{\partial \boldsymbol{D}}{\partial t} \tag{4-4}$$

以此与 (3-34) 合并, 则得

$$\text{div}\left(\boldsymbol{j} + \frac{\partial \boldsymbol{D}}{\partial t}\right) = 0$$

Maxwell, 于第 (3) 式中, 将 $\boldsymbol{j}$ 代以 $\boldsymbol{j} + \dfrac{\partial \boldsymbol{D}}{\partial t}$ 即得

$$\text{curl}(\gamma \boldsymbol{H}) = \boldsymbol{j} + \frac{\partial \boldsymbol{D}}{\partial t} \tag{4-5}$$

此式与 (1) 式及连续性方程式, 均无抵触. Maxwell 称 $\dfrac{\partial \boldsymbol{D}}{\partial t}$ 为位移电流. 它与传导电流截然不同. 其物理意义可由下简例了解: 若有一电容器, 将其两片导电板接于电池之两极予以充电, 虽两板极间无传导电流, 但于接连时必有瞬时的电流. 同样的, 在将电容器放电时, 亦有瞬时电流. 在上述两情形下, 电容器板极间之 $\boldsymbol{D}$, 乃随

时间而改变的. Maxwell 之理论, 谓 $\frac{\partial \boldsymbol{D}}{\partial t}$ 就有如一相当之电流在电容器板极之间出现. 这与线路其他点出现之传导电流无异.

依照狭义相对论中之电磁理论, 所有 Maxwell 方程式在 Lorentz 转换时, 皆应具有不变性, 则 $\frac{\partial \boldsymbol{D}}{\partial t}$ 项之存在乃是必需的. 吾人可肯定的说, 即使没有 Maxwell 之发现, $\frac{\partial \boldsymbol{D}}{\partial t}$ 一项, 亦将必为相对论理论发现的.

4.2 Faraday 之电磁感应定律

1831 年, Michael Faraday (1791—1867) 发现下述之基本现象:

(1) 若有导线线圈, 其面积为 S, 在磁场 $\boldsymbol{B}$ 里转动 (其转动轴垂直于 $\boldsymbol{B}$), 则在该线圈上有一电动势 emf 产生 (emf 之因次与 "力" 不同) 如下:

$$\int_C \boldsymbol{E}\cdot \mathrm{d}l = -\frac{\partial}{\partial t}\iint_S \frac{1}{\gamma}\boldsymbol{B}\cdot \mathrm{d}\boldsymbol{S} \tag{4-6}$$

(如线圈非一平面的, 则 $\boldsymbol{S}$ 乃是以线路 l 为边界之任何表面). $\iint_S \boldsymbol{B}\cdot \mathrm{d}\boldsymbol{S}$ 乃是 (2-77) 所谓之磁通量 $\varPhi$.

(2) 如上述之线圈系静止的, 而通过 $\boldsymbol{S}$ 面之磁通量却随时间而改变 (如将一磁石移动, 或将附近一电线圈的电流改变), 则亦有如 (6) 式之 emf 在导线中产生.

感应电动势的存在, 非必需有封闭的线. 但若该线圈为封闭时, 则有电流而已.

第 (6) 式之负号, 系表示感应 emf 之方向, 俾使于该方向上所产生之电流所产生之磁场, 抗阻线圈内原来磁场之变化. 第 (6) 式定律中的此一部分, 称为 Lenz 定律 (1834 年).

第 (6) 式定律之积分形式, 亦可写为微分形式. 由 Stokes 定理, 第 (6) 式可化为

$$\iint_S \left(\mathrm{curl}\boldsymbol{E} + \frac{1}{\gamma}\frac{\partial \boldsymbol{B}}{\partial t}\right)\cdot \mathrm{d}\,\boldsymbol{S} = 0 \tag{4-7}$$

但封闭面 S 是任意的, 故

$$\mathrm{curl}\ \boldsymbol{E} = -\frac{1}{\gamma}\frac{\partial \boldsymbol{B}}{\partial t} \tag{4-8}$$

此乃 Faraday 之电磁感应定律 (包括 Lenz 定律).

4.3 Maxwell 方程式

兹将 (5) 之 Ampère 定律, (8) 式之 Faraday 定律, (1-79), (3-17) 式之 Coulomb

定律, 与 (1-87), (3-16) 之关系式等, 综合如下：

$$\text{curl}\ \gamma \boldsymbol{H} = \boldsymbol{j} + \frac{\partial \boldsymbol{D}}{\partial t} \tag{1}$$

$$\text{curl}\ \boldsymbol{E} = -\frac{1}{\gamma}\frac{\partial \boldsymbol{B}}{\partial t} \tag{2}$$

$$\text{div}\ \boldsymbol{D} = \rho \tag{3}$$

$$\text{div}\ \boldsymbol{B} = 0 \tag{4}$$

$$\boldsymbol{D} = \varepsilon_0 \boldsymbol{E} + \boldsymbol{P} = (1+\kappa)\varepsilon_0 \boldsymbol{E} = k\varepsilon_0 \boldsymbol{E} \tag{5}$$

$$\frac{1}{\gamma}\boldsymbol{B} = \frac{\mu_0}{\gamma^2}\gamma(\boldsymbol{H}+\boldsymbol{M}) = \frac{\mu_0}{\gamma^2}\gamma(1+\chi)\boldsymbol{H} \tag{6}$$

这里 $\dfrac{1}{\gamma}\boldsymbol{B}, r\boldsymbol{H}, \dfrac{\mu_0}{\gamma^2}$ 系依据 (3-27), (3-36), (3-38) 等式而来的. 因 div curl $\equiv 0$, 由 (1) 和 (3) 式, 可得连续性方程式

$$\frac{\partial \rho}{\partial t} + \text{div}\ \boldsymbol{j} = 0 \tag{4-9}$$

故此式已包含于 (1) 及 (3) 式.

由 div curl $\equiv 0$, 第 (2) 式可得

$$\frac{\partial}{\partial t}\text{div}\ \boldsymbol{B} = 0 \tag{4-10}$$

换言之, div $\boldsymbol{B} =$ 常数 (对时间而言, 不管 $\boldsymbol{B}$ 如何改变). 如某一瞬间之 $\boldsymbol{B} = 0$, div $\boldsymbol{B}$ 于那瞬间必亦为零, 则于任何时刻均继续等于零. 因此, 可得第 (4) 式.

因此, 假若吾人认定 (9) 式连续性方程式所代表之电荷不灭定律为最大基本原理, 则仅有方程式 (1) 和 (2) 是独立的.

(5) 和 (6) 式系所谓 “构成方程式”(constitutive equation). 第 (1) 至 (4) 式乃是著名之 Maxwell 电磁理论方程式, 是 Maxwell (James, Clerk, 1831—1879) 于 1864 年完成的. 这些方程式, 可应用于下情形：所有在场内之物质皆是静止, 并且其介电特性 $k = 1+\kappa$ 及磁特性 $1+\chi$ 具与时间无关的.

于 (1)—(4) 式中, 电荷密度 ρ 与电流密度 $\boldsymbol{j}$, 是场 $\boldsymbol{E}, \boldsymbol{D}, \boldsymbol{H}, \boldsymbol{B}$ 之源.

第 (1)—(4) 式乃电磁场的方程式, 未能对电子在场中运动作何叙述. H. A. Lorertz (1853—1928) 的电子理论, 乃将动力学与电磁学结合 (该理论系在 “电子” 的发现前提出的). 该理论指出：若密度为 ρ 之电荷以 $\boldsymbol{V}$ 之速度在电磁场 $\boldsymbol{E}$ 及 $\boldsymbol{B}$ 运行时, 则其每单位体积所受之力为

$$\boldsymbol{f} = \rho E + \frac{1}{\gamma}\rho(\boldsymbol{V} \times \boldsymbol{B}) \tag{4-11}$$

$\boldsymbol{f}$ 称为 Lorentz 力 (γ 系与 (4-27) 或其他方程式之常数 γ 相同, 于 m.k.s.a 制度, $\gamma = 1$, 但于 Gauss 制, 则 $\gamma = c$, 参阅下表). 此处应注意的是

$$\rho[\boldsymbol{V} \times \boldsymbol{B}] = \boldsymbol{j} \times \boldsymbol{B}$$

虽似与 (3-38) 式之 Ampère 定律相同, 但二者的起点与内涵是不相同的. Ampère 定律系说明负载电流之导体在场 $\boldsymbol{B}$ 上所受之作用力之实验定律. 而 Lorentz 力, 乃是电荷在场 $\boldsymbol{B}$ 运动所受之力之假设. 该假设旋即由电子偏折实验 (J. J. Thompson 实验) 直接证实. 在相对论中, Lorentz 力的存在, 是电动力学定理具有协变性的必须结果.*

---

* 由 Maxwell 方程式 (1), (2), (3), (4), 可看到显然的不对称情形, 即第 (2) 式无与电流密度 j 相当的磁流密度, 第 (4) 式没有与电荷密度 ρ 相当的磁极密度是也. 这不对称性, 是由于从未发现有单独磁极 (北或南极) 之故.

1931 年 Dirac 氏基于带电质点的波函数的相位性质, 创一单磁极的理论. 此理论的论据在量子力学, 将于《理论物理第四册：狭义相对论》甲部第 4 章略述其由来. 兹仅可指出一个单磁的向量位 $\boldsymbol{A}$ 的性质.

设在坐标中心 $r = 0$ 有一单磁极, 其强度为 g. 按第 (3)-(7) 式, 在点, B 场的值为

$$\boldsymbol{B} = \frac{\mu_0 g}{4\pi r^3}\boldsymbol{r} \tag{4-11-1}$$

如用 Gauss 单位, 则

$$\boldsymbol{H} = \frac{g}{r^3}\boldsymbol{r} \tag{4-11-2}$$

设 $\boldsymbol{A}$ 为向量位

$$\boldsymbol{H} = \text{curl}\ \boldsymbol{A} \tag{4-11-3}$$

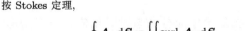

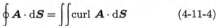

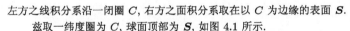

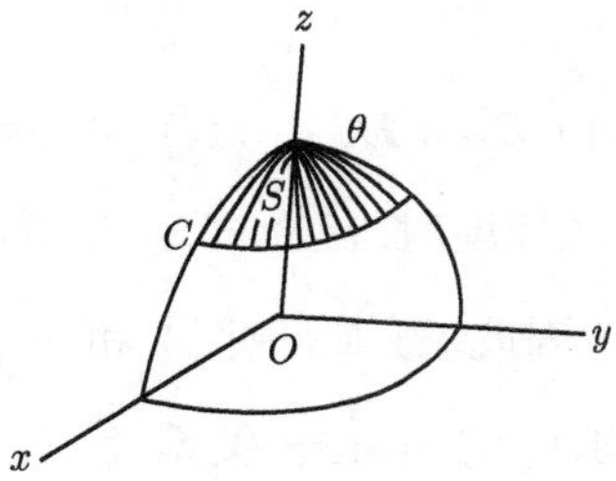

图 4.1

按 Stokes 定理,

$$\oint \boldsymbol{A}\cdot \mathrm{d}\boldsymbol{S} = \iint \text{curl}\ \boldsymbol{A}\cdot \mathrm{d}\boldsymbol{S} \tag{4-11-4}$$

左方之线积分系沿一闭圈 C, 右方之面积分系取在以 C 为边缘的表面 $\boldsymbol{S}$.

兹取一纬度圈为 C, 球面顶部为 $\boldsymbol{S}$, 如图 4.1 所示.

$$\begin{aligned}\oint_C \boldsymbol{A}\cdot \mathrm{d}\boldsymbol{S} &= \iint_S \boldsymbol{H}\cdot \mathrm{d}\boldsymbol{S} = g\iint \frac{1}{r^3}\boldsymbol{r}\cdot \mathrm{d}\boldsymbol{S}\\ &= 2\pi g(1-\cos\theta)\\ &= \begin{cases} 0 & \text{for } \theta = 0\\ 4\pi g & \text{for } \theta = 2\pi\end{cases}\end{aligned} \tag{4-11-5}$$

当 $\theta = 2\pi$ 时, C 圈缩为一点, 故左方之线积分趋于零, 而第 (11-5) 式即成矛盾 $0 = 4\pi g$. 此矛盾之解答, 乃 $\boldsymbol{A}$ 有奇异点, 左方之积分, 实不等于零也. 由 (11-2) 及 (11-3) 式, 可得

$$A_x = -\frac{gy}{r(r+z)},\quad A_y = \frac{gx}{r(r+z)},\quad A_z = 0 \tag{4-11-6}$$

或

$$A_r = 0,\quad A_\theta = 0,\quad A_\varphi = \frac{g}{r}\tan\frac{\theta}{2} \tag{4-11-7}$$

故 $r = -1$(或 $\theta = 2\pi$) 系 $\boldsymbol{A}$ 函数之奇异点. 又上图之球面半径 r 乃系任意的. 故由 $r = 0$ 到 $z = -\infty$ 线上每一点皆系 A 之奇异点.

4.4 以向量位 $\boldsymbol{A}$ 与纯量位中所表示之 Maxwell 方程式

因 div curl ≡ 0, 由 (4) 式中, 吾人可引入一向量位 $\boldsymbol{A}$ 使

$$\frac{1}{\gamma}\boldsymbol{B} = \text{curl}\frac{\boldsymbol{A}}{\gamma} \tag{4-11}$$

第 (2) 式 Faraday 定律可写为

$$\text{curl}\left(\boldsymbol{E} + \frac{1}{\gamma}\frac{\partial \boldsymbol{A}}{\partial t}\right) = 0 \tag{4-12}$$

用 curl grad ≡ 0, 故于 (13) 式中, 可引入一纯量位 ϕ, 使得

$$\boldsymbol{E} + \frac{1}{\gamma}\frac{\partial \boldsymbol{A}}{\partial t} = -\nabla\phi \tag{4-13}$$

已知 $\boldsymbol{E}$ 和 $\boldsymbol{B}$, 由 (12) 和 (14) 式并不能得唯一的 $\boldsymbol{A}, \phi$. 如于 $\boldsymbol{A}$ 加一任何纯量函数 ψ 之梯度时, (12) 式之 $\boldsymbol{B}$ 并不改变. 同理, 若于 (14) 式中同时加 $-\dfrac{1}{\gamma}\dfrac{\partial\psi}{\partial t}$, $\boldsymbol{E}$ 亦不改变. 因此, 吾人可对 $\boldsymbol{A}$ 和 ϕ 加上其他关系

4.4.1 Lorentz 关系式

欲将 Biot-Savart 定律 (3-37), (3-39) 拓展至电流分布与时间相依之一般情形

$$I\mathrm{d}s = \rho V$$

ρ 为电荷密度, V 系该电荷在 r' 点和 t' 时之速度. 场 $\boldsymbol{B}$ 在 $(\boldsymbol{r}, t)$ 为

$$\frac{1}{\gamma}\boldsymbol{B}(\boldsymbol{r}, t) = \frac{\mu_0}{4\pi\gamma^2}\iiint\frac{\rho(\boldsymbol{r}', t')[V(\boldsymbol{r}', t')\times\boldsymbol{R}]}{R^3}\mathrm{d}^3\boldsymbol{r}' \tag{4-14}$$

这里

$$\boldsymbol{R} = \boldsymbol{r} - \boldsymbol{r}' = c(t - t')$$

或

$$t' = t' - \frac{R}{c} \tag{4-15}$$

这些关系式系表示：于点 $(\boldsymbol{r}', t')$ 之电流所产生之效应, 需经 $\dfrac{R}{c}$ 的时间方能到达点 $(\boldsymbol{r}, t)$. c 为电磁效应传播之速度.

同理, 吾人亦可将 (1-6) 式之 Coulomb 定律之静电荷拓展至动电荷, 则 (1-6) 式可化为

$$\phi(\boldsymbol{r},t)=\frac{1}{4\pi\varepsilon_0}\iiint\frac{\rho(\boldsymbol{r}',t')}{R}\mathrm{d}^3\boldsymbol{r}' \tag{4-16}$$

$R,\boldsymbol{r}-\boldsymbol{r}',t-t'$ 之间关系, 参看上 (16) 式.

兹将 (3-45) 式亦推广至变场之电流, 故得

$$\boldsymbol{A}(\boldsymbol{r},t)=\frac{\mu_0}{4\pi\gamma}\iiint\frac{\rho(\boldsymbol{r}_1't')V(\boldsymbol{r}_1't')\mathrm{d}^3\boldsymbol{r}'}{R} \tag{4-17}$$

此式中 $\boldsymbol{r}_1,\boldsymbol{r}',t-t',R$ 之关系, 亦同 (16) 式. (17), (18) 式先为 Lorenz (1897 年) Poincaré (1891 年), Lorentz (1892 年) 求得. 下文将正式导出之 (见 (38), (39) 式). 由 (17) 与 (18), 如用连续性方程式, 我们可证明下面关系:

$$\mathrm{div}\ \boldsymbol{A}+\frac{\mu_0\varepsilon_0}{\gamma}\frac{\partial\phi}{\partial t}=0 \tag{4-18}$$

此点似首为 Levi-Civita 于 1897 年指出, 但 (19) 式通常称为 Lorentz 关系. 此关系极重要, 将于下文第 4.5 节末再论之.

4.4.2 规范变换 (gauge transformation)

在第 (14) 式, 吾人已略提及规范变换

$$\boldsymbol{A}'=\boldsymbol{A}+\nabla\psi \tag{4-19}$$

$$\phi'=\phi-\frac{1}{\gamma}\frac{\partial\psi}{\partial t} \tag{4-20}$$

可使场 $\boldsymbol{B}$ 及 $\boldsymbol{E}$ 不变. 欲使 $\boldsymbol{A}'$ 和 ϕ' 满足 Lorentz 关系 (19), 则 ψ 必须满足下方程式:

$$\nabla^2\psi-\frac{\mu_0\varepsilon_0}{\gamma^2}\frac{\partial^2\psi}{\partial t^2}=0 \tag{4-21}$$

此系波动方程式的形式, 传播速度为 $\gamma/\sqrt{\mu_0\varepsilon_0}$.

4.4.3 以向量位 A 和纯量位 ϕ 所表示之 Maxwell 方程式

若介体系均匀且各向同性的, 则于 (5), (6) 式里之 ε, μ 必与时间、空间坐标无关. 换言之, 下式之 ε,μ 为常数

$$\boldsymbol{D}=k\varepsilon_0\boldsymbol{E}\equiv\varepsilon\boldsymbol{E}$$

$$\boldsymbol{B}=(1+\chi)\mu_0\boldsymbol{H}\equiv\mu\boldsymbol{H} \tag{4-22}$$

由 (1), (12) 及 (14) 式

$$\text{curl}\ \boldsymbol{H} = \frac{1}{\gamma}\left(\boldsymbol{j} + \frac{\partial \boldsymbol{D}}{\partial t}\right),$$

$$\boldsymbol{B} = \text{curl}\ \boldsymbol{A}, \quad \boldsymbol{E} = -\nabla\phi - \frac{1}{\gamma}\frac{\partial \boldsymbol{A}}{\partial t}$$

及

$$\text{curl curl}\ \boldsymbol{X} = \text{grad div}\ \boldsymbol{X} - \nabla^2\boldsymbol{X}$$

用 (19)Lorentz 关系, 可得

$$\left(\nabla^2 - \frac{\mu\varepsilon}{\gamma^2}\frac{\partial^2}{\partial t^2}\right)\boldsymbol{A} = -\frac{\mu}{\gamma}\boldsymbol{j} \tag{4-23}$$

由 (3) 式

$$\text{div}\ \boldsymbol{D} = \rho$$

及 (19) 式, 可得

$$\left(\nabla^2 - \frac{\mu\varepsilon}{\gamma^2}\frac{\partial^2}{\partial t^2}\right)\phi = -\frac{1}{\varepsilon}\rho \tag{4-24}$$

如于 Maxwell 方程式 (2) 及 (4) 中用 (12) 和 (14) 式, 则所得者为恒等式.

表 4.1 将综集电磁场方程式在 m.k.s.a 制及 Gauss 制之形式:

表 4.1

m.k.s.a 制	Gauss 制
Amper's 定律 curl $\boldsymbol{H} = \boldsymbol{j} + \dfrac{\partial \boldsymbol{D}}{\partial t}$	curl $\boldsymbol{H} = \dfrac{4\pi}{c}\boldsymbol{j} + \dfrac{1}{c}\dfrac{\partial \boldsymbol{D}}{\partial t}$
Faraday's 定律 curl $\boldsymbol{E} = -\dfrac{\partial \boldsymbol{B}}{\partial t}$	curl $\boldsymbol{E} = -\dfrac{1}{c}\dfrac{\partial \boldsymbol{B}}{\partial t}$
Coulomb's 定律 div $\boldsymbol{D} = \rho$	div $\boldsymbol{D} = 4\pi\rho$
Coulomb's 定律 div $\boldsymbol{B} = 0$	div $\boldsymbol{B} = 0$
连续性方程式 $\dfrac{\partial \rho}{\partial t} = -\text{div}\ \boldsymbol{j}$	$\dfrac{\partial \rho}{\partial t} = -\text{div}\ \boldsymbol{j}$
Lorentz 力　$\boldsymbol{f} = \rho(\boldsymbol{E} + [\boldsymbol{V} \times \boldsymbol{B}])$	$f = \rho\left(\boldsymbol{E} + \dfrac{1}{c}[\boldsymbol{V} \times \boldsymbol{B}]\right)$
$\left(\nabla^2 - \mu\varepsilon\dfrac{\partial^2}{\partial t^2}\right)\boldsymbol{A} = -\mu\boldsymbol{j}$	$\left(\nabla^2 - \dfrac{\mu\varepsilon}{c^2}\dfrac{\partial^2}{\partial t^2}\right)\boldsymbol{A} = -\dfrac{4\pi\mu}{c}\boldsymbol{j}$
$\left(\nabla^2 - \mu\varepsilon\dfrac{\partial^2}{\partial t^2}\right)\phi = -\dfrac{1}{\varepsilon}\rho$	$\left(\nabla^2 - \dfrac{\mu\varepsilon}{c^2}\dfrac{\partial^2}{\partial t^2}\right)\phi = -\dfrac{4\pi}{\varepsilon}\rho$
Lorentz 关系式 div $\boldsymbol{A} + \mu\varepsilon\dfrac{\partial \phi}{\partial t} = 0$	div $\boldsymbol{A} + \dfrac{\mu\varepsilon}{c}\dfrac{\partial \phi}{\partial t} = 0$
在真空内　$\mu_0\varepsilon_0 = 1/c^2$	$\mu_0\varepsilon_0 = 1$

续表

	m.k.s.a 制	Gauss 制
在介质内	$\mu\varepsilon = 1/v^2$	$\mu\varepsilon = c^2/v^2$
	$\boldsymbol{D} = \varepsilon_0\boldsymbol{E} + \boldsymbol{P}$ $= \varepsilon_0(1+\kappa)\boldsymbol{E} = k\varepsilon_0\boldsymbol{E}$ $= \varepsilon\boldsymbol{E}$	
	$\boldsymbol{B} = \mu_0(\boldsymbol{H} + \boldsymbol{M})$ $= \mu_0(1+\chi)\boldsymbol{H}$ $= \mu\boldsymbol{H}$	

4.5 波动方程式之解; 延后与超前之电位 (retarded and advanced potential)

按非齐次微分方程之一般理论, 一个完全积分 (complete integral) 系

$$\text{完全积分} = \text{辅助函数} + \text{特别积分}$$

所谓辅助函数, 乃系使该微分方程之齐次部分等于零之解, 而特别解乃系该非齐次方程之任一特别解. 今 (24) 式之齐次部分为

$$\left(\nabla^2 - \frac{1}{v^2}\frac{\partial^2}{\partial t^2}\right)\boldsymbol{A} = 0 \tag{4-25}$$

其解很容易求得

$$\boldsymbol{A} = F(\boldsymbol{n}\cdot\boldsymbol{r} - vt) + G(\boldsymbol{n}\cdot\boldsymbol{r} + vt) \tag{4-26}$$

这里

$$\boldsymbol{n}\cdot\boldsymbol{r} = \lambda x + \mu y + \nu z,$$

$\boldsymbol{n}$ 为沿着传播方向之单位向量. 若 $\boldsymbol{A}$ 为向量 (或纯量) 函数, 则 F 和 G 为任意的向量 (或纯量) 函数.

第 (24) 或 (25) 方程式之特别积分, 可以下述之 Green 函数方法求得.

先定义 Dirac δ 函数之特性如下：在一维空间,

$$\delta(x - x_0) = \begin{cases} \infty & \text{若 } x - x_0 = 0 \\ 0 & \text{若 } x - x_0 \neq 0 \end{cases} \tag{4-27}$$

使

$$\int_a^d f(x)\delta(x - x_0)\mathrm{d}x = f(x_0), \quad \text{若 } a < x_0 < b$$

在三维空间

$$\delta(\boldsymbol{r}-\boldsymbol{r}_0)=\delta(x-x_0)\delta(y-y_0)\delta(z-z_0) \tag{4-28}$$

使 $\iiint\limits_V f(\boldsymbol{r})\delta(\boldsymbol{r}-\boldsymbol{r}_0)\mathrm{d}^3\boldsymbol{r}=f(\boldsymbol{r}_0)$, 若 $\boldsymbol{r}_0$ 在 V 内

第 (24) 式之 Green 函数, 系下述方程式之解

$$\left(\nabla^2-\frac{1}{v^2}\frac{\partial^2}{\partial t^2}\right)G=\delta(\boldsymbol{r}-\boldsymbol{r}')\delta(t-t') \tag{4-29}$$

则

$$\boldsymbol{A}(\boldsymbol{r},t)=\iiiint G(\boldsymbol{r},t;\boldsymbol{r}',t')\{-\mu\boldsymbol{j}(\boldsymbol{r}',t')\}\mathrm{d}^3\boldsymbol{r}'\mathrm{d}t' \tag{4-30}$$

系 (24) 式之解. 只要将 (31) 式代入 (24) 式, 并且利用 (28) 和 (29) 等式, 即可得证. 本题只要找到 (30) 式之解, 则 (31) 之解也就迎刃而解. 欲达到此目的, 先暂使 $\boldsymbol{r}'=0, t'=0$, 并使

$$g=rG \tag{4-31}$$

g 系下式之解

$$\left(\frac{\partial^2}{\partial r^2}-\frac{1}{v^2}\frac{\partial^2}{\partial t^2}\right)g=0 \tag{4-32}$$

按 (27) 式, (33) 式之解为

$$g(\boldsymbol{r},t)=f\left(t-\frac{r}{v}\right)+h\left(t+\frac{r}{v}\right), \tag{4-33}$$

f,h 分别为 $t-\frac{r}{v}, t+\frac{r}{v}$ 之任意函数, 则

$$\begin{aligned}\nabla^2 G=&g\nabla^2\left(\frac{1}{r}\right)+2\nabla\left(\frac{1}{r}\right)\cdot\nabla g+\frac{1}{r}\nabla^2 g\\ =&-4\pi g(\boldsymbol{r},t)\delta(\boldsymbol{r}-0)+\frac{1}{r}\frac{\partial^2 g}{\partial r^2}\end{aligned}$$

$$\begin{aligned}\left(\nabla^2-\frac{1}{v^2}\frac{\partial^2}{\partial t^2}\right)G=&-4\pi g(r,t)\delta(r-0)\\ &+\frac{1}{r}\left(\frac{\partial^2 g}{\partial r^2}-\frac{1}{v^2}\frac{\partial^2 g}{\partial t^2}\right)\end{aligned} \tag{4-34}$$

除 $r=0, t=0$ 之点处, 于所有点, G 皆满足下式:

$$\left(\nabla^2-\frac{1}{v^2}\frac{\partial^2}{\partial t^2}\right)G=0 \tag{4-35}$$

现假设 (即采取)$g = g\left(t - \frac{r}{v}\right)$. 则 (35) 式最后一项将消去, 故

$$\left(\nabla^2 - \frac{1}{v^2}\frac{\partial^2}{\partial t^2}\right) G = -4\pi g\left(t - \frac{r}{v}\right)\delta(r-0)$$

于 $r' = 0, t' = 0$, 由 (30) 式可得

$$\delta(r)\delta(t-0) = -4\pi g\left(t - \frac{r}{v}\right)\delta(r) = -4\pi g(t)\delta(r)$$

$$g(t) = -\frac{1}{4\pi}\delta(t)$$

所以

$$G(r,t;0,0) = \frac{-1}{4\pi r}\delta\left(t - \frac{r}{v}\right)$$

如将奇点从 $r = 0, t = 0$ 移至 $r = r', t = t'$ 点, 则

$$G(\boldsymbol{r},t;\boldsymbol{r}',t') = \frac{-1}{4\pi|\boldsymbol{r}-\boldsymbol{r}'|}\delta\left(t - t' - \frac{|\boldsymbol{r}-\boldsymbol{r}'|}{v}\right) \tag{4-36}$$

(24) 式之向量位之解 (31) 式可写为

$$A(\boldsymbol{r},t) = \frac{\mu}{4\pi}\iiint\frac{[\boldsymbol{j}]}{|\boldsymbol{r}-\boldsymbol{r}'|}\mathrm{d}^3\boldsymbol{r}' \tag{4-37}$$

$$[\boldsymbol{j}] = \boldsymbol{j}\left(\boldsymbol{r}', t' = t - \frac{|\boldsymbol{r}-\boldsymbol{r}'|}{v}\right)$$

同理, (25) 式之纯量位之解为

$$\phi(\boldsymbol{r},t) = \frac{1}{4\pi\varepsilon}\iiint\frac{[\rho]}{|\boldsymbol{r}-\boldsymbol{r}'|}\mathrm{d}^3\boldsymbol{r} \tag{4-38}$$

$$[\rho] = \rho\left(\boldsymbol{r}', t' = t - \frac{|\boldsymbol{r}-\boldsymbol{r}'|}{v}\right)$$

第 (38), (39) 式之延后效应, 前会于 (15) 及 (17) 式解释, 兹在此证明.

设我们所取 (34) 式之解为 $g\left(t + \frac{r}{v}\right)$ 时, 则将得

$$\boldsymbol{A}(r,t) = \frac{\mu}{4\pi}\iiint\frac{[\boldsymbol{j}]}{|\boldsymbol{r}-\boldsymbol{r}'|}\mathrm{d}^3 r' \tag{4-39}$$

$$\phi(\boldsymbol{r},t) = \frac{1}{4\pi\varepsilon}\iiint\frac{[\rho]}{|\boldsymbol{r}-\boldsymbol{r}'|}\mathrm{d}^3\boldsymbol{r}' \tag{4-40}$$

$$[\boldsymbol{j}] = \boldsymbol{j}\left(\boldsymbol{r}', t' = t + \frac{|\boldsymbol{r}-\boldsymbol{r}'|}{v}\right),$$

$$[\rho] = \rho\left(r', t' = t + \frac{|\boldsymbol{r} - \boldsymbol{r}'|}{v}\right)$$

此二式是所谓超前电位, 意谓在 $\boldsymbol{r}, t$ 点之 $\boldsymbol{A}$ 及 ϕ 值, 系由在 $\boldsymbol{r}'$ 点未来之时间 t' 时之电流 j 及电荷 ρ 所产生的. 这种电位似违背因果律, 但实可视为开始条件的结果. (24) 和 (25) 场方程式之解 (具有延后及超前效应), 保有对时间逆转的不变性. 若将时间 t 倒转, 则延后电位即成超前电位, 超前电位则成为延后电位了.

于 1938 年, Dirac 在他的古典电子理论中, 有超前电位的出现.

前第 4 节 ((18) 式下文) 曾指出：由 (17), (18) 式及连续性方程式 (9), 即可得 Lorentz 关系 (19)(见本章末习题 1). 本节由 (24), (25) 方程式, 导出 (38) 及 (39) 式, 此亦即 (17), (18) 式. 如是, 则骤观之, 似吾人可由 (24), (25) 式及连续方程式导出 Lorentz 关系了. 实则不然. 我们务须记忆由 Maxwell 方程式导出 (24), (25) 式时必需用 (19) 式. 如不用 (19) 式, 则得

$$\Box \boldsymbol{A} = -\frac{\mu}{r}\boldsymbol{j} + \nabla\left(\text{div } \boldsymbol{A} + \frac{\mu\varepsilon}{\gamma}\frac{\partial\phi}{\alpha t}\right)$$

$$\Box\phi = -\frac{1}{\varepsilon}\rho + \frac{1}{r}\frac{\partial}{\partial t}\left(\text{div } \boldsymbol{A} + \frac{\mu\varepsilon}{\gamma}\frac{\partial\psi}{\partial t}\right)$$

$$\Box \equiv \nabla^2 - \frac{\mu\varepsilon}{\gamma^2}\frac{\partial^2}{\partial t^2}$$

故 (24), (25) 二式系需引用 Lorentz 关系 (19) 的. 由 (38), (39) 和连续性方程式而导出 (19) 式, 只是还原而已.

故在电磁理论中, Lorentz 关系乃一外加的选定. 符合 (19) 关系的 A, ϕ, 称为 Lorentz 规范 (gauge). 在量子电动场论中, 这 (19) 方程式引致了许多的困难, 不能于此讨论了.

4.6　电磁场之能量与应力 (m.k.s.a. 制)

由 Maxwell 方程中之 (1) 及 (2) 式

$$\text{curl } \gamma\boldsymbol{H} = \boldsymbol{j} + \frac{\partial \boldsymbol{D}}{\partial t} \quad (1), \qquad \text{curl } \boldsymbol{E} = -\frac{\partial \boldsymbol{B}}{\gamma\partial t} \quad (2)$$

若取 (1) 式与 $\boldsymbol{E}$ 之纯量积 (scalar product), 并用以下恒等式

$$\text{div}[\boldsymbol{A} \times \boldsymbol{B}] = \boldsymbol{B} \cdot \text{curl } \boldsymbol{A} - \boldsymbol{A} \cdot \text{curl } \boldsymbol{B}$$

即得

$$\boldsymbol{j} \cdot \boldsymbol{E} + \boldsymbol{E} \cdot \frac{\partial \boldsymbol{D}}{\partial t} + \boldsymbol{H} \cdot \frac{\partial \boldsymbol{B}}{\partial t} + \gamma \text{ div}[\boldsymbol{E} \times \boldsymbol{H}] = 0 \tag{4-41}$$

今有介质, 其特性 $\varepsilon=(1+\kappa)\varepsilon_0, \mu=(1+\chi)\mu_0$ 皆与时间无关, 则

$$\boldsymbol{E}\cdot\frac{\partial \boldsymbol{D}}{\partial t}+\boldsymbol{H}\cdot\frac{\partial \boldsymbol{B}}{\partial t}=\frac{1}{2}\frac{\partial}{\partial t}\quad(\boldsymbol{E}\cdot\boldsymbol{D}+\boldsymbol{H}\cdot\boldsymbol{B})$$

兹定义 Poynting 向量 $\boldsymbol{P}$ 及场能量密度 u

$$\boldsymbol{P}=\gamma[\boldsymbol{E}\times\boldsymbol{H}] \tag{4-42}$$

而

$$u=\frac{1}{2}(\boldsymbol{E}\cdot\boldsymbol{D}+\boldsymbol{H}\cdot\boldsymbol{B}) \tag{4-43}$$

将 (42) 式对体积 V 积分, 并用 Gauss divergence 定理, 则得

$$\iiint_V \boldsymbol{j}\cdot\boldsymbol{E}\mathrm{d}^3\boldsymbol{r}+\frac{\partial}{\partial t}\iiint_V u\mathrm{d}^3\boldsymbol{r}+\iint_S \boldsymbol{P}\cdot\mathrm{d}\boldsymbol{S}=0 \tag{4-44}$$

第一项系体积 V 中, 电能转换成 Joule 热能之率. 第二项系体积 V 中, 场能量之增加率. 第三项系电磁能流经 S 面离开 V 之率. 故 Poynting 向量称为能通量, 系在每单位时间通过单位面积之能量.

用 (2) 及 (3) 式, 并从 Lorentz 力式, 则可得力的密度 f (作用于电荷分布每单位体积之力)

$$\boldsymbol{f}=\boldsymbol{E}\ \mathrm{div}\ \boldsymbol{D}+(\mathrm{curl}\ \boldsymbol{H})\times\boldsymbol{B}-\frac{1}{\gamma}\frac{\partial \boldsymbol{D}}{\partial t}\times\boldsymbol{B} \tag{4-45}$$

由 (4) 及 (5) 式, 可得

$$\begin{aligned}&\boldsymbol{H}\ \mathrm{div}\ \boldsymbol{B}=0\\&(\mathrm{curl}\ \boldsymbol{E})\times\boldsymbol{D}+\frac{1}{\gamma}\left[\frac{\partial \boldsymbol{B}}{\partial t}\times\boldsymbol{D}\right]=0\end{aligned}$$

将上三式相加, 则得

$$\begin{aligned}\boldsymbol{f}=&-\frac{\partial}{\gamma\partial t}[\boldsymbol{D}\times\boldsymbol{B}]+\{\boldsymbol{E}\ \mathrm{div}\ \boldsymbol{D}+(\mathrm{curl}\ \boldsymbol{E})\times\boldsymbol{D}\\&+\boldsymbol{H}\ \mathrm{div}\ \boldsymbol{B}+(\mathrm{curl}\ \boldsymbol{H})\times\boldsymbol{B}\}\end{aligned}$$

现

$$\begin{aligned}&(\mathrm{curl}\ \boldsymbol{E})\times\boldsymbol{D}=(\boldsymbol{D}\cdot\nabla)\boldsymbol{E}-\frac{1}{2}\nabla(\boldsymbol{E}\cdot\boldsymbol{D})\\&E_x\ \mathrm{div}\ \boldsymbol{D}=\mathrm{div}(E_x\boldsymbol{D})-(\boldsymbol{D}\cdot\nabla)E_x\\&\nabla(\boldsymbol{E}\cdot\boldsymbol{D})=\hat{\imath}\ \mathrm{div}(i\boldsymbol{E}\cdot\boldsymbol{D})+\hat{\jmath}\ \mathrm{div}(j\boldsymbol{E}\cdot\boldsymbol{D})+\hat{k}\ \mathrm{div}(k\boldsymbol{E}\cdot\boldsymbol{D})\end{aligned}$$

$\hat{\imath},\hat{\jmath},\hat{k}$ 分别为 x,y,z 轴之单位向量. 同理, 将 $\boldsymbol{E},\boldsymbol{D}$ 代以 $\boldsymbol{H},\boldsymbol{B}$, 便得有关 $\boldsymbol{H},\boldsymbol{B}$ 之式子.

将这些式子代入 $\boldsymbol{f}$ 式时, 并对体积 V 积分, 即得

$$\begin{aligned}\iiint\limits_V \boldsymbol{f}\mathrm{d}^3\boldsymbol{r} =& -\frac{\partial}{\partial t}\iiint\limits_V(\boldsymbol{D}\times\boldsymbol{B})\mathrm{d}^3\boldsymbol{r}+\iint\limits_S\{\boldsymbol{E}(\boldsymbol{D}\cdot\mathrm{d}S)+\boldsymbol{H}(\boldsymbol{B}\cdot\mathrm{d}\boldsymbol{S})\}\\ &-\frac{1}{2}\iiint\limits_V\{\hat{i}\ \mathrm{div}(i\boldsymbol{E}\cdot\boldsymbol{D})+\hat{j}\ \mathrm{div}(j\boldsymbol{E}\cdot\boldsymbol{D})+\hat{k}\mathrm{div}(k\boldsymbol{E}\cdot\boldsymbol{D})\}\mathrm{d}^3\boldsymbol{r}\\ =& -\mu_0\varepsilon_0\frac{\partial}{\partial t}\iiint\limits_V\boldsymbol{P}\mathrm{d}^3\boldsymbol{r}-\iint\limits_S u\mathrm{d}S+\iint\limits_S\{\boldsymbol{E}(\boldsymbol{D}\cdot\mathrm{d}\boldsymbol{S})+H(\boldsymbol{B}\cdot\mathrm{d}\boldsymbol{S})\}\end{aligned} \tag{4-46}$$

$\boldsymbol{P}$ 为 (43) 式之 Poynting 向量, u 系 (44) 式之场能量密度.

作用于体积 V 之力 $\boldsymbol{f}$, 可视为由 Poynting 向量体积分及两个面积分所组合而成. 欲明了表面力之性质, 依次于 x, y, z 轴取一垂直面素 $\mathrm{d}S$. 设 X_x 为作用于垂直 x 轴之单位面积上之力 (方向沿着 x 轴). 同理可取 Y_x 为作用在同面积上, 但方向沿着 y 轴, (见图 4.2), 余类推,

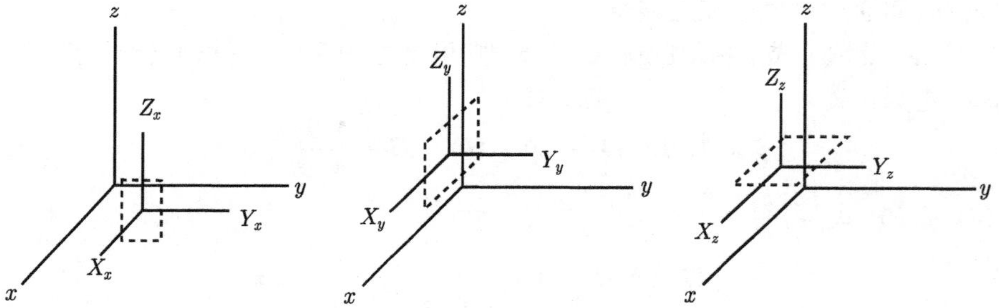

图 4.2

$$\begin{aligned}X_x &= E_xD_x+H_xB_x-\frac{\boldsymbol{E}\cdot\boldsymbol{D}+\boldsymbol{H}\cdot\boldsymbol{B}}{2}\\ Y_x &= E_yD_x+H_yB_x\\ Z_x &= E_sD_x+H_sB_x\\ X_y &= E_xD_y+H_xB_y\\ Y_y &= E_yD_y+H_yB_y-\frac{\boldsymbol{E}\cdot\boldsymbol{D}+\boldsymbol{H}\cdot\boldsymbol{B}}{2}\\ Z_y &= E_sD_y+H_zB_y\\ X_z &= E_xD_z+H_xB_z\\ Y_z &= D_yE_z+H_yB_z\\ Z_z &= E_zD_z+H_zB_z-\frac{\boldsymbol{E}\cdot\boldsymbol{D}+\boldsymbol{H}\cdot\boldsymbol{B}}{2}\end{aligned} \tag{4-47}$$

面积 d$\boldsymbol{S}$ 之法线的方向余弦为 l, m, n,

$$\mathrm{d}\boldsymbol{S} = (\hat{i}l + \hat{j}m + \hat{k}n)|\mathrm{d}\boldsymbol{S}| \tag{4-48}$$

作用于 d$\boldsymbol{S}$ 上之每单位面积之力, 其 x, y, z 方向之分量分别为

$$\begin{aligned}&\hat{i}(lX_x + mX_y + nX_z) + \hat{j}(lY_x + mY_y + nY_z)\\&\quad + \hat{k}(lZ_x + mZ_y + nZ_z)\end{aligned} \tag{4-49}$$

此可用对称张量 T 表示之

$$(l, m, n)T \equiv (l, m, n)\begin{vmatrix} X_x & Y_x & Z_x \\ X_y & Y_y & Z_y \\ X_z & Y_z & Z_z \end{vmatrix} \tag{4-50}$$

$$T_{xy} = T_{yx}, \text{ 余类推} \tag{4-51}$$

若有一平面波, 以垂直方向投射在该单位面积上 (该面系与 x 轴垂直的, $E_x = D_x = H_x = B_x = 0$), 即得

$$\begin{aligned}X_x &= -\frac{\boldsymbol{E}\cdot\boldsymbol{D} + \boldsymbol{B}\cdot\boldsymbol{H}}{2} = -u\\Y_x &= Z_x = 0\end{aligned} \tag{4-52}$$

换言之, 垂直压力等于能量密度. (53) 式相当于静电情形之 (1-112) 式, (51) 式之张量, 相当于 (1-108) 式.

在相对论中讨论电磁学时, 上述的张量 T, 可拓展使其包括场之动量. 此并非意谓该张量纯系相对论之结果, 但以张量数学处理此问题, 较由上述 (46) 到 (51) 式之步骤为简单 (见《理论物理第四册：相对论》(甲) 第 4 章第 3 节).

4.7 Maxwell 方程式之空间与时间对称性 (m.k.s.a.)

吾人已知电磁场基本方程式为

$$\mathrm{curl}\ \boldsymbol{H} = \boldsymbol{j} + \frac{\partial \boldsymbol{D}}{\partial t} \tag{1}$$

$$\mathrm{curl}\ \boldsymbol{E} = -\frac{\partial \boldsymbol{B}}{\partial t} \tag{2}$$

$$\mathrm{div}\ \boldsymbol{D} = \rho \tag{3}$$

$$\mathrm{div}\ \boldsymbol{B} = 0 \tag{4}$$

再加上 Lorentz 力之方程式为

$$\boldsymbol{f} = \rho[\boldsymbol{E} + (\boldsymbol{v} \times \boldsymbol{B})] \tag{5}$$

这些方程式构成全部电动力学之基石. 兹研讨上述系统, 在下述两个运作下的特性.

(1) 空间反转 (space inversion)：该运算子 P 使得坐标 $\boldsymbol{r}$ 反转

$$P\boldsymbol{r} = -\boldsymbol{r} \tag{4-53}$$

或

$$P(x, y, z) = (-x, -y, -z)$$

(2) 时间反转 (time reversal); 运算子 Θ 使时间变数 t 变号

$$\Theta t = -t \tag{4-54}$$

近代文献里, 运算子 P 亦称宇称性 (parity) 运算子. (54) 的运作, 与下述运作相当：将坐标系绕着 z 轴转 π 角, 随之再作对 $z = 0$ 平面的反映. 此二运作, 与将右手定则之坐标系变成左手定则坐标系相等. 按古典物理, 物理定律对宇称性运作有不变性, 皆认为是天经地义, 无可置疑的. 又物理定理必与时间变数 t 之正负号无关的. 这些信念, 是基于古典力学及电磁等的. 但于 1955 年, 李政道、杨振宁、吴健雄等发现基本粒子间的所谓弱交互作用, 并不遵守宇称性不变的定律. 这下震撼了物理学家, 使他们注意物理定理之对空间或时间反转之对称性问题.

我们要依据实验所发现的基本定律, 证明 Maxwell 方程式在 P 和 Θ 运作下, 具有不变性. 电场观念, 包括电荷 e, 电场 E(和 D), 与磁场 H(或 B). 我们假设电荷在 P 之运作具有不变性*. 力 $\boldsymbol{f}$ 是向量, 故

$$Pe = e, \quad P\boldsymbol{f} = -\boldsymbol{f}$$

因为电场与 e 和 $\boldsymbol{f}$ 之关系为 $\boldsymbol{f} = e\boldsymbol{E}$, 故

$$P\boldsymbol{E} = -\boldsymbol{E} \tag{4-55}$$

若欲找 $\boldsymbol{B}$ 对 P 转换的性质, 设于 x-z 平面上有一负载电流 I 之线圈, I 之方向如图 4.3 所示, 并有一导体 C 平行 x 轴. 设该导体以速度 v 沿着 z 方向运动. 依

* 在原则上, 吾人亦可假设

$$Pe = -e, \quad \text{换言之, } e \text{ 是准纯量.}$$

于此情形, 可得

$$P\boldsymbol{E} = \boldsymbol{E}, \quad P\boldsymbol{B} = -\boldsymbol{B}$$

换言之, $\boldsymbol{E}$ 为准向量, 而 $\boldsymbol{B}$ 为向量, (1), (2), $\cdots$, (7) 等方程式在 $\boldsymbol{P}$ 之运作下, 同样的有不变性.

据 Faraday 定律和 Lenz 定律, 则有 emf 感应产生, 其方向系使其所产生之电流 i, 抵阻导体之运动 (图 4.3). 次乃作同此的实验, 但其安排 (图 4.4) 则是第一图之镜像. 由实验得知, 导体速度 v' 之方向与感应电流 i' 之方向之关系皆表示如图 4.4. 这乃意谓 $\boldsymbol{B}'$ 之方向与 $\boldsymbol{B}$ 相同, 而不是 $-\boldsymbol{B}$. 否则, $\boldsymbol{B}', \boldsymbol{v}', \boldsymbol{i}'$ 之关系将违反 Lenz 定律. 因此 $\boldsymbol{B}$ 向量为于空间反转时, 不改变符号之向量, 称为轴向量 (axial vector) 或准向量 (pseudo vector).

$$P\boldsymbol{B} = \boldsymbol{B} \tag{4-56}$$

由 (56), (57) 式可知, (1), (2), (3), (4), (7) 各方程式在 P 之运作下, 具有不变性.

兹考虑时间变数 t 变号的运作情形. 由 Biot-Savart 定律, (3-27) 式, 可见电流反转使磁场 H 亦反转.

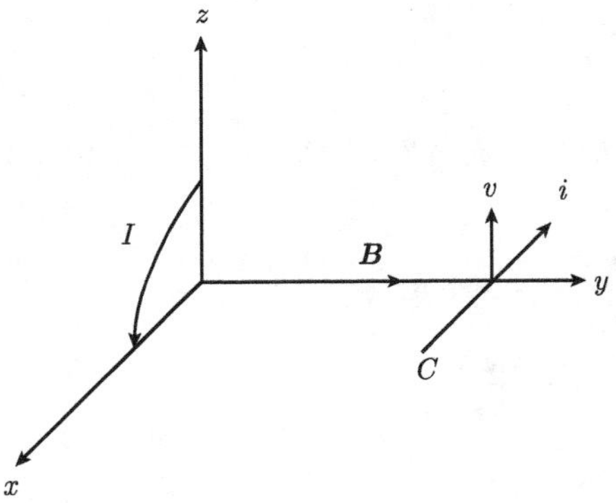

图 4.3

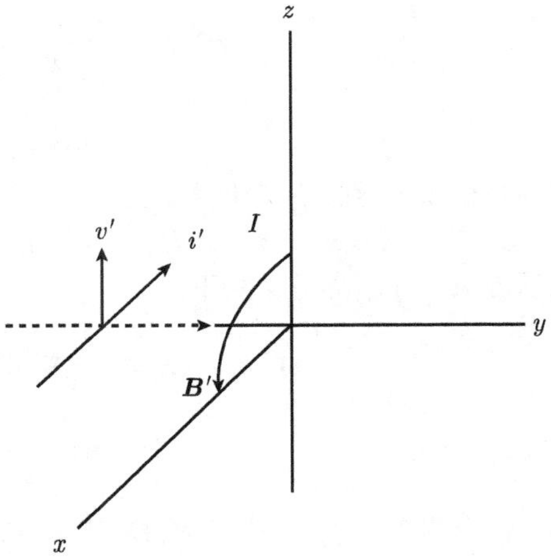

图 4.4

因

$$\Theta e = e, \quad \Theta \boldsymbol{j} = -\boldsymbol{j}, \quad \Theta \boldsymbol{f} = \boldsymbol{f}$$

故

$$\Theta \boldsymbol{E} = \boldsymbol{E}, \quad \Theta \boldsymbol{D} = \boldsymbol{D} \tag{4-57}$$

$$\Theta \boldsymbol{H} = -\boldsymbol{H}, \quad \Theta \boldsymbol{B} = -\boldsymbol{B}$$

由这些式, 可知 (1), (2), (3), (4), (7) 各方程式在时间反转运作下, 同样的具有不变性.

在《理论物理第一册：古典动力学》乙部第 5 章中, 已曾获得同样结果.

习　　题

1. 由第 (16), (17) 式之延后位 (retarded poteptial) $\boldsymbol{A}$ 及 ϕ, 导出 Lorentz 关系 (18) 式. 注：用连续性方程式.

2. 证明自由空间之电磁场方程式

$$\text{curl } \boldsymbol{H} = \frac{\partial \boldsymbol{D}}{\partial t}, \quad \text{curl } \boldsymbol{E} = -\frac{\partial \boldsymbol{B}}{\partial t}$$
$$\text{div } \boldsymbol{B} = 0, \quad \text{div } \boldsymbol{D} = 0$$

可用二个位函数 $\bar{\boldsymbol{A}}, \bar{\phi}$ 表示之

$$\varepsilon \boldsymbol{E} = \boldsymbol{D} = -\text{curl } \bar{\boldsymbol{A}}, \quad \boldsymbol{H} = \frac{1}{\mu}\boldsymbol{B} = \left(\nabla\bar{\phi} + \frac{\partial \bar{\boldsymbol{A}}}{\partial t}\right),$$

$\bar{\boldsymbol{A}}, \bar{\phi}$ 乃符合下方程式者

$$\nabla^2 \bar{\boldsymbol{A}} - \mu\varepsilon\frac{\partial \bar{\boldsymbol{A}}}{\partial t^2} = 0, \quad \nabla^2 \phi - \mu\varepsilon\frac{\partial^2 \bar{\phi}}{\partial t^2} = \theta,$$

$$\text{div } \bar{\boldsymbol{A}} + \mu\varepsilon\frac{\partial \bar{\phi}}{\partial t} = 0$$

(与 (11), (13), (19) 各式比较)

3. 证明 Maxwell 方程式 (1), (2), (3), (4), 可以 $\boldsymbol{A}$, ϕ 函数 (见第 (11), (13), (19) 式) 及上题之 $\bar{\boldsymbol{A}}$, $\bar{\phi}$ 函数表示之如下：

$$\boldsymbol{E} = -\left(\nabla\phi + \frac{\partial \boldsymbol{A}}{\partial t}\right) - \frac{1}{\varepsilon}\text{curl } \bar{\boldsymbol{A}},$$
$$\boldsymbol{B} = \text{curl } \boldsymbol{A} - \mu\left(\nabla\bar{\phi} + \frac{\partial \bar{\boldsymbol{A}}}{\partial t}\right).$$

4. 证明在导电介体中之 $\boldsymbol{E}, \boldsymbol{D}, \boldsymbol{H}, \boldsymbol{B}$ 场方程式

$$\text{curl } \boldsymbol{H} = \sigma\boldsymbol{E} + \frac{\partial \boldsymbol{D}}{\partial t}, \quad \text{curl } \boldsymbol{E} = -\frac{\partial \boldsymbol{B}}{\partial t},$$
$$\text{div } \boldsymbol{B} = 0, \quad \text{div } \boldsymbol{D} = 0,$$

$$\sigma = \text{导电系数},$$

可以 $\boldsymbol{A}, \phi$ 位函数

$$\boldsymbol{E} = -\left(\nabla\phi + \frac{\partial \boldsymbol{A}}{\partial t}\right), \quad \boldsymbol{B} = \text{curl } \boldsymbol{A}$$

加以

$$\text{div } \boldsymbol{A} + \mu\varepsilon\frac{\partial \phi}{\partial t} + \mu\sigma\phi = 0$$

关系表示之.

又证明 $\boldsymbol{E}, \boldsymbol{B}$ 场, 对下述规范变换有不变性：

$$\phi' = \phi + \frac{\partial \chi}{\partial t}, \quad \boldsymbol{A}' = \boldsymbol{A} - \nabla\chi,$$

$\chi=\chi(r,t)$ 为符合下方程式之纯量函数

$$\left(\nabla^2-\mu\varepsilon\frac{\partial^2}{\partial t^2}-\sigma\mu\frac{\partial}{\partial t}\right)\chi=0$$

又证明如作规范变换使 $\phi'=0$, 则在导电介体中之 $\boldsymbol{E},\boldsymbol{H},\boldsymbol{D},\boldsymbol{B}$ 场可只用一符合下方程式之向量函数 $\boldsymbol{A}$ 代示之

$$\left(\nabla^2-\mu\varepsilon\frac{\partial^2}{\partial t^2}-\mu\sigma\frac{\partial}{\partial t}\right)\boldsymbol{A}=0,$$

$$\text{div }\boldsymbol{A}=0.$$

5. 在 μ,ε 等于常数, 电荷电流密度等于零之领域中, 场的方程式为

$$\text{curl }\boldsymbol{E}=-\frac{\partial\boldsymbol{B}}{\partial t},\quad \text{curl }\boldsymbol{H}=\frac{\partial\boldsymbol{D}}{\partial t}$$

$$\text{div }\boldsymbol{D}=0,\quad \text{div }\boldsymbol{B}=0$$

我们可假定 $\boldsymbol{A}$ 可写作一向量函数 $\boldsymbol{\pi}$ 的导数, $\boldsymbol{\pi}$ 称为 Hertz 矢量,

$$\boldsymbol{A}=\mu\varepsilon\frac{\partial\boldsymbol{\pi}}{\partial t},$$

故

$$\boldsymbol{B}=\mu\varepsilon\text{ curl }\frac{\partial\boldsymbol{\pi}}{\partial t},\quad \boldsymbol{E}=-\left(\nabla\phi-\mu\varepsilon\frac{\partial^2\boldsymbol{\pi}}{\partial t^2}\right),$$

此处之 ϕ 及符合下式的任意函数

$$\nabla^2\phi-\mu\varepsilon\frac{\partial^2\phi}{\partial t^2}=0$$

设我们取

$$\phi=-\text{div }\boldsymbol{\pi}$$

证明下方程式 (等于直角坐标三个分量方程式)

$$\nabla^2\boldsymbol{\pi}-\mu\varepsilon\frac{\partial^2\boldsymbol{\pi}}{\partial t^2}=0$$

之任一解, 即按下式确定 $\boldsymbol{B}$ 及 $\boldsymbol{E}$ 场

$$\boldsymbol{B}=\mu\varepsilon\text{ curl }\frac{\partial\boldsymbol{\pi}}{\partial t},\quad \boldsymbol{E}=\nabla\text{ div }\boldsymbol{\pi}-\mu\varepsilon\frac{\partial^2\boldsymbol{\pi}}{\partial t^2}.$$

注：用 curl curl $\boldsymbol{X}=$ grad div $\boldsymbol{X}-\nabla^2\boldsymbol{X}$ 恒等式.

6. 兹按下式引入上第 2 题之 $\bar{\boldsymbol{A}},\bar{\phi}$ 位函数

$$\bar{\boldsymbol{A}}=\mu\varepsilon\frac{\partial\bar{\boldsymbol{\pi}}}{\partial t},\quad \bar{\phi}=-\text{div}\bar{\boldsymbol{\pi}}$$

证明下方程

$$\nabla^2\bar{\boldsymbol{\pi}}-\mu\varepsilon\frac{\partial^2\bar{\boldsymbol{\pi}}}{\partial t^2}=0$$

之任一解 $\bar{\boldsymbol{\pi}}$ 可按下例式作 $\boldsymbol{B}, \boldsymbol{E}$ 之定义

$$\varepsilon \boldsymbol{E} = \boldsymbol{D} = -\mu\varepsilon \text{ curl } \frac{\partial \bar{\boldsymbol{\pi}}}{\partial t}$$
$$\boldsymbol{H} = \frac{1}{\mu}\boldsymbol{B}\text{grad div } \bar{\boldsymbol{\pi}} - \mu\varepsilon \frac{\partial^2 \bar{\boldsymbol{\pi}}}{\partial t^2}$$

证明 $\bar{\boldsymbol{\pi}}$ 为一准向量, $\bar{\phi}$ 为一准纯量 (pseudovector, pseudoscalar).

7. 取一介体,

$$\boldsymbol{D} = \varepsilon_0 \boldsymbol{E} + \boldsymbol{P}, \quad (\text{见第 (1-77) 式})$$
$$\boldsymbol{B} = \mu_0(\boldsymbol{H} + \boldsymbol{M}), \quad (\text{见第 (3-16)})$$

Maxwell 方程式乃成

$$\text{curl}\boldsymbol{E} = -\mu_0 \frac{\partial \boldsymbol{H}}{\partial t} - \mu_0 \frac{\partial \boldsymbol{M}}{\partial t}, \quad \text{div } \boldsymbol{H} = -\text{div } \boldsymbol{M},$$
$$\text{curl } \boldsymbol{H} = \frac{\partial \boldsymbol{D}}{\partial t}, \qquad \text{div } \boldsymbol{D} = 0$$

证明

$$\boldsymbol{D} = -\mu_0\varepsilon \text{ curl } \frac{\partial \bar{\boldsymbol{\pi}}}{\partial t}, \qquad \boldsymbol{D} = \varepsilon \boldsymbol{E},$$
$$\boldsymbol{H} = \nabla \text{ div } \bar{\boldsymbol{\pi}} - \mu_0\varepsilon \frac{\partial^2 \bar{\boldsymbol{\pi}}}{\partial t^2}, \quad \boldsymbol{B} = \mu_0(\boldsymbol{H} + \boldsymbol{M}),$$
$$\nabla^2 \bar{\boldsymbol{\pi}} - \mu_0\varepsilon \frac{\partial^2 \bar{\boldsymbol{\pi}}}{\partial t^2} = -\boldsymbol{M}$$

符合上 Maxwell 方程式.

又证明

$$\boldsymbol{B} = \mu\varepsilon_0 \text{ curl } \frac{\partial \boldsymbol{\pi}}{\partial t}, \quad \boldsymbol{B} = \mu \boldsymbol{H}$$
$$\boldsymbol{E} = \nabla \text{ div } \boldsymbol{\pi} - \mu\varepsilon_0 \frac{\partial^2}{\partial^2 t}, \quad \boldsymbol{D} = \varepsilon_0 \boldsymbol{E} + \boldsymbol{P}$$
$$\nabla^2 \boldsymbol{\pi} - \mu\varepsilon_0 \frac{\partial^2 \boldsymbol{\pi}}{\partial t^2} = -\frac{1}{\varepsilon_0}\boldsymbol{P}$$

符合下列方程式：

$$\text{curl } \boldsymbol{H} = \varepsilon_0 \frac{\partial \boldsymbol{E}}{\partial t} + \frac{\partial \boldsymbol{P}}{\partial t}, \quad \text{div } \boldsymbol{B} = 0$$
$$\text{curl } \boldsymbol{E} = -\frac{\partial \boldsymbol{B}}{\partial t}, \qquad \text{div } \boldsymbol{E} = -\frac{1}{\varepsilon_0}\text{div } \boldsymbol{P}$$

求延后 (retarded) 位函数 $\boldsymbol{\pi}$, 及 $\bar{\boldsymbol{\pi}}$.

8. 使

$$\boldsymbol{P} = \boldsymbol{P}_0 + x\varepsilon_0 \boldsymbol{E} \ (\text{见 (1-66) 式})$$
$$\boldsymbol{M} = \boldsymbol{M}_0 + \chi \boldsymbol{H} \ (\text{见 (3-18, 19) 式})$$

则

$$\boldsymbol{D} = \varepsilon_0(1+\kappa)\boldsymbol{E} + \boldsymbol{P}_0 = \varepsilon\boldsymbol{E} + \boldsymbol{P}_0$$

$$\boldsymbol{B} = \mu_0(1+\chi)\boldsymbol{H} + \mu_0\boldsymbol{M}_0 = \mu\boldsymbol{H} + \mu_0\boldsymbol{M}_0,$$

或

$$\boldsymbol{H} = \frac{1}{\mu}\boldsymbol{B} - \frac{\mu_0}{\mu}\boldsymbol{M}_0.$$

($\boldsymbol{P}_0, \boldsymbol{M}_0$ 系与 $\boldsymbol{E}, \boldsymbol{H}$ 无关的部分). 证明 $\boldsymbol{E}$ 及 $\boldsymbol{H}$ 场系由下方程式定之

$$\boldsymbol{E} = \nabla \operatorname{div} \boldsymbol{\pi} - \mu\varepsilon\frac{\partial^2\boldsymbol{\pi}}{\partial t^2} - \mu \operatorname{curl} \frac{\partial\bar{\boldsymbol{\pi}}}{\partial t}$$

$$\boldsymbol{H} = \varepsilon \operatorname{curl} \frac{\partial\boldsymbol{\pi}}{\partial t} + \nabla \operatorname{div} \bar{\pi} - \mu\varepsilon\frac{\partial^2\bar{\boldsymbol{\pi}}}{\partial t^2}$$

$\boldsymbol{\pi}$ 及 $\bar{\boldsymbol{\pi}}$ 乃下方程式之解

$$\nabla^2\boldsymbol{\pi} - \mu\varepsilon\frac{\partial^2\boldsymbol{\pi}}{\partial t^2} = -\frac{1}{\varepsilon}\boldsymbol{P}_0, \quad \nabla^2\bar{\boldsymbol{\pi}} - \mu\varepsilon\frac{\partial^2\bar{\boldsymbol{\pi}}}{\partial t^2} = -\frac{\mu_0}{\mu}\boldsymbol{M}_0.$$

9. 证明向量及纯量位函数 $\boldsymbol{A}, \phi$, 可由下方程式定之

$$\boldsymbol{A} = \mu\varepsilon\frac{\partial\boldsymbol{\pi}}{\partial t} + \mu \operatorname{div} \bar{\boldsymbol{\pi}} - \nabla\chi$$

$$\phi = -\operatorname{div} \boldsymbol{\pi} + \frac{\partial\chi}{\partial t}$$

χ 乃符合下方程式的一纯量函数

$$\nabla^2\chi - \mu\varepsilon\frac{\partial^2\chi}{\partial t^2} = 0$$

10. 在导电介体见上第 4 题, 如 $\boldsymbol{P}_0 = \boldsymbol{M}_0 = 0$, 则 $\boldsymbol{E}$ 及 $\boldsymbol{H}$ 场乃由下方程式定之

$$\boldsymbol{E} = \operatorname{curl} \operatorname{curl} \boldsymbol{\pi} - \mu \operatorname{curl} \frac{\partial\bar{\boldsymbol{\pi}}}{\partial t}$$

$$\boldsymbol{H} = \operatorname{curl}\left(\varepsilon\frac{\partial\boldsymbol{\pi}}{\partial t} + \sigma\boldsymbol{\pi}\right) + \operatorname{curl} \operatorname{curl} \bar{\boldsymbol{\pi}}$$

$$\operatorname{curl} \operatorname{curl} \boldsymbol{\pi} - \nabla \operatorname{div} \boldsymbol{\pi} + \mu\varepsilon\frac{\partial^2\boldsymbol{\pi}}{\partial t^2} + \mu\sigma\frac{\partial\boldsymbol{\pi}}{\partial t} = 0$$

$$\operatorname{curl} \operatorname{curl} \bar{\boldsymbol{\pi}} - \nabla \operatorname{div} \bar{\boldsymbol{\pi}} + \mu\varepsilon\frac{\partial^2\bar{\boldsymbol{\pi}}}{\partial t^2} + \mu\sigma\frac{\partial\bar{\boldsymbol{\pi}}}{\partial t} = 0$$

第 5 章　电磁波: 激发与传播

5.1　电偶与磁偶之辐射

Maxwell 电磁理论最早的直接证明, 系由于 H. Hertz 在 1887—1888 年的实验. 该实验系将锌板连接于感应机之两极, 而使电荷来回振荡. 所产生之 "波", 由另一线圈量取之. 这实验, 发现该波传播之速度为光的速度, 具有许多光波之性质如反射、绕射和偏极化等. Hertz 之实验确立了 Maxwell 理论中光乃是电磁波之说. 下文将简单描述电偶振荡之理论. 该电偶亦称 Hertz 振荡子.

5.1.1　电偶

若 $\boldsymbol{r}'$ 点之电荷分布为 $\rho(\boldsymbol{r}')$, 这分布区域之尺度, 远小于 $|\boldsymbol{r}-\boldsymbol{r}'|, \boldsymbol{r}$ 乃是所欲求之辐射场 $\boldsymbol{A}, \phi$ 所在点. 由 (4-39) 式, 已知

$$\phi(\boldsymbol{r},t)=\frac{1}{4\pi\varepsilon_0}\iiint\frac{\varphi\left(\boldsymbol{r},t-\dfrac{|\boldsymbol{r}-\boldsymbol{r}'|}{c}\right)}{|\boldsymbol{r}-\boldsymbol{r}'|}\mathrm{d}^3\boldsymbol{r}' \tag{5-1}$$

为方便计, 可取原点于电荷分布之区域里. 故 $r'\ll r$, 今将 $\dfrac{\rho}{|\boldsymbol{r}-\boldsymbol{r}'|}$ 展开, 只取到 $\boldsymbol{r}'/\boldsymbol{r}$ 项, 则

$$\begin{aligned}\phi(\boldsymbol{r},t)\approx&\frac{1}{4\pi\varepsilon_0}\left\{\frac{1}{\boldsymbol{r}}\iiint\varphi\left(\boldsymbol{r}',t-\frac{r}{c}\right)\mathrm{d}^3\boldsymbol{r}'\right.\\&\left.-\frac{1}{r}r\cdot\frac{\partial}{\partial\boldsymbol{r}}\frac{1}{r}\iiint\boldsymbol{r}'\varphi\left(\boldsymbol{r}',t-\frac{r}{c}\right)\mathrm{d}^3\boldsymbol{r}'\right\}\end{aligned} \tag{5-2}$$

若总电荷为零, 则第一个积分为零, (此电荷系统为中性的). 第二个积分

$$\boldsymbol{p}\left(t-\frac{r}{c}\right)=\iiint\boldsymbol{r}'\rho\left(\boldsymbol{r}',t-\frac{r}{c}\right)\mathrm{d}^3\boldsymbol{r}' \tag{5-3}$$

称为电偶矩. 因此

$$\begin{aligned}\phi(r,t)&=-\frac{1}{4\pi\varepsilon_0}\frac{1}{r}\boldsymbol{r}\cdot\frac{\partial}{\partial\boldsymbol{r}}\left(\frac{\boldsymbol{p}\left(t-\dfrac{r}{c}\right)}{r}\right)\\&=-\frac{1}{4\pi\varepsilon_0}\mathrm{div}\left(\frac{\boldsymbol{p}\left(t-\dfrac{r}{c}\right)}{r}\right)\end{aligned} \tag{5-4}$$

向量位可由 Lorentz 关系式 (4-20) 求得, 即 (m.k.s.a 制)

$$\boldsymbol{A}(\boldsymbol{r},t)=\frac{\mu_0}{4\pi}\frac{\partial}{\partial t}\frac{\boldsymbol{p}\left(t-\frac{r}{c}\right)}{r} \tag{5-5}$$

今定义 Hertzian 向量 $\boldsymbol{\pi}$ 为

$$\boldsymbol{\pi}(\boldsymbol{r}\cdot t)\equiv\frac{\boldsymbol{p}\left(t-\frac{r}{c}\right)}{r}\equiv\boldsymbol{P}_0\boldsymbol{\Psi}\left(t-\frac{r}{c}\right) \tag{5-6}$$

由 (6) 式, 很容易直接地证实 $\boldsymbol{\pi}$ 满足下方程式

$$\left(\nabla^2-\frac{1}{c^2}\frac{\partial^2}{\partial t^2}\right)\boldsymbol{\pi}=0 \tag{5-7}$$

欲求该线性电偶所造成之电磁场, 可用 (5) 及 (6) 式, 即

$$\boldsymbol{B}=\frac{\mu_0}{4\pi}\frac{\partial}{\partial t}\text{ curl }\boldsymbol{\pi} \tag{5-8}$$

以 (5) 及 (4) 代入 (4-14) 式, 即得

$$\boldsymbol{E}=\frac{1}{4\pi\varepsilon_0}\text{ grad div }\boldsymbol{\pi}-\frac{\mu_0}{4\pi}\frac{\partial^2\boldsymbol{\pi}}{\partial t^2}$$

由 (7) 式及下面恒等式

$$\text{curl curl }\boldsymbol{\pi}=\text{grad div }\boldsymbol{\pi}-\nabla^2\boldsymbol{\pi}$$

故得

$$\boldsymbol{E}=\frac{1}{4\pi\varepsilon_0}\text{ curl curl }\boldsymbol{\pi} \tag{5-9}$$

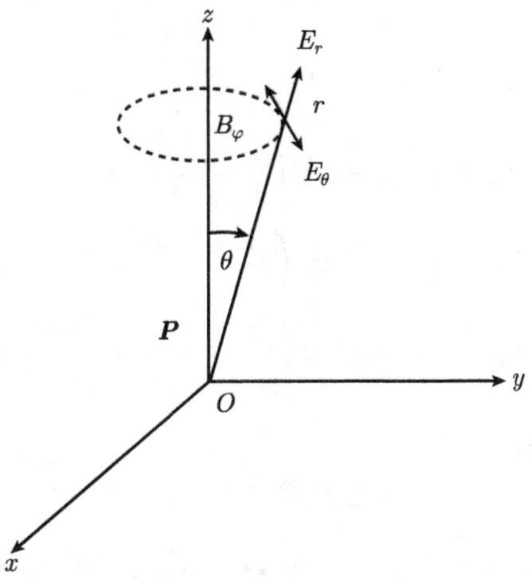

图 5.1

设电偶 $\boldsymbol{P}_0$ 系沿着 z 轴 (图 5.1), 并采用球极坐标 $(\boldsymbol{r},\theta,\varphi)$. 则

$$\begin{aligned}\text{curl}\ \boldsymbol{\pi} &= \text{curl}\ (\boldsymbol{P}_0\boldsymbol{\Psi})\\ &= [\nabla\boldsymbol{\Psi}\times\boldsymbol{P}_0] = \frac{1}{\boldsymbol{r}}\frac{\partial\boldsymbol{\Psi}}{\partial r}[\boldsymbol{r}\times\boldsymbol{P}_0]\end{aligned}$$

$$[\boldsymbol{r}\times\boldsymbol{P}_0]_r = [\boldsymbol{r}\times\boldsymbol{P}_0]_\theta = 0, \quad (\boldsymbol{r}\times\boldsymbol{P}_0)_\varphi = -r\boldsymbol{P}_0\sin\theta$$

$$[\text{curl}\ \boldsymbol{\pi}]_r = [\text{curl}\ \boldsymbol{\pi}]_\theta = 0, \quad (\text{curl}\ \boldsymbol{\pi})_\varphi = -\sin\pi\theta\frac{\partial\boldsymbol{\pi}}{\partial r}$$

由这些方程式, 可得

$$\begin{aligned}&\boldsymbol{B}_r = \boldsymbol{B}_\theta = 0\\ &B_\varphi = -\frac{\mu_0}{4\pi}\sin\theta\frac{\partial^2\pi}{\partial r\partial t}\end{aligned} \tag{5-10}$$

$$\begin{aligned}E_r &= -\frac{1}{2\pi\varepsilon_0}\frac{\cos\theta}{r}\frac{\partial\pi}{\partial r}\\ E_\theta &= \frac{1}{4\pi\varepsilon_0}\frac{\sin\theta}{r}\frac{\partial}{\partial r}\left(r\frac{\partial\pi}{\partial r}\right)\\ E_\varphi &= 0\end{aligned} \tag{5-11}$$

此显示 $\boldsymbol{E}$ 位在包有该电偶之各平面, $\boldsymbol{H}$ 则沿着纬线之圆环, $\boldsymbol{E}$ 与 $\boldsymbol{H}$ 互相垂直.

(6) 式中 $\boldsymbol{\pi}$ 的时间因子 Ψ, 尚未确定. 如

$$\boldsymbol{\pi} = P_0\frac{\exp\left(\omega\left(t-\dfrac{r}{c}\right)\right)}{r}, \quad \frac{\omega}{c} = \frac{2\pi}{\lambda}, \quad \lambda = \text{波长} \tag{5-12}$$

则 (10) 及 (11) 式可化为

$$\begin{aligned}B_\varphi &= \mathrm{i}\frac{\mu_0}{4\pi}\omega\sin\theta\left(\frac{1}{r}+\frac{2\pi\mathrm{i}}{\lambda}\right)\pi\\ E_r &= \frac{1}{2\pi\varepsilon_0}\cos\theta\left(\frac{1}{r^2}+\frac{2\pi\mathrm{i}}{r\lambda}\right)\pi\\ E_\theta &= \frac{1}{4\pi\varepsilon_0}\sin\theta\left(\frac{1}{r^2}+\frac{2\pi\mathrm{i}}{r\lambda}-\frac{4\pi^2}{\lambda^2}\right)\pi\end{aligned} \tag{5-13}$$

若各距离有下列的关系：

$$p\ \text{之尺度}\ \ll r \ll \lambda$$

则电场 $\boldsymbol{E}$ 趋近由静止电偶所产生的, 而 $\boldsymbol{B}$ 则趋近由稳定电流所产生的, 如

$$r \gg \lambda$$

此区域称为波区 (wave zone), 则 (13) 即成

$$B_\varphi = -\frac{\mu_0}{4\pi}\frac{\omega^2}{c}\sin\theta P_0\frac{1}{r}\cos\left(\omega t - \frac{2\pi r}{\lambda}\right)$$
$$E_\theta = -\frac{1}{4\pi\varepsilon_0}\frac{\omega^2}{c^2}\sin\theta P_0\frac{1}{r}\cos\left(\omega t - \frac{2\pi r}{\lambda}\right) \tag{5-14}$$

其他分量皆为零, 或远小于上式之值而可以略去. 因此, 在 m.k.s.a 制, 可得

$$\sqrt{\varepsilon_0}E_\theta = \sqrt{\mu_0}H_\varphi \tag{5-15}$$

当 E 为 volt/m, 而 H 为 amp/m, 则 (15) 即成

$$E_\theta = 4\pi \times 3 \times 10^8 H_\varphi \tag{5-15a}$$

如用 Gauss 制, 则 (15) 式成

$$E_\theta = H_\phi \tag{5-15b}$$

由 (14) 式可知, 垂直于 $\boldsymbol{P}$ 电偶之方向, $\boldsymbol{E}, \boldsymbol{B}$ 之值为最大. 并且可看出 $\boldsymbol{E}, \boldsymbol{B}$ 皆为球面波, 其相位于球面上 (以 r 为半径) 皆为等值. 其相位速度为 $\dfrac{\lambda\omega}{2\pi} = c$. 它们组成之 Poynting 向量 (见 (4-43))

$$\boldsymbol{P} = \boldsymbol{E} \times \boldsymbol{H}$$

代表电磁能量通过与 P 方向垂直的每单位面积之率,

$$P = \frac{1}{(4\pi)^2\varepsilon_0}\frac{\omega^4 P_0^2}{c^3 r^2}\cos^2\left(\omega t - \frac{\omega r}{c}\right)\sin^2\theta$$

电荷能辐射之总率, 系上式对半径为 r 之球面积分, 即得

$$Q = \iint P \cdot \mathrm{d}s = \frac{1}{6\pi\varepsilon_0}\frac{\omega^4 P_0^2}{c^3}\cos^2\left(\omega t - \frac{\omega r}{c}\right) \tag{5-16}$$

电磁能辐射的平均率, 乃

$$\langle Q\rangle = \frac{1}{T}\int_0^T Q\mathrm{d}t$$

T 为周期、等于 $\dfrac{2\pi}{\omega}$, 故

$$\begin{aligned}\langle Q\rangle &= \text{电磁能辐射平均率}\\ &= \frac{1}{12\pi\varepsilon_0}\frac{\omega^4 P_0^2}{c^3}\end{aligned} \tag{5-16a}$$

此式与频率四次方成比.

5.1.2　磁偶-电流线圈

若有一密闭之电流线圈, 则

$$\mathrm{div}\, \boldsymbol{j} = 0$$

由连续性方程式, 可得 $\dfrac{\partial \rho}{\partial t} = 0$, 故按 (4-39) 式, 纯量位 ϕ 与时间无关, 因之 ϕ 与辐射完全无关.

今只剩 (4-37) 之向量位 $\boldsymbol{A}$. 如前 (2) 式, 将 $\dfrac{\boldsymbol{j}}{|\boldsymbol{r}-\boldsymbol{r}'|}$ 展开, 则向量位为

$$\begin{aligned}\boldsymbol{A}(\boldsymbol{r},t) \approx &\frac{\mu_0}{4\pi}\left\{\frac{1}{r}\iiint j\left(\boldsymbol{r}',t-\frac{r}{c}\right)\mathrm{d}^3\boldsymbol{r}'\right.\\ &\left.-\frac{1}{r}\iiint(\boldsymbol{r}\cdot\boldsymbol{r}')\frac{\partial}{\partial r}\left(\frac{j}{r}\right)\mathrm{d}^3\boldsymbol{r}'\right\}\end{aligned} \tag{5-17}$$

若为密闭电流线圈, 则第一个积分等于零. 第二个积分可写为

$$\begin{aligned}\boldsymbol{A}(\boldsymbol{r},t) \approx &\frac{\mu_0}{4\pi}\iiint\frac{(\boldsymbol{r}\cdot\boldsymbol{r}')}{r^3}\left\{j\left(\boldsymbol{r}',t-\frac{r}{c}\right)\right.\\ &\left.+\frac{r}{c}\frac{\partial}{\partial t}\boldsymbol{j}\left(\boldsymbol{r}',t-\frac{r}{c}\right)\right\}\mathrm{d}^3\boldsymbol{r}'\end{aligned} \tag{5-18}$$

于第一项积分, 用与 (3-47)—(3-51), (3-54) 式同样方法, 得

$$\boldsymbol{m}\left(t-\frac{r}{c}\right) = \frac{1}{2}\iiint\left[\boldsymbol{r}'\times\boldsymbol{j}\left(\boldsymbol{r}',t-\frac{r}{c}\right)\right]\mathrm{d}^3\boldsymbol{r}' \tag{5-19}$$

$$\iiint\frac{(\boldsymbol{r}\cdot\boldsymbol{r}')}{r^3}\boldsymbol{j}\left(\boldsymbol{r}',t-\frac{r}{c}\right)\mathrm{d}^3\boldsymbol{r}' = \frac{\left[\boldsymbol{m}\left(t-\frac{r}{c}\right)\times\boldsymbol{r}\right]}{r^3} \tag{5-20}$$

及

$$\boldsymbol{A}(\boldsymbol{r},t) = \frac{\mu_0}{4\pi}\left\{\frac{\boldsymbol{m}\left(t-\frac{r}{c}\right)\times\boldsymbol{r}}{r^3}+\frac{1}{r^2c}\left[\frac{\partial m\left(t-\frac{r}{c}\right)}{\partial t}\times\boldsymbol{r}\right]\right\} \tag{5-21}$$

兹比较第 (5) 式的电偶及 (21) 式的磁偶二者的重要性. 由 (3) 式已知 $\boldsymbol{p}$, 由 (19) 式已知 $\boldsymbol{m}$ (以 ρv 代 $\boldsymbol{j}, v$ 乃电荷之平均速度). 它们数量级之比为

$$\frac{A_{\mathrm{mag}}}{A_{\mathrm{elect}}} = \frac{\dfrac{1}{rc}\dfrac{\partial m}{\partial t}}{\dfrac{1}{r}\dfrac{\partial p}{\partial t}} = \frac{v}{c} \tag{5-22}$$

因 $\dfrac{v}{c} \ll 1$, 故磁偶所产生的效应, 比电偶为小.

现计算磁场与电场. (21) 式有两项. 在波区里 ($\lambda \ll r$), 第一项按 $\frac{1}{r^2}$ 减低, 而第二项按 $\frac{1}{r}$ 减少. 故第一项可略去不计.

假设

$$\boldsymbol{m} = \boldsymbol{m}_0 \cos\left(\omega t - \frac{\omega r}{c}\right) \tag{5-23}$$

所以

$$\boldsymbol{A} = -\frac{\mu_0}{4\pi}\frac{\omega}{cr^2}\sin\left(\omega t - \frac{\omega r}{c}\right)[\boldsymbol{m}_0 \times \boldsymbol{r}] \tag{5-24}$$

$\boldsymbol{E}$ 及 $\boldsymbol{B}$ 场为

$$\boldsymbol{E} = -\frac{\partial \boldsymbol{A}}{\partial t}, \quad \boldsymbol{B} = \mathrm{curl}\, \boldsymbol{A}$$

使 $\boldsymbol{m}_0$ 沿着 $\boldsymbol{z}$ 轴. 以球极坐标, 则

$$A_r = A_\theta = 0 \tag{5-25}$$

$$A_\varphi = -\frac{\mu_0}{4\pi}\frac{\omega}{c}m_0\frac{\sin\theta}{r}\sin\left(\omega t - \frac{\omega r}{c}\right)$$

$$B_r = 0$$

$$B_\theta = -\frac{1}{r}\frac{\partial}{\partial r}(rA_\varphi) = -\frac{\mu_0}{4\pi}\frac{\omega^2}{c^2}m_0\frac{\sin\theta}{r}\cos\left(\omega t - \frac{\omega r}{c}\right) \tag{5-26}$$

$$B_\varphi = 0$$

$$E_r = 0$$

$$E_\theta = 0 \tag{5-27}$$

$$E_\varphi = \frac{\mu_0}{4\pi}\frac{\omega^2}{c}m_0\frac{\sin\theta}{r}\cos\left(\omega t - \frac{\omega r}{c}\right)$$

因此 (在 m.k.s.a 制)

$$E_\varphi = -cB_\theta \tag{5-28a}$$

于 Gauss 制, 则为

$$E_\varphi = -B_\theta \tag{5-28b}$$

这与 (15b) 式之电偶情形完全相似.

由 (26), (27) 式可看出: 以线圈为中心的任何球面, 其相位皆为等值; $\boldsymbol{E}$ 与 $\boldsymbol{B}$ 场互相正交; 在与磁偶矩 $\boldsymbol{m}$ 垂直之方向, $\boldsymbol{E}, \boldsymbol{B}$ 之值为最大, 沿磁偶矩 $\boldsymbol{m}$ 之方向, 其值则为零.

计算一振荡磁偶辐射能量之率, 可将 (26), (27) 式与 (14) 式相比, 有如 (16), (16a) 等式, 可得

$$Q = \oint\!\!\int \boldsymbol{P}\cdot \mathrm{d}\boldsymbol{S} = \frac{1}{6\pi\varepsilon_0}\frac{\omega^4 m_0^2}{c^3}\cos^2\left(\omega t - \frac{\omega r}{c}\right) \tag{5-29a}$$

故辐射能的平均率乃

$$\langle Q\rangle = \frac{1}{12\pi\varepsilon_0}\frac{\omega^4 m_0^2}{c^3} \tag{5-29b}$$

5.2　电磁波之传播

5.2.1　均匀电介体：$\varepsilon =$ 常数, $\mu =$ 常数

在无电流与电荷情形下, Maxwell 方程式可写为

$$\text{curl}\ \boldsymbol{H} = \varepsilon\frac{\partial \boldsymbol{E}}{\partial t},\quad \text{curl}\ \boldsymbol{E} = -\mu\frac{\partial \boldsymbol{H}}{\partial t} \tag{5-30a,b}$$

将第一式对 t 微分, 取第二式两边之 curl, 再用下恒等式

$$\text{curl curl} = \text{grad div} - \nabla^2$$

可得

$$\left(\nabla^2 - \varepsilon\mu\frac{\partial^2}{\partial t^2}\right)\boldsymbol{E} = 0 \tag{5-31a}$$

同理

$$\left(\nabla^2 - \varepsilon\mu\frac{\partial^2}{\partial t^2}\right)\boldsymbol{H} = 0 \tag{5-31b}$$

这里

$$\frac{1}{\sqrt{\varepsilon\mu}} = v,\ \text{相位速度}$$
$$\frac{1}{\sqrt{\varepsilon_0\mu_0}} = c \tag{5-32}$$

一沿着 z 方向传播的平面波, 其相位等于常数之面, 乃与传播方向直垂之平面. 今引入波向量 (wave vector)k 和频率 ω,

$$k \equiv \frac{2\pi}{\lambda} = \frac{\omega}{v} = \omega\sqrt{\varepsilon\mu} \tag{5-33}$$

并设

$$\boldsymbol{E}(z,t) = \boldsymbol{E}(z)\mathrm{e}^{\mathrm{i}\omega t},\quad \boldsymbol{H}(z,t) = \boldsymbol{H}(z)\mathrm{e}^{\mathrm{i}\omega t} \tag{5-34}$$

(31a) 及 (31b) 之波动方程式可化为

$$\frac{\mathrm{d}^2E(z)}{\mathrm{d}z^2} + k^2E(z) = 0,\quad \frac{\mathrm{d}^2H(z)}{\mathrm{d}z^2} + k^2H(z) = 0 \tag{5-35}$$

它们的解可写为

$$E(z) = a_1 e^{-ikz} + a_2 e^{ikz} \tag{5-36}$$
$$H(z) = b_1 e^{-ikz} + b_2 e^{ikz}$$

故 (34) 式为

$$E(z,t) = a_1 e^{i(\omega t - kz)} + a_2 e^{i(\omega t + kz)} \tag{5-37}$$
$$H(z,t) = b_1 e^{i(\omega t - kz)} + b_2 e^{i(\omega t + kz)}$$

系指该平面波沿着 $+z$ 和 $-z$ 之方向前进, 该波频率为 ω, 波长为 $\lambda = \dfrac{2\pi}{k}$, 而相位速度为 $v = \dfrac{\omega\lambda}{2\pi} = \dfrac{1}{\sqrt{\varepsilon\mu}}$.

沿着 $\pm\boldsymbol{k}$ 之方向传播的平面波, 则只要将 (37) 式改写为

$$\begin{aligned} \boldsymbol{E}(r,t) &= \boldsymbol{E}_1 e^{i(\omega t - k\cdot r)} + \boldsymbol{E}_2 e^{i(\omega t + k\cdot r)} \\ \boldsymbol{H}(r,t) &= \boldsymbol{H}_1 e^{i(\omega t - k\cdot r)} + \boldsymbol{H}_2 e^{i(\omega t + k\cdot r)} \end{aligned} \tag{5-38}$$

此处的 $\boldsymbol{E}_1, \boldsymbol{E}_2, \boldsymbol{H}_1, \boldsymbol{H}_2$ 为常数向量.

在无电荷、无电流之均匀电介质中, 则

$$\text{div } \boldsymbol{E} = 0, \quad \text{div } \boldsymbol{H} = 0$$

由 (38) 式, 可得

$$-i(\boldsymbol{k}\cdot\boldsymbol{E}_1)e^{i(\omega t - k\cdot r)} + i(\boldsymbol{k}\cdot\boldsymbol{H}_2)e^{i(\omega t + k\cdot r)} = 0$$

$$-i(\boldsymbol{k}\cdot\boldsymbol{H}_1)e^{i(\omega t - k\cdot r)} + i(\boldsymbol{k}\cdot\boldsymbol{H}_2)e^{i(\omega t + k\cdot r)} = 0$$

此二式的解为

$$\boldsymbol{k}\cdot\boldsymbol{E}_1 = \boldsymbol{k}\cdot\boldsymbol{E}_2 = 0$$
$$\boldsymbol{k}\cdot\boldsymbol{H}_1 = \boldsymbol{k}\cdot\boldsymbol{H}_2 = 0 \tag{5-39}$$

换言之, $\boldsymbol{E}$ 和 $\boldsymbol{H}$ 皆垂直于传播方向 $\boldsymbol{k}$, 故电磁波称为横波.

今 (38) 式代入 (30a,b) 式, 并设 $\boldsymbol{E}_2 = \boldsymbol{H}_2 = 0$, 则得

$$-i[\boldsymbol{k}\times\boldsymbol{H}_1] = i\omega\varepsilon\boldsymbol{E}_1 \tag{5-40a}$$

$$-i[\boldsymbol{k}\times\boldsymbol{E}_1] = -i\omega\mu\boldsymbol{H}_1 \tag{5-40b}$$

此式证明 $\boldsymbol{E}$ 和 $\boldsymbol{H}$ 也互相正交.

由 (33) 式, $\boldsymbol{k}$ 向量之绝对值为

$$|\boldsymbol{k}| = \frac{2\pi}{\lambda} \tag{5-41}$$

用 (33) 式, 可得 (从纯数值观点)

$$\sqrt{\varepsilon}E = \sqrt{\mu}H \tag{5-42}$$

此与在真空里 (15) 式完全相同. 故前在真空情形之讨论, 亦可适用.

今 Poynting 向量之绝对值为

$$\begin{aligned} |\boldsymbol{P}| &= |\boldsymbol{E} \times \boldsymbol{H}| = |\boldsymbol{E}| \cdot |\boldsymbol{H}| \\ &= \frac{1}{\sqrt{\varepsilon\mu}} \frac{1}{2}(\varepsilon E^2 + \mu H^2) \qquad (5\text{-}43\text{a}) \\ &= v \cdot \frac{1}{2}(\varepsilon E^2 + \mu H^2) = vu \qquad (5\text{-}43\text{b}) \end{aligned}$$

u 为电磁场之能量密度.

5.2.2　均匀导电介质

今 (30a,b) 之 Maxwell 方程式, 为

$$\text{curl } \boldsymbol{H} = \boldsymbol{j} + \varepsilon\frac{\partial \boldsymbol{E}}{\partial t} \tag{5-44a}$$

$$\text{curl } \boldsymbol{H} = -\mu\frac{\partial \boldsymbol{E}}{\partial t} \tag{5-44b}$$

兹引入导电系数 σ, 其定义于 (3-86) 式为

$$\boldsymbol{j} = \sigma\boldsymbol{E} \tag{5-45}$$

欲了解电磁波在导电体内之特性, 假设电场 $\boldsymbol{E}$ 和磁场 $\boldsymbol{B}$ 为坐标 z 和时间 t 之函数. 若取沿着 $\boldsymbol{k}$ 方向前进的波, 以 $||$ 及 $\perp$ 分别表示纵与横之分量, 换言之:

$$\begin{aligned} E &= (E_{||} + E_{\perp})\mathrm{e}^{\mathrm{i}(\omega t - k'\cdot r)} \qquad (5\text{-}46) \\ H &= (H_{||} + H_{\perp})\mathrm{e}^{\mathrm{i}(\omega t - k'\cdot r)} \end{aligned}$$

将这些式代入 (44a,b) 及以下方程式:

$$\text{div } \varepsilon\boldsymbol{E} = 0, \quad \text{div } \mu\boldsymbol{H} = 0$$

则得

$$\frac{\partial E_{||}}{\partial z} = 0, \quad \left(\frac{\partial}{\partial t} + \frac{\sigma}{\varepsilon}\right) E_{||} = 0 \tag{5-47a}$$

$$\frac{\partial H_{||}}{\partial z}=0, \quad \frac{\partial H_{||}}{\partial t}=0 \tag{5-47b}$$

及

$$-[\boldsymbol{k}'\times\boldsymbol{H}_{\perp}]=\omega\left(\varepsilon+\frac{\sigma}{\mathrm{i}\omega}\right)E_{\perp} \tag{5-48a}$$

$$[\boldsymbol{k}'\times\boldsymbol{E}]=\omega\mu H_{\perp} \tag{5-48b}$$

(47a) 显示 $E_{||}$ 在空间的分布是均匀的, 且

$$E_{||}=E_{||}^0\mathrm{e}^{-\sigma t/\varepsilon}$$

换言之, $E_{||}$ (纵电场) 并非振荡的而是减幅的. 以铜而言,

$$\sigma=5\times10^7\,(\text{欧姆}\cdot\text{米})^{-1}$$
$$\varepsilon\approx\varepsilon_0=\frac{1}{4\pi9\times10^9}\ \text{牛顿/米}$$

则衰减时间 (decay time)$\dfrac{\sigma}{\varepsilon}$ 约为 10^{-19} 秒. (47b) 亦显示纵磁场 $H_{||}$, 于空间是均匀, 对时间而言乃是常数.

(48a,b) 式与 (40a,b) 式之不同点, 乃在于前者之 ε', k' 为复数

$$\varepsilon'=\varepsilon+\frac{\sigma}{\omega}, \quad k'=k-\mathrm{i}s \tag{5-49a}$$

由 (33) 式,

$$k'^2=\omega^2\varepsilon'\mu=\omega^2\varepsilon\mu-\mathrm{i}\omega\sigma\mu \tag{5-49b}$$

由 (49a,b) 两式解 k 与 s, 则得

$$k^2=\frac{\omega^2\varepsilon\mu}{2}\left(\sqrt{1+\left(\frac{\sigma}{\varepsilon\omega}\right)^2}+1\right) \tag{5-50a}$$

$$s^2=\frac{\omega^2\varepsilon\mu}{2}\left(\sqrt{1+\left(\frac{\sigma}{\varepsilon\omega}\right)^2}-1\right) \tag{5-50b}$$

(46) 式得该横场为

$$\left\{\begin{matrix}E_{\perp}\\H_{\perp}\end{matrix}\right\}=\left\{\begin{matrix}E_{\perp}^0\\H_{\perp}^0\end{matrix}\right\}\mathrm{e}^{-\boldsymbol{s}\cdot\boldsymbol{r}}\mathrm{e}^{\mathrm{i}(\omega t-\boldsymbol{k}\cdot\boldsymbol{r})} \tag{5-51}$$

由于导电系数 σ, 使 (51) 式成为一衰减波 (damped wave). 若

$$\lambda\approx6000\ \text{Å}, \ \text{即}\ \omega\approx3\times10^{15}\mathrm{s}^{-1}$$

$$\mu = \mu_0 = 4 \times 10^{-7} \text{ 亨利/米}$$
$$\frac{\sigma}{\varepsilon\omega} \approx 2 \times 10^3 \gg 1$$
$$\delta = \frac{1}{s} = 3 \times 10^{-7} \text{ 厘米}$$

δ 称为 “穿透深度”(penetration depth). 由此可见, 光波 (在可见光谱区) 是难于穿过金属. 若每秒 60 周之电磁波, $\omega = 2\pi \times 60\,\mathrm{s}^{-1}$, 则

$$\delta = \frac{1}{s} \approx \sqrt{\frac{2}{\mu\sigma\omega}} = 0.9 \text{ 厘米}$$

5.3　反射与折射

设有一电磁波由介质 (1) 投射于与介质 (2) 之边界面上.

若 i, f, r 分别代表入射、反射、折射等波. 各该电场 E 可写为

$$\begin{aligned} \boldsymbol{E}_\mathrm{i}(r,t) &= \boldsymbol{E}_\mathrm{i}^0 \mathrm{e}^{\mathrm{i}(\omega_\mathrm{i} t - \boldsymbol{k}_\mathrm{i}\cdot\boldsymbol{r})} \\ \boldsymbol{E}_\mathrm{f}(r,t) &= \boldsymbol{E}_\mathrm{f}^0 \mathrm{e}^{\mathrm{i}(\omega_\mathrm{f} t - \boldsymbol{k}_\mathrm{f}\cdot\boldsymbol{r})} \\ \boldsymbol{E}_\mathrm{r}(r,t) &= \boldsymbol{E}_\mathrm{r}^0 \mathrm{e}^{\mathrm{i}(\omega_\mathrm{r} t - \boldsymbol{k}_\mathrm{r}\cdot\boldsymbol{r})} \end{aligned} \tag{5-52}$$

$E_\mathrm{i}^0, E_\mathrm{f}^0, E_\mathrm{r}^0$ 为常向量 (幅度). 同理, 磁场 $\boldsymbol{B}$ 之式亦同此.

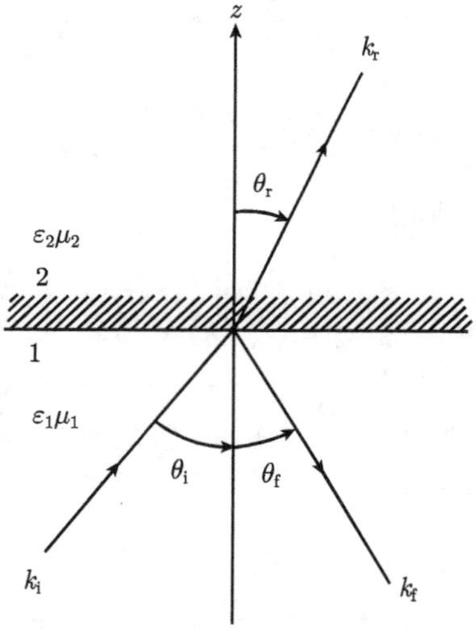

图 5.2

在边界面上, 电场 $\boldsymbol{E}$ 之切线分量是有连续性的 (参看 (1-89) 式), 即

$$E_\mathrm{i} \sin\theta_\mathrm{i} + E_\mathrm{f} \sin\theta_\mathrm{f} = E_\mathrm{r} \sin\theta_\mathrm{r} \tag{5-53}$$

使

$$a \equiv E_{\mathrm{i}}^{0}\mathrm{e}^{-\mathrm{i}\boldsymbol{k}_j\cdot\boldsymbol{r}}\sin\theta_{\mathrm{i}},\quad b \equiv E_{\mathrm{f}}^{0}\mathrm{e}^{-\mathrm{i}\boldsymbol{k}_i\cdot\boldsymbol{r}}\sin\theta_{\mathrm{f}},\quad c \equiv E_{\mathrm{r}}^{0}\mathrm{e}^{-\mathrm{i}\boldsymbol{k}\cdot\boldsymbol{r}}\sin\theta_{r}$$

则 (53) 式可化为

$$a\mathrm{e}^{\mathrm{i}\omega_{\mathrm{i}}t} + b\mathrm{e}^{\mathrm{i}\omega_{\mathrm{f}}t} = c\mathrm{e}^{\mathrm{i}\omega_{\mathrm{r}}t} \tag{5-54}$$

若对 t 微分, 即得

$$a\omega_{i}\mathrm{e}^{\mathrm{i}\omega_{\mathrm{i}}t} + b\omega_{\mathrm{f}}\mathrm{e}^{\mathrm{i}\omega_{\mathrm{f}}t} = c\omega_{\mathrm{r}}\mathrm{e}^{\mathrm{i}\omega_{\mathrm{r}}t} \tag{5-54a}$$

由 (54) 及 (54a) 式中消去 c, 可得

$$a(\omega_{\mathrm{i}}-\omega_{\mathrm{r}})\mathrm{e}^{\mathrm{i}(\omega_{\mathrm{i}}-\omega_{\mathrm{f}})t} + b(\omega_{\mathrm{f}}-\omega_{\mathrm{r}}) = 0$$

欲使在任何 t 内, 上式皆能成立, 则需

$$\omega_{\mathrm{i}} - \omega_{\mathrm{f}} = 0$$

同理, 由上两式消去 b, 又得

$$\omega_{\mathrm{r}} - \omega_{\mathrm{i}} = 0$$

因此, 入射、反射、折射等波, 其 $\boldsymbol{E}$ 场之频率皆相同.

$$\omega_{\mathrm{i}} = \omega_{\mathrm{f}} = \omega_{\mathrm{r}} \tag{4-55}$$

当然, 根据在边界面上 $\boldsymbol{B}$ 场法线分量具有连续性之条件, 所得结果同上.

兹在边界面内取一任意向量 $\boldsymbol{r}$ 代入 (52) 式里. 用 (55) 式, 则 (53) 连续性方程式写成

$$\alpha\mathrm{e}^{-\mathrm{i}k_{\mathrm{i}}\cdot r} + \beta\mathrm{e}^{-\mathrm{i}k_{\mathrm{f}}\cdot r} = \gamma\mathrm{e}^{-\mathrm{i}k_{\mathrm{i}}\cdot r} \tag{5-56}$$

这里

$$\alpha \equiv E_{\mathrm{i}}^{0}\sin\theta_{\mathrm{i}},\quad \beta \equiv E_{\mathrm{f}}^{0}\sin\theta_{\mathrm{f}},\quad \gamma \equiv E_{\mathrm{r}}^{0}\sin\theta_{\mathrm{r}}$$

以 $r\cdot\nabla$ 运作于 (56) 式由, 则得

$$\alpha(k_{\mathrm{i}}\cdot r)\mathrm{e}^{-\mathrm{i}k_{\mathrm{i}}\cdot r} + \beta(k_{\mathrm{f}}\cdot r)\mathrm{e}^{-\mathrm{i}k_{\mathrm{f}}\cdot r} = \gamma(k_{\mathrm{r}}\cdot r)\mathrm{e}^{-\mathrm{i}k_{\mathrm{r}}\cdot r} \tag{5-56a}$$

由 (56) 及 (56a) 两式中消去 γ, 即得

$$\alpha\{(k_{\mathrm{i}}\cdot r)-(k_{\mathrm{r}}\cdot r)\}\mathrm{e}^{-\mathrm{i}(k_{\mathrm{i}}\cdot r)+\mathrm{i}(k_{\mathrm{f}}\cdot r)} + \beta\{(k_{\mathrm{f}}\cdot r)-(k_{\mathrm{r}}r)\} = 0$$

同法, 消去 β

$$\alpha\{(k_{\mathrm{i}}\cdot r)-(k_{\mathrm{f}}\cdot r)\}\mathrm{e}^{-\mathrm{i}(k_{\mathrm{i}}\cdot r)+\mathrm{i}(k_{\mathrm{r}}\cdot r)} - \gamma\{(k_{\mathrm{i}}\cdot r)-(k_{\mathrm{f}}\cdot r)\} = 0$$

欲使边界面上之任意向量 $\boldsymbol{r}$, 皆能使上两式成立, 则需

$$k_{\mathrm{i}} \cdot \boldsymbol{r} = k_{\mathrm{f}} \cdot \boldsymbol{r} = k_{\mathrm{r}} \cdot \boldsymbol{r} \tag{5-57}$$

这些条件, 系需 $k_{\mathrm{i}}, k_{\mathrm{f}}, k_{\mathrm{r}}$ 向量皆在同一平面上.

由 (33) 式及 (55) 式, 可得

$$k_{\mathrm{i}} = \frac{\omega}{v_{\mathrm{i}}}, \quad k_{\mathrm{f}} = \frac{\omega}{v_{\mathrm{f}}}, \quad k_{\mathrm{r}} = \frac{\omega}{v_{\mathrm{r}}} \tag{5-58}$$

$v_{\mathrm{i}}, v_{\mathrm{f}}, v_{\mathrm{r}}$ 分别为入射、反射、折射等波之相位速度. v_{i} 和 v_{f} 是同在一介质里, 故

$$v_{\mathrm{i}} = v_{\mathrm{f}} \tag{5-59}$$

由 (57), 可得

$$\sin\theta_{\mathrm{i}} = \sin\theta_{\mathrm{f}}, \quad \frac{\sin\theta_{\mathrm{i}}}{v_{\mathrm{i}}} = \frac{\sin\theta_{\mathrm{f}}}{v_{\mathrm{r}}} \tag{5-60a,b}$$

这就是反射与折射定律. (60b) 式亦可写成 Snell 定律之形式

$$\frac{\sin\theta_{\mathrm{i}}}{\sin\theta_{\mathrm{r}}} = \left[\frac{\varepsilon_2\mu_2/\varepsilon_0\mu_0}{\varepsilon_1\mu_1/\varepsilon_0\mu_0}\right]^{\frac{1}{2}} = \frac{n_2}{n_1} \tag{5-60c}$$

n_2, n_1 分别为介质 2 与 1 之折射率.

如 $n_2 < n_1$, 由 (60c) 式可见当

$$\theta_{\mathrm{i}} \geqslant \sin^{-1}\left(\frac{n_2}{n_1}\right) \tag{5-60d}$$

则该波于介质 1 中发生全反射 $\left(当 \sin\theta_{\mathrm{i}} = \dfrac{n_2}{n_1} 时, 则\ \theta_{\mathrm{r}} = \dfrac{\pi}{2}\right)$.

上述之结果于无线电波在高空电离层反射的问题, 极为重要. (参阅第 6 章第 6 节末)

欲找 $E_{\mathrm{i}}, E_{\mathrm{f}}, E_{\mathrm{r}}, H_{\mathrm{i}}, H_{\mathrm{f}}, H_{\mathrm{r}}$, 可参阅前面的图; z 轴系由介质 1 至介质 2, 与边界面垂直. 故垂直入射, 即系沿着 z 轴. 设 E_{i} 沿着 x 方向. 由 (15) 或 (42) 式之关系

$$\sqrt{\varepsilon}E = \sqrt{\mu}H$$

则得

$$\begin{aligned} &E_{\mathrm{i}x} = E_i^0 \mathrm{e}^{\mathrm{i}(\omega t - k_{\mathrm{i}} z)}, \quad E_{\mathrm{i}y} = E_{\mathrm{i}z} = 0 \\ &H_{\mathrm{i}y} = \sqrt{\frac{\varepsilon_1}{\mu_1}} E_{\mathrm{i}}, \quad H_{\mathrm{i}z} = H_{\mathrm{i}x} = 0 \\ &E_{\mathrm{f}x} = E_{\mathrm{f}0} \mathrm{e}^{\mathrm{i}(\omega t + k_{\mathrm{f}} z)}, \quad E_{\mathrm{f}y} = 0 \end{aligned} \tag{5-61a}$$

$$H_{fy}=-\sqrt{\frac{\varepsilon_1}{\mu_1}}E_f,\quad H_{fz}=H_{fx}=0 \tag{5-61b}$$

折射波系沿负 z 轴方向,

$$E_{rx}=E_r^0 e^{i(\omega t-k_r z)},\quad E_{ry}=E_{rz}=0$$

$$H_{ry}=\sqrt{\frac{\varepsilon_2}{\mu_2}}E_{rx},\quad H_{rz}=H_{rx}=0 \tag{5-61c}$$

(53) 式之边界条件, 及 $\boldsymbol{H}$ 之切线分量的条件, 于垂直入射情形下 $(z=0)$ 乃

$$E_i^0+E_f^0=E_r^0 \tag{5-62a}$$

$$\sqrt{\frac{\varepsilon_1}{\mu_1}}E_i^0-\sqrt{\frac{\varepsilon_1}{\mu_1}}E_f^0=\sqrt{\frac{\varepsilon_2}{\mu_2}}E_r^0 \tag{5-62b}$$

由这些式子, 可得

$$E_{r0}=\frac{2}{1+\dfrac{\mu_1}{\mu_2}\sqrt{\dfrac{\mu_2\varepsilon_2/\mu_0\varepsilon_0}{\mu_1\varepsilon_1/\mu_0\varepsilon_0}}}E_i^0=\frac{2}{1+\dfrac{\mu_1}{\mu_2}\dfrac{n_2}{n_1}}E_i^0 \tag{5-63a}$$

$$E_f^0=\frac{1-\dfrac{\mu_1}{\mu_2}\dfrac{n_2}{n_1}}{1+\dfrac{\mu_1}{\mu_2}\dfrac{n_2}{n_1}}E_i^0 \tag{5-63b}$$

能量流过与波传播方向垂直的每单位面积之乃 Poynting 向量 $\boldsymbol{P}$. 平均率 $\bar{P}\left(一个周期 \dfrac{2\pi}{\omega} 时间\right)$ 可如 (16) 及 (16a) 之方法求得. 用 (61a,b,c) 及 (63a,b), 即得

$$\bar{P}_i=\frac{1}{2}\sqrt{\frac{\varepsilon_1}{\mu_1}}|E_i^0|^2 \tag{5-64a}$$

$$\bar{P}_r=\frac{1}{2}\sqrt{\frac{\varepsilon_2}{\mu_2}}|E_r^0|^2=\frac{4\xi}{(1+\xi)^2}\bar{P}_i \tag{5-64b}$$

$$\bar{P}_f=\frac{1}{2}\sqrt{\frac{\varepsilon_1}{\mu_1}}|E_{f0}|^2=\left(\frac{1-\xi}{1+\xi}\right)^2\bar{P}_1 \tag{5-64c}$$

$$\xi=\frac{\mu_1}{\mu_2}\frac{n_2}{n_1}\approx 介质 2 对介质 1 之相对折射率,$$

$$(如\ \mu_1\approx\mu_2)$$

由 (64b, c), 可见

$$\bar{P}_f+\bar{P}_r=\bar{P}_i \tag{5-65}$$

这乃表示能量不灭 (因无 Joule 热的丧失).

方程式 (64a,b,c) 称为 Fresnel 公式, $\left(\frac{1-\xi}{1+\xi}\right)^2$, $\frac{4\xi}{(1+\xi)^2}$ 分别为反射和折射系数.

5.4　空心金属管中之电磁; 波导 (wave guides)

Maxwell 方程式中, 如无任何传导电流, 则 $\boldsymbol{j}=0$(见第 4 章第 1 表). 设以管中心轴之方向为 z 轴, 并假设 $\boldsymbol{E}$ 和 $\boldsymbol{B}$ 之时间关系式为

$$\mathrm{e}^{-\mathrm{i}\omega t}$$

则 Maxwell 方程式为

$$\begin{aligned}&\operatorname{curl}\boldsymbol{E}=\mathrm{i}\omega\boldsymbol{B},\quad \operatorname{curl}\boldsymbol{B}=-\mathrm{i}\mu\varepsilon\omega\boldsymbol{E}\\&\operatorname{div}\boldsymbol{E}=0,\quad \operatorname{div}\boldsymbol{B}=0\end{aligned}\tag{5-66}$$

由这些式子, 可得

$$\begin{aligned}&(\nabla^2+\mu\varepsilon\omega^2)\boldsymbol{E}=0\\&(\nabla^2+\mu\varepsilon\omega^2)\boldsymbol{B}=0\end{aligned}\tag{5-67}$$

假设

$$\boldsymbol{E}=\boldsymbol{E}(x,y)\mathrm{e}^{-\mathrm{i}(\omega t\mp kz)},\quad \boldsymbol{B}=B(x,y)\mathrm{e}^{-\mathrm{i}(\omega t\mp kz)}\tag{5-68}$$

则 (67) 式可化为

$$\left(\frac{\partial^2}{\partial x^2}+\frac{\partial^2}{\partial y^2}+\mu\varepsilon\omega^2-k^2\right)\left\{\begin{matrix}\boldsymbol{E}\\\boldsymbol{B}\end{matrix}\right\}=0\tag{5-69}$$

设 $\boldsymbol{E}$ 及 $\boldsymbol{B}$ 可分解为

$$\boldsymbol{E}=E_z+E_{\mathrm{t}},\quad \boldsymbol{B}=B_z+B_{\mathrm{t}}\tag{5-70}$$

z 表示沿着管中心轴之分量, 而 t 为横分量 (图 5.3). 于管内之边界面上, $\boldsymbol{E}$ 只有法线分量存在. 又因 $\boldsymbol{E}$ 及 $\boldsymbol{B}$ 作正交, 故 $\boldsymbol{B}$ 亦只有切线分量存在, 换言之, 于边界面上 ($\boldsymbol{n}$ 为法线单位矢量)

$$\boldsymbol{n}\times\boldsymbol{E}=0,\quad \boldsymbol{n}\cdot\boldsymbol{B}=0\tag{5-71}$$

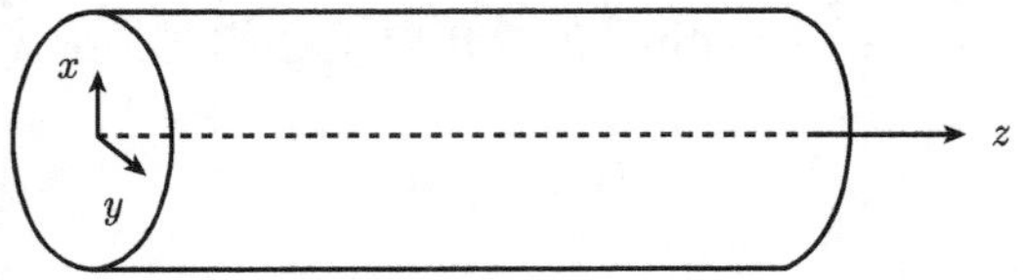

图 5.3

以 (70) 式代入 (66) 式, 并用 (68) 式与 z 之关系, 则得

$$(\mu\varepsilon w - k^2)E_t = \mathrm{grad}_t \frac{\partial E_z}{\partial z} - \mathrm{i}w[e_z \times \mathrm{grad}_t B_z] \tag{5-72a}$$

$$(\mu\varepsilon w - k^2)B_t = \mathrm{grad}_t \frac{\partial B_z}{\partial z} + \mathrm{i}\mu\varepsilon\omega[e_z \times \mathrm{grad}_t E_z] \tag{5-72b}$$

grad_t 系两维 (x, y) 之梯度算符, $\boldsymbol{e}_z$ 为 z 方向之单位向量.

(71) 式之边界条件 (用 (72b) 式) 即可化为

$$E_z = 0, \quad \frac{\partial B_z}{\partial n} = 0 \quad \text{在于边界面上} \tag{5-73}$$

$E_z = 0$, 之条件系 Dirichlet 式之问题, $\dfrac{\partial B_z}{\partial n} = 0$ 之条件则系 Neumam 式问题. 对任一频率 ω, (72a,b) 式只当 k 为某些值时, 有满足 (73) 式之解. 但一般的说, (73) 式之两条件, 不能同时满足. 因此, 吾人将考虑分别满足下述条件之三种的电磁波.

(a) 横磁波 (TM), 即

$$\left.\begin{aligned} &B_z = 0 \text{ 在所有点} \\ &E_z = 0 \text{ 在该面上} \end{aligned}\right\} \tag{5-74a,b}$$

并有边界条件

由 (72a,b) 式, 可得

$$B_t = \mp \frac{\mu\varepsilon\omega}{k}[e_z \times E_t] \tag{5-75a}$$

$$E_t = \pm \frac{\mathrm{i}k}{\mu\varepsilon\omega^2 - k^2}\, \mathrm{grad}_t E_z \tag{5-75b}$$

此纯量函数 E_z 满足 (69) 之新程式, 及其边界条件 (74b)$E_z = 0$. 兹定义长度 $\varLambda$ 为

$$\left(\frac{2\pi}{\varLambda}\right)^2 = \mu\varepsilon\omega^2 - k^2 \tag{5-76}$$

故 (69) 式即成

$$\left\{\frac{\partial^2}{\partial x^2} + \frac{\partial^2}{\partial y^2} + \left(\frac{2\pi}{\varLambda}\right)^2\right\} E_z = 0 \tag{5-77}$$

欲满足 (74b) 之边界条件, 则 E_z 之解, 在 x, y 变数必是振荡性的, 故 $\left(\dfrac{2\pi}{\varLambda}\right)^2$ 必为正值. 换言之, $\varLambda$ 必为实数. (74b) 条件乃决定一组本征值 $\varLambda_1, \varLambda_2, \cdots$. 这乃是波导 (wave guide) 之简正振荡方式 (normal modes of oscillation). 该波谱为不连续的、无穷的.

对任何方式 $\varLambda_n$ 及任一频率 ω, 其波数 $k\left(\text{或波长 } \lambda = \dfrac{2\pi}{k}\right)$ 皆由 (76) 式决定.

今有最小频率 ω_n 为

$$\mu\varepsilon\omega_n^2 = \left(\frac{2\pi}{\Lambda}\right)^2 \tag{5-78}$$

频率之低于 ω_n 者, 则无实数 k 之存在. 但若 $\omega > \omega_n$, 则 k 为实数,

$$\frac{k_n}{\sqrt{\mu\varepsilon w}} = \sqrt{1-\left(\frac{\omega_n}{\omega}\right)^2} \tag{5-79}$$

故对每一频率 ω, 只有一有限 (finite) 数目之 n 方式, 相当于 $\omega > \omega_1, \omega_2, \cdots, \omega_n$ 的, 可以传播前进.

回看 (33) 式的关系, 吾人可见在管内之相位速度 $\dfrac{\omega}{k} = v\left[1-\left(\dfrac{\omega^2}{\omega}\right)^2\right]^{-\frac{1}{2}}$, 是大于在无边无限之介质的速度 $v = \dfrac{1}{\sqrt{\varepsilon\mu}}$.

(b) 横电波 (TE), 即

$$E_z = 0 \quad \text{在所有点}$$

及边界条件

$$\frac{\partial B_2}{\partial n} = 0 \quad \text{于面上}$$

由 (72a,b) 式, 可得

$$E_t = \mp\frac{\omega}{k}[e_z \times B_t] \tag{5-80a}$$

$$B_t = \pm\frac{\mathrm{i}k}{\mu\varepsilon\omega^3 - k^2}\mathrm{grad}_t B_z \tag{5-80b}$$

此纯量函数 B_z 满足 (69) 式边界条件 (79b). 所有上述 TM 波的讨论, 皆可移用于此.

(c) 横电磁波 (TEM), 这种波系

$$E_z = B_z = 0 \quad \text{于所有点} \tag{5-81}$$

方程式 (72a,b) 即可化为

$$(\mu\varepsilon\omega^2 - k^2)\begin{Bmatrix} E_t \\ B_t \end{Bmatrix} = 0 \tag{5-82}$$

显示

$$k = \sqrt{\mu\varepsilon}\omega = \frac{\omega}{v} \tag{5-83}$$

v 为在无限的介质之相位速度 $\frac{1}{\sqrt{\mu\varepsilon}}$. 方程式 (69) 可化为二维之 Laplace 方程式

$$\left(\frac{\partial^2}{\partial x^2}+\frac{\partial^2}{\partial y^2}\right)\left\{\begin{array}{c}E_t\\B_t\end{array}\right\}=0 \tag{5-84}$$

如边界面为等位面时*, 则 Laplace 方程式在管内所有点之解必为零, 故在空心管内, 不可能有 TEM 波. 但假设如管内装有一同心管, 并使两管维持不同的电位, 则于两管之间, 便可能有 TEM 波传播前进. 这就是所谓共轴电缆 (coaxial cable).

5.5 缓慢变化之电磁场

Maxwell 方程式为

$$\begin{aligned}&\operatorname{curl}\boldsymbol{H}=\boldsymbol{j}+\frac{\partial\boldsymbol{D}}{\partial t},\quad \operatorname{curl}\boldsymbol{E}=-\frac{\partial\boldsymbol{B}}{\partial t}\\&\operatorname{div}\boldsymbol{B}=0,\quad \operatorname{div}\boldsymbol{D}=\varphi\end{aligned} \tag{5-85}$$

设电磁场对时间及空间有缓慢的变化. 假使场 E 以平面波 (近似的来说) 传播前进

$$E=E_0\mathrm{e}^{\mathrm{i}(\omega t-kx)} \tag{5-86}$$

则位移电流与传导电流之比为

$$R\approx\frac{\omega\varepsilon E}{\sigma E}=\frac{\omega\varepsilon}{\sigma} \tag{5-86a}$$

σ 是 $\boldsymbol{j}=\sigma\boldsymbol{E}$ 式中的导电系数. 以金属言 (参阅 (51) 式下之数据), 若 $\omega\ll\frac{\sigma}{\varepsilon}=6\times10^{18}/\mathrm{s}$, 则上面之比 $R\ll1$, 故 (85) 式之位移电流的效应可略去不计.

次看 (86) 式空间变化之情形. 今将 (86) 式展开

$$\mathrm{e}^{\mathrm{i}(\omega t-kx)}=\mathrm{e}^{\mathrm{i}\omega t}(1-\mathrm{i}kx+\cdots)$$

若 x 满足下情形

$$kx=\frac{\omega}{v}x\ll1$$

或, 因 $\frac{\omega}{v}=\frac{2\pi}{\lambda}$, λ 为波长,

$$x\ll\frac{\lambda}{2\pi} \tag{5-87}$$

则在理论中, 可将对空间的变化略去.

* 上述之等位面, 系表示该金属有一无穷大之导电系数, 所以即有电流流过时, 沿管亦无电位差.

电力工程使用的 ω, 为每秒 60 周波, 波长则为 $\frac{1}{2}\times 10^4$ 千米, 故吾人可将 (85) 式之位移电流与 $\boldsymbol{E}$ 场之空间关系略去不计.

向量位 $\boldsymbol{A}$ 与纯量位 ϕ 之方程式系

$$\nabla^2\boldsymbol{A} = -\mu\boldsymbol{j}, \quad \nabla^2\phi = -\frac{1}{\varepsilon}\rho \text{ (见 (4-23,24))} \tag{5-88}$$

及

$$\boldsymbol{E} = -\nabla\phi - \frac{\partial\boldsymbol{A}}{\partial t} \qquad \text{(见 (4-13))}$$

5.5.1 有电阻与电感之线路

兹取一负载电流 I 之密闭导体线路, 该线路中装有一供应电动力 V_0 之电池. 将 (4-13) 式对整条线路积分, 并用 (3-77) 之磁通量, 即得

$$\oint_s \boldsymbol{E}\cdot\mathrm{d}\boldsymbol{s} = -\oint \mathrm{grad}\ \phi\cdot\mathrm{d}\boldsymbol{s} - \frac{\partial}{\partial t}\oint\boldsymbol{A}\cdot\mathrm{d}\boldsymbol{s} \tag{5-89}$$

$$= -\frac{\partial}{\partial t}\iint_S \mathrm{curl}\ \boldsymbol{A}\cdot\mathrm{d}\boldsymbol{S}$$

$$= -\frac{\partial\Phi}{\partial t} \tag{5-89a}$$

由 (3-83, 84) 式, 整条线路之电位降为

$$\oint\mathrm{d}V = \int\frac{r}{A}\mathrm{d}l\ s = \frac{rI}{A}s = RI$$

因此

$$RI = V - \frac{\partial\Phi}{\partial t} \tag{5-90}$$

若有一群导体线路 k, 由 (3-79) 式得知

$$\Phi_k = \sum_j L_{kj}I_j \tag{5-91}$$

L_{kj} 为线路 k 和 j 之互感系数. 将 (91) 式代入 (90) 式, 可得

$$I_kR_k = V_k - \sum_i L_{ki}\frac{\mathrm{d}I_i}{\mathrm{d}t} \tag{5-92}$$

此处已假设：这群导体之形状与位置皆固定不变, 故 L_{ki} 可视为常数. (92) 式若有 n 条线路, 则即有 n 个方程式.

兹举一简单例子. 若有两个密闭线路, 其中之一, 有外加 emf

$$V_1 = V_0\mathrm{e}^{\mathrm{i}\omega t}$$

而另一线路则为 $V_2=0$. 假设

$$I_j = I_j^0 \mathrm{e}^{\mathrm{i}\omega t}$$

则由 (92) 式可得二代数方程式

$$\begin{aligned} I_1^0 R_1 &= V_0 - \mathrm{i}\omega(L_{11}I_1^0 + L_{12}I_2^0) \\ I_2^0 R_2 &= -\mathrm{i}\omega(L_{21}I_1^0 + L_{22}I_2^0) \end{aligned}$$

故

$$\frac{I_2^0}{I_1^0} = \frac{-\mathrm{i}\omega L_{21}}{R_2 + \mathrm{i}\omega L_{22}}$$

或其绝对值为

$$\frac{|I_2^0|}{|I_1^0|} = \frac{\omega L_{21}}{\sqrt{R_2^2 + \omega^2 L_{22}^2}} \tag{5-93}$$

ωL_{22} 称为线路 (2) 之电抗 (reactance). 如 $R_2 \ll \omega L_{22} \ll \omega L_{21}$, (该情形相当于线路 (2) 仅有数匝线圈, 而线路 (1) 则有无数之线圈), 则 $I_2^0 \gg I_1^0$. 这就是所谓变流器 (current transformer).

5.5.2 有电阻、电感和电容之线路

若 (89) 之线路有一电容器, 其两板之电位为 ϕ_1 和 ϕ_2, 则 (90) 式可化为

$$RI = V - (\phi_2 - \phi_1) - \frac{\mathrm{d}\Phi}{\mathrm{d}t} \tag{5-94}$$

设电容器之电容为 C, 一板上之电荷为 e, 二者与电位差 $(\phi_2-\phi_1)$ 之关系为

$$(\phi_2 - \phi_1)C = e \tag{5-95}$$

并用 (3-82)$\Phi = LI$, 则 (94) 式为

$$RI + \frac{e}{C} + L\frac{\mathrm{d}I}{\mathrm{d}t} = V$$

对时间 t 微分, 并用 $I=\dfrac{\mathrm{d}e}{\mathrm{d}t}$, 则得

$$L\frac{\mathrm{d}^2 I}{\mathrm{d}t^2} + R\frac{\mathrm{d}I}{\mathrm{d}t} + \frac{1}{C}I = \frac{\mathrm{d}V}{\mathrm{d}t} \tag{5-96}$$

例如取

并设

$$\left.\begin{aligned} V &= V^0 \mathrm{e}^{-\mathrm{i}\omega t} \\ I &= I^0 \mathrm{e}^{-\mathrm{i}\omega t} \end{aligned}\right\} \tag{5-97}$$

则由 (96) 式得

$$I = \frac{V}{R - \mathrm{i}\left(\omega L - \dfrac{1}{\omega C}\right)} = \frac{V}{Z} \tag{5-98}$$

Z 称为阻抗 (impedence). (98) 式可表为下式：

$$I(t) = \frac{V_0 \cos(\omega t - \delta)}{|Z|}, \quad |Z| = \left[R^2 + \left(\omega L - \frac{1}{\omega C}\right)^2\right]^{\frac{1}{2}} \tag{5-99}$$

$$\tan\delta = \frac{\left(\omega L - \dfrac{1}{\omega C}\right)}{R} \tag{5-99a}$$

由 (99) 和 (99a) 式可知：若 $\omega L > \dfrac{1}{\omega C}$, 则电流 I 之相位, 对 V 的落后为 δ; 但若 $\dfrac{1}{\omega C} = \omega L$, 则线路纯为电阻, 而 I 和 V 为同相位. 功率消耗为

$$P = VI = \frac{V_0^2 \cos\omega t \cos(\omega t - \delta)}{Z} \tag{5-100}$$

若 $\delta = 0$, 则消耗率为最大.

如将 (96)—(98) 式中之外加 V 予以关掉, 则 (97) 式之 I 为

$$I = I_i \mathrm{e}^{-\mathrm{i}\omega_0 t}$$

ω_0 由下式定之：

$$R - \mathrm{i}\left(w\omega_0 L - \frac{1}{\omega_0 C}\right) = 0$$

或

$$\omega_0 = -\mathrm{i}\frac{R}{2L} \pm \sqrt{\frac{1}{LC} - \left(\frac{R}{2L}\right)^2}$$

如 $R = 0$(或 $R \ll 2L$), 则电流将以频率 $\dfrac{1}{\sqrt{LC}}$ 振荡. $\dfrac{1}{\sqrt{LC}}$ 称为自由振荡频率. 假如 $\left(\dfrac{R}{2L}\right)^2 > \dfrac{1}{LC}$, 则 ω_0 为负纯虚数, 故电流不会振荡而衰减至零. 如 $\dfrac{1}{LC} > \left(\dfrac{R}{2L}\right)^2$, 则电流以频率 $\sqrt{\dfrac{1}{LC} - \left(\dfrac{R}{2L}\right)^2}$ 振荡, 但按 e^{-Rt2L} 之因子衰减.

5.6 趋肤效应 (skin effect)

今考虑一电磁波沿着圆柱导体传播前进. 吾人已有 Maxwell 方程式 (44a,b) 及欧姆定律 (45). 在位移电流与传导电流相比时可以略去之条件 (86a) 下, 则得电流密度之方程式为

$$\nabla^2 j = \sigma\mu\frac{\mathrm{d}j}{\mathrm{d}t} \tag{5-101}$$

兹取一无穷长之圆柱 (或是圆截面之长线路), 其半径为 a, 并取圆柱之轴为 z 轴. 假设

$$j = j(x,y)\mathrm{e}^{\mathrm{i}\omega t} \tag{5-102}$$

兹用圆柱坐标 (z,r,φ), 则 $j(x,y)=j(r,\varphi)=j(r)$ 之方程式为

$$\frac{\mathrm{d}^2 j}{\mathrm{d}r^2}+\frac{1}{r}\frac{\mathrm{d}j}{\mathrm{d}r}-\mathrm{i}\sigma\mu w j = 0 \tag{5-103}$$

兹定义一新的变数 ρ 为

$$\rho = \sqrt{\mathrm{i}\sigma\mu w r} = \sqrt{\mathrm{i}}x \tag{5-104}$$

使 (103) 式化为

$$\frac{\mathrm{d}^2 j}{\mathrm{d}\rho^2}+\frac{1}{\rho}\frac{\mathrm{d}j}{\mathrm{d}\rho}-j = 0 \tag{5-105}$$

此为修变的 Bessel 方程式 (2-133), 它的解是阶为 0 之 Bessel 函数 $\mathrm{I}_0(\rho)$(2-133a),

$$\mathrm{I}_0(\rho) = \mathrm{I}_0(\sqrt{\mathrm{i}}x),$$

及第二类之 Bessel 函数 $\mathrm{K}_0(\varphi)$. 故 (105) 之通解为

$$j(x) = A\mathrm{I}_0(\sqrt{\mathrm{i}}x)+B\mathrm{K}_0(\sqrt{\mathrm{i}}x) \tag{5-106}$$

因为 $j(x)$ 在 $0\leqslant r\leqslant a$ 时为有限值, 而 $\mathrm{K}_0(\sqrt{\mathrm{i}}0)=\infty$, 故 (106) 中常数 B 必须为零. 设

$$j = j_a \quad 在\ x = a$$

则 $A=[\mathrm{I}_0(\sqrt{\mathrm{i}}a)]^{-1}$. 函数 $\mathrm{I}_n(\sqrt{\mathrm{i}}x),\mathrm{K}_n(\sqrt{\mathrm{i}}x)$ 皆为复数. Lord Kelvin 曾引入实函数 $\mathrm{Ber}_n(x),\mathrm{Bei}_n(x),\mathrm{Ker}_n(x),\mathrm{Kei}_n(x)$, 使得

$$\mathrm{I}_n(\sqrt{\mathrm{i}}x) = \mathrm{Ber}_n(x)+\mathrm{i}\ \mathrm{Ber}_n(x)$$
$$\mathrm{K}_n(\sqrt{\mathrm{i}}x) = \mathrm{Ker}_n(x)+\mathrm{i}\ \mathrm{Ker}_n(x)$$

所以

$$j(r)=\left[\frac{\mathrm{Ber}_0^2x+\mathrm{Bei}_0^2x}{\mathrm{Ber}_0^2x_a+\mathrm{Bei}_0^2x_a}\right]^{\frac{1}{2}}j_a \tag{5-107}$$

有此处如 (104),

$$x=\sqrt{\sigma\mu\omega}r,\quad x_a=\sqrt{\sigma\mu\omega}a$$

$\mathrm{Ber}_0x,\mathrm{Bei}_0x$ 函数可查表. 电流密度在圆柱形导体的表面为最大, 向轴心而减小. 若频率 ω 与导电系数越大, 则减小越快. 如频率甚高时, 则电流皆聚集在接近导体“表皮”之非常小薄层里.

造成此趋肤效应之物理原因, 乃是感应效应. 当导体之电流随着时间而改变时, 则由 Biot-Savart 定律得知由该电流所造成之磁场大小也随着改变. 但按 Faraday 定律, 磁场变化产生一感应 emf, 而由这 emf 又产生了电流, 使导体内之电流需再做重新分布, 结果产生趋肤效应. 这一连串之关系可用图 5.4 予以阐明. 设电流沿着 z 方向以 $\frac{\mathrm{d}I}{\mathrm{d}t}$ 增加. 则其磁场 $\boldsymbol{B}$ 也必以 $\frac{\partial B}{\partial t}$ 而增加, $\frac{\partial B}{\partial t}$ 之方向为垂直于电流 I 之圆的切线, 按右手定则定之. 该 $\frac{\partial B}{\partial t}$ 又产生感应 emf, 因此也产生电流, 该电流之方向乃由 Lenz 定律决定之 (但可知必在含有圆柱导体之轴的平面上), 若于接近轴处, I 与 $\frac{\mathrm{d}I}{\mathrm{d}t}$ 之方向相反, 但在接近导体表面时, 则 I 与 $\frac{\mathrm{d}I}{\mathrm{d}t}$ 方向相同. 因此, 电流密度于接近轴时减少, 而接近表面处增加.

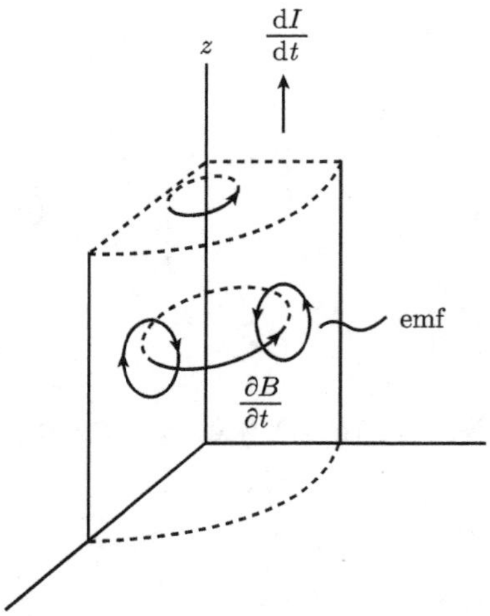

图 5.4

如是交流电, 所有上述方向皆要反转, 故电流密度仍于接近表面处增强.

由于趋肤效应, 在高频率之线路, 吾人宁可用空心管导体而不用实心的, 且该管可镀以良好导性之金属 (如银或金), 以减小电阻.

第 6 章　微观的电动力学

6.1　微观的场方程式 (microscopic field equations)

前几章里, 吾人研讨静电和电磁等现象, 并由这些现象推导出电磁场之 Maxwell 方程式. 除了于讨论极化 (polarization) 和磁化 (magnetization) 现象时简短引用分子之电偶与磁偶外, 所有现象皆是依据所谓巨观 (macroscopic view) 的观点, 换言之: 亦即未引用物质之电子构造观念. 本章中吾人将明显地引用物质的电子结构的观点, 讨论一些电磁问题.

历史上, 早在电子被确定之前, H. A. Lorentz 和其他一些物理学家已从微观的看法展开电磁理论, 这微观的理论, 是假设电荷 e、电荷密度 ρ、电流密度 $\rho\boldsymbol{v} = \boldsymbol{j}$ ($\boldsymbol{v}$ 系 ρ 之速度), 皆遵守与巨观之 Maxwell 方程式同形式的方程式. 如以 $\boldsymbol{e}, \boldsymbol{d}, \boldsymbol{h}, \boldsymbol{b}$ 等小写字母代表微观的 $\boldsymbol{E}, \boldsymbol{D}, \boldsymbol{H}, \boldsymbol{B}$ 等电磁量, 则我们假定微观的场方程式为

$$\text{curl } \boldsymbol{h} = \rho\boldsymbol{v} + \frac{\partial \boldsymbol{d}}{\partial t} \tag{6-1a}$$

$$\text{curl } \boldsymbol{e} = -\frac{\partial \boldsymbol{b}}{\partial t} \tag{6-1b}$$

$$\text{div } \boldsymbol{b} = 0 \tag{6-1c}$$

$$\text{div } \boldsymbol{d} = \rho \tag{6-1d}$$

$$\boldsymbol{d} = \varepsilon_0 \boldsymbol{e} \tag{6-1e}$$

$$\boldsymbol{b} = \mu_0 \boldsymbol{h} \tag{6-1f}$$

及 Lorentz 力为

$$\boldsymbol{f} = \rho(\boldsymbol{e} + \boldsymbol{v} \times \boldsymbol{b}) \tag{6-1g}$$

Poynting 向量为

$$\boldsymbol{P} = \boldsymbol{e} \times \boldsymbol{h} \tag{6-1h}$$

能量密度为

$$u = \frac{1}{2}(\boldsymbol{e} \cdot \boldsymbol{d} + \boldsymbol{h} \cdot \boldsymbol{b}) \tag{6-1i}$$

动量密度为

$$\boldsymbol{g} = \frac{1}{c^2}\boldsymbol{P} \tag{6-1j}$$

$\boldsymbol{e}$, $\boldsymbol{d}$, $\boldsymbol{h}$, $\boldsymbol{b}$, 皆是真空之场; ε_0, μ_0 乃是真空之介电系数与磁导率, 因此仅视所选择之场的单位而定, 与物质之特性无关. 我们宜注意的是从微观观点来看, 巨观的观念如极化强度 P, 或磁化强度 M, 是不存在的, 因为这些现象已包含在 ρ, $\boldsymbol{v}$ 之分布情形. 而 ρ, $\boldsymbol{v}$ 就确定了 $\boldsymbol{e}$, $\boldsymbol{d}$, $\boldsymbol{h}$, $\boldsymbol{b}$ 等场了. 巨观的 $\boldsymbol{E}$, $\boldsymbol{D}$, $\boldsymbol{H}$, $\boldsymbol{B}$ 等场, 全系平均值. 该平均化的过程, 是下文定义的所谓"粗粒过程" (coarse-graining).

今考虑一函数 $f(x,y,z,t)$, 系微观场量之一. 设 $\langle f(x,y,z,t)\rangle$ 为下式的平均值

$$\langle f(x,y,z,t)\rangle = \frac{1}{\Delta V\Delta t}\iiint\limits_{\Delta V}\int\limits_{\Delta t} f(x',y',z',t')\mathrm{d}r'\mathrm{d}t' \tag{6-2}$$

此处的积分, 系对在 (x,y,z) 点之体积 ΔV 及时间 t 之时距 Δt 上的积分. 因此, $\langle f(r,t)\rangle$ 乃系 f 在 r, t 之体积 ΔV 与时间距 Δt 之平均值. 体积 ΔV 乃是大得足可容纳许许多多之分子, 但却小得使巨观之量在其间没有多大变化. 而时间间距 Δt 是长得足可包纳许多个微观场之周期, 但却短得使 (2) 式之平均值在此时间距内无多大变化. 故此 $\langle f\rangle$ 称为"粗粒平均值".

(2) 式之积分子可写为

$$f(x+x',y+y',z+z',t+t')\mathrm{d}^3r'\mathrm{d}t'$$

则由此可得

$$\frac{\partial}{\partial t}\langle f\rangle = \langle\frac{\partial f}{\partial t}\rangle,\quad \frac{\partial}{\partial x}\langle f\rangle = \langle\frac{\partial f}{\partial x}\rangle, \text{等} \tag{6-3}$$

若将 (1a)—(1f) 等微观的场方程式, 以粗粒平均法作平均, 并用 (3) 式, 即得

$$\text{curl}\ \langle\boldsymbol{h}\rangle = \langle\rho\boldsymbol{v}\rangle + \frac{\partial}{\partial t}\langle\boldsymbol{d}\rangle \tag{6-4a}$$

$$\text{curl}\ \langle\boldsymbol{e}\rangle = -\frac{\partial}{\partial t}\langle\boldsymbol{b}\rangle \tag{6-4b}$$

$$\text{div}\ \langle\boldsymbol{b}\rangle = 0 \tag{6-4c}$$

$$\text{div}\ \langle\boldsymbol{d}\rangle = \langle\rho\rangle \tag{6-4d}$$

$$\langle\boldsymbol{b}\rangle = \varepsilon_0\langle\boldsymbol{e}\rangle \tag{6-4e}$$

$$\langle\boldsymbol{b}\rangle = \mu_0\langle\boldsymbol{h}\rangle \tag{6-4f}$$

兹以此和巨观的场方程式比较

$$\text{curl}\ \boldsymbol{H} = \boldsymbol{j} + \frac{\partial\boldsymbol{D}}{\partial t} \tag{6-5a}$$

$$\text{curl}\ \boldsymbol{E} = -\frac{\partial\boldsymbol{B}}{\partial t} \tag{6-5b}$$

$$\text{div } \boldsymbol{B} = 0 \tag{6-5c}$$

$$\text{div } \boldsymbol{D} = \rho \tag{6-5d}$$

$$\boldsymbol{D} = \varepsilon \boldsymbol{E} \tag{6-5e}$$

$$\boldsymbol{B} = \mu \boldsymbol{H} \tag{6-5f}$$

由 (4b) 及 (5b), 又由 (4c) 及 (5c), 我们可作下的鉴定

$$\boldsymbol{E} = \langle \boldsymbol{e} \rangle, \quad \boldsymbol{B} = \langle \boldsymbol{b} \rangle \tag{6-6}$$

由 (4f) 及 (5f) 式, 上第二个方程式显示

$$\mu \boldsymbol{H} = \boldsymbol{B} = \mu_0 \langle \boldsymbol{h} \rangle \tag{6-7}$$

如将此式写为 $\langle \boldsymbol{h} \rangle = \dfrac{\mu}{\mu_0} \boldsymbol{H}$, 则其意义更为清楚, 盖在 Gauss 制, $\mu_0 = 1$, 上式成为 $\langle \boldsymbol{h}' \rangle = \mu', \boldsymbol{H}' = \boldsymbol{B}'$, 换言之, 平均值 $\boldsymbol{h}$ 亦即是巨观中之 $\boldsymbol{B}$. 此系因为于 (2) 式中对 ΔV 作平均时, 已将介质之特性计及在内也.

由 (4e), (4f) 及 (6) 式, 可将 (4a), (4b) 写为

$$\text{curl} \frac{\boldsymbol{B}}{\mu_0} = \langle \rho \boldsymbol{v} \rangle + \frac{\partial}{\partial t} \varepsilon_0 \boldsymbol{E} \tag{6-4aa}$$

$$\text{div } \varepsilon_0 \boldsymbol{E} = \langle \rho \rangle \tag{6-4dd}$$

今从 (1-77) 和 (3-16), 可得

$$\frac{\boldsymbol{B}}{\mu_0} = \boldsymbol{H} + \boldsymbol{M}, \tag{6-8}$$

$$\boldsymbol{D} = \varepsilon_0 \boldsymbol{E} + \boldsymbol{P} \tag{6-9}$$

故巨观方程式 (5a), (5d) 可写下式:

$$\text{curl} \frac{\boldsymbol{B}}{\mu_0} = \boldsymbol{j} + \text{curl } \boldsymbol{M} + \frac{\partial \boldsymbol{P}}{\partial \varepsilon} + \frac{\partial (\varepsilon_0 \boldsymbol{E})}{\partial t} \tag{6-5aa}$$

$$\text{div } \varepsilon_0 \boldsymbol{E} = \rho - \text{div } \boldsymbol{P} \tag{6-5dd}$$

以此与 (4aa), (4dd) 式相比, 可见吾人须作下列的鉴定:

$$\langle \rho \boldsymbol{v} \rangle = \boldsymbol{j} + \text{curl } \boldsymbol{M} + \frac{\partial \boldsymbol{P}}{\partial t} \tag{6-10a}$$

$$\langle \rho \rangle = \rho - \text{div } \boldsymbol{P} \tag{6-10b}$$

这些鉴定的依据如下: $\boldsymbol{j}$ 为传导电流密度; curl $\boldsymbol{M}$ 系由磁化按 (3-62) 所生的电流密度, $\dfrac{\partial \boldsymbol{P}}{\partial t}$ 乃相当于 (4-5) 式位移电流中极化部分所产生之电流密度. 故 (10a) 式意谓平均值 $\langle \rho \boldsymbol{v} \rangle$ 引致传导, 磁化, 极化的电流密度. 由 (1-71b), 吾人已知 $\boldsymbol{P}$ 与束缚电荷密度 ρ_{p} 之间系为 $\rho_{\mathrm{p}} = -\mathrm{div}\ \boldsymbol{P}$. 故方程式 (10b) 仅意谓平均值 $\langle \rho \rangle$, 一部分系"自由电荷" ρ, 一部分系"束缚电荷" ρ_{p}.

因此, 巨观的场方程式可由微观的场方程式经平均过程得来. (1a)–(1f) 一系列的方程式, 称为 Maxwell-Lorentz 方程式, 可视为最基本的方程式; 它不仅可应用于真空, 且经过"粗粒平均"后, 亦可应用于介质.

6.2　常电磁场中电荷的运动

6.2.1　均匀磁场中的运动

一个电荷 e 之运动方程式为

$$m\frac{\mathrm{d}\boldsymbol{v}}{\mathrm{d}t} = e(\boldsymbol{v} \times \boldsymbol{B}) \tag{6-11}$$

两边与 $\boldsymbol{v}$ 作纯量积, 再作积分. 因 $\boldsymbol{v}$ 与 $[\boldsymbol{v} \times \boldsymbol{B}]$ 垂直, 即得能量不灭式

$$\frac{1}{2}mv^2 = 常数 \tag{6-12}$$

兹考虑与 $\boldsymbol{B}$ 平行的运动. 由 (11) 式, 该速度之分量 $v_{\parallel}$ 为

$$v_{\parallel} = 常数 \tag{6-13}$$

但因 $v^2 = v_{\parallel}^2 + v_{\perp}^2 =$ 常数, 故又得

$$v_{\perp} = 常数 \tag{6-14}$$

在与 $\boldsymbol{B}$ 垂直之平面的运动, 其所受力之方向永是垂直于速度. 因 B 为常数, 其运动轨道乃一半径 a 之圆.

$$\frac{mv_{\perp}^2}{a} = ev_{\perp}B \tag{6-15}$$

其角速度为

$$\omega = \frac{v_{\perp}}{a} = \frac{eB}{m} \tag{6-16}$$

$$a = \frac{mv_{\perp}}{eB} \tag{6-17}$$

ω 称为回旋加速器频率 (cyclotron frepuency), a 为回旋半径 (radius of gyration).

6.2.2 稳定电场中的运动

一个电荷 e 之运动方程式为

$$m\frac{\mathrm{d}\boldsymbol{v}}{\mathrm{d}t}=e\boldsymbol{E}=-e\ \mathrm{grad}\ \phi \tag{6-18}$$

两边与 $\boldsymbol{v}$ 作纯量积, 再作积分, 结果乃能量不灭关系式

$$\frac{1}{2}mv^2+e\phi=常数 \tag{6-19}$$

6.2.3 交叉均匀电场磁场中的运动方程式

$$m\frac{\mathrm{d}\boldsymbol{v}}{\mathrm{d}t}=e\boldsymbol{E}+e[\boldsymbol{v}\times\boldsymbol{B}] \tag{6-20}$$

若将速度由 $\boldsymbol{v}$ 转换为 $\boldsymbol{v}'$

$$\boldsymbol{v}=\boldsymbol{v}'+\frac{1}{\boldsymbol{B}^2}[\boldsymbol{E}\times\boldsymbol{B}] \tag{6-21}$$

因

$$\begin{aligned}[\boldsymbol{E}\times\boldsymbol{B}]\times\boldsymbol{B}&=-\boldsymbol{B}\times[\boldsymbol{E}\times\boldsymbol{B}]=-\boldsymbol{E}\boldsymbol{B}^2+\boldsymbol{B}(\boldsymbol{B}\cdot\boldsymbol{E})\\&=-\boldsymbol{E}\boldsymbol{B}^2\end{aligned}$$

故得

$$m\frac{\mathrm{d}\boldsymbol{v}'}{\mathrm{d}t}=e[\boldsymbol{v}'\times\boldsymbol{B}] \tag{6-22}$$

由此方程式, 得见 $\boldsymbol{v}'$ 的变化, 与在无电场情形下相同. 因此在垂直交叉场的运动系由下述两个运动会成的: 一是“漂移速度”(drift velocity)

$$\boldsymbol{v}_{\mathrm{d}}=\frac{1}{B^2}(\boldsymbol{E}\times\boldsymbol{B}) \tag{6-23}$$

另一是 (13), (16), (17) 等式所描述, 相对于“漂移中心”(23) 的运动 (22),

我们应注意的是该漂移速度与电荷 e 之符号无关! 另一点是 (20) 式系非相对论形式, 故 (23) 式之结果只有在 $v_{\mathrm{d}}\ll c$ 时可成立.

6.2.4 缓渐不变性 (adiabatic invariant)

现可证明在缓渐变化之磁场里, 带电粒子运动之磁矩有不变性.

先取电荷 e, 在磁场 B, 以速度 $v_\perp$ 于一密闭轨道上运动之情形. 按 (3-50, 3-52) 等式，磁矩 M 为

$$M=IS=\frac{ev_\perp}{2\pi a}\pi a^2=\frac{ev_\perp a}{2} \tag{6-24}$$

或, 按 (17) 式之 a,

$$MB = \frac{1}{2}mv_\perp^2 = W_\perp \tag{6-25}$$

这是与 B 垂直的运动的能量.

当 B 改变时, 感应 emf 对电荷于一回旋周所作之功, 可由 Faraday 定律计算之

$$\text{curl}\ \boldsymbol{E} = -\frac{\partial \boldsymbol{B}}{\partial t}$$

$$\Delta W_\perp = \oint e\boldsymbol{E}\cdot \mathrm{d}\boldsymbol{l} = e\iint \frac{\partial \boldsymbol{B}}{\partial t}\cdot \mathrm{d}\boldsymbol{S}$$

兹

$$\Delta W_\perp = T\frac{\mathrm{d}W_\perp}{\mathrm{d}t},\quad T = \frac{2\pi a}{v_\perp} = \text{回旋周期}$$

故由 (25) 及 (24) 式, 可得

$$\frac{\mathrm{d}}{\mathrm{d}t}(MB) = M\frac{\mathrm{d}B}{\mathrm{d}t} \tag{6-26}$$

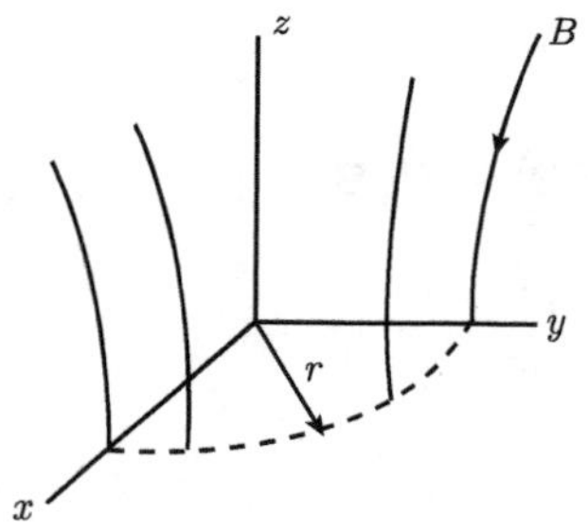

图 6.1

此式显示 $\frac{\mathrm{d}M}{\mathrm{d}t} = 0$, 亦即谓磁矩 M 对时间而言, 有缓渐不变性.

次研电荷 e 在静能而稍为不均匀磁场 B 中的运动.

为简单起见, 取场 B 如图 6.1 所示, 假设有轴的对称性. div $\boldsymbol{B} = 0$ 的圆柱坐标式为

$$\frac{1}{r}\frac{\partial}{\partial r}(rB_r) + \frac{\partial B_z}{\partial z} = 0 \tag{6-27}$$

就半径 a 之 Larmor 轨道作积分, 可得

$$a\ B_r = -\int r\frac{\partial B_z}{\partial z}\mathrm{d}r$$

或

$$B_r = -\frac{a}{2}\frac{\partial B_z}{\partial z}$$

以 (17), (25) 式, 可得与 B 场平行之 Lorentz 力为

$$\begin{aligned} m\frac{\mathrm{d}v_\parallel}{\mathrm{d}t} &= F_\parallel = e[\boldsymbol{v}\times\boldsymbol{B}]_\parallel \\ &= e\ v_\perp B_r = -\frac{eav_\perp}{2}\frac{\partial B_z}{\partial z} \\ &= -\frac{W_\perp}{B}\frac{\partial B_z}{\partial z} \\ &= -(\boldsymbol{M}\cdot\nabla)B \end{aligned} \tag{6-28}$$

设 l 为沿着 B 之长度, 则

$$m\frac{\mathrm{d}l}{\mathrm{d}t}\frac{\mathrm{d}v_{\parallel}}{\mathrm{d}l} = mv_{\parallel}\frac{\mathrm{d}v_{\parallel}}{\mathrm{d}l} = \frac{\mathrm{d}W_{\parallel}}{\mathrm{d}l} = -M\frac{\partial B}{\partial l} \tag{6-29}$$

但于静场 B, 能量为常数

$$\frac{\mathrm{d}W_{\parallel}}{\mathrm{d}l} + \frac{\mathrm{d}W_{\perp}}{\mathrm{d}l} = 0$$

再用 (25) 式, 即得

$$\frac{\mathrm{d}}{\mathrm{d}l}(MB) = M\frac{\partial B}{\partial l} \tag{6-30}$$

此式显示$\dfrac{\partial M}{\partial l} = 0$, 即当一电荷在一不均匀磁场运动时, 该运行轨道所连锁起来的磁矩 M 系一常数.

M 之不变性具有下述之意义. 该运行轨道所连之磁通量 $\Phi = \pi a^2 B$, 由 (17) 式, 乃

$$\Phi = \pi a^2 B = \frac{2\pi m}{e^2}\frac{W_{\perp}}{B} = \frac{2\pi m}{e^2}M \tag{6-31}$$

M 之不变性, 明示与每带电粒子运行轨道所相连之磁通量 Φ 系一常数. 这结果有一应用, 将高速之电荷局限于某空间一区域里, 如热核器设计中所谓磁瓶效应者是. 今考虑磁场沿着 z 方向增加的情形. 因磁场并不作功于电荷, 其能量 $W_{\parallel} + W_{\perp}$ 为一常数. $v_{\perp}$ 及 $W_{\perp}$ 将增加, 而 $v_{\parallel}$ 及 $W_{\parallel}$ 减少. 若 B 足够强, $v_{\parallel}$ 将会减少至零, 而不继续在 z 方向运进, 使 $\boldsymbol{B}$ 场有如"镜子"的反照作用.

上面 (26) 和 (30) 式之计算, 证明 M 磁矩之不变性.

$$M = \frac{ew}{2\pi}\pi a^2 = \frac{ev_{\perp}a}{2} = \frac{W_{\perp}}{B} = \frac{e^2 B}{m}\pi a^2 \tag{6-32}$$

(参阅 (24), (16), (17) 等式), 系古典力学中的作用变数 (action variable) 之缓渐不变性理论之例子. (参看《理论物理第一册: 古典动力学》乙部, 第 7 章; 《理论物理第二册: 量子论与原子结构》甲部第 8 章第 6 节) 按《理论物理第二册: 量子论与原子结构》甲部第 8 章 (8-25, 26) 式, 证明 M 之不变性, 将留给读者为习题.

6.3 原子内之电子在磁场的运动: Larmor 旋进及逆磁性

6.3.1 Larmor 定理

前节所论的乃"自由"电子. 兹将研论束缚电子 (如原子内的) 在外加磁场中的运动.

一个电荷 e 在原子内之向心静电场运动, 可由纯量位 ϕ 表示之, 其运动方程式为

$$m\ddot{x} = F_x,\ m\ddot{y} = F_y,\ m\ddot{z} = F_z,\ \boldsymbol{F} = -e\nabla\phi \tag{6-33}$$

为方便起见, 吾人可引用复变数

$$r = x + \mathrm{i}y, \ f = F_x + \mathrm{i}F_y \tag{6-33a}$$

故 (33) 成为

$$m\ddot{r} = f, \ m\ddot{z} = F_z \tag{6-33b}$$

兹将 x, y 轴以 ω 之角速度绕 z 轴旋转. 由转动坐标系的观点, 将 r 转换至 r', 如下式:

$$r' = r\mathrm{e}^{-\mathrm{i}\omega t} \tag{6-34a}$$

及

$$f' = f\mathrm{e}^{-\mathrm{i}\omega t} \tag{6-34b}$$

方程式 (33b) 即化为

$$\begin{aligned} mr' =& f' - 2\mathrm{i}m\omega\dot{r}' + m\omega^2 r' \\ m\ddot{z} =& F_z \end{aligned} \tag{6-35}$$

兹置原子于一磁场 $\boldsymbol{B}$ 中, 以 $\boldsymbol{B}$ 方向为 z 轴. 有 Lorentz 力 $-e\nabla\phi + e[\boldsymbol{v} \times \boldsymbol{B}]$ 之运动方程式 (33) 为

$$\begin{aligned} m\ddot{x} =& F_x + e\dot{y}B \\ m\ddot{y} =& F_y - e\dot{x}B \\ m\ddot{z} =& F_z \end{aligned} \tag{6-36}$$

或, 如 (32a) 式,

$$m\ddot{r} = f - \mathrm{i}e\dot{r}B, \quad m\ddot{z} = F_z \tag{6-36a}$$

若将 (35) 式之 mw^2r' 项略去, 则比较 (36a) 与 (35) 式, 可见原子内之电子在磁场 B 之运动, 与无磁场 B 而以频率 ω_{L} 转动之坐标作参考之运动, 完全一样,

$$\omega_{\mathrm{L}} = \frac{eB}{2m} \tag{6-37}$$

此意谓磁场 B 对原子内之电子之效应, 系使电子得到额外之转动频率 ω_{L}. 此结果称为 Larmor 定律, ω_{L} 称为 Larmor 频率.

可将 (35) 式之最后一项略去之条件 (亦即 Larmor 定理可成立之条件) 为

$$\frac{\omega_{\mathrm{L}} r}{2\dot{r}} \ll 1 \ (\text{或} \frac{\omega_{\mathrm{L}}}{2\omega_0} \ll 1)$$

ω_0 为无磁场 B 时, 原子内电子运动之频率上述之条件为

$$\frac{eB}{4m\omega_0} \ll 1 \tag{6-38}$$

即 $B \ll 10^4\mathrm{T} = 10^8\mathrm{Gs}$. 在一般实验情形下, 这条件皆能满足的.

6.3.2 Larmor 旋进 (precession)

(3-50) 已曾定义电流线圈之磁矩 $\boldsymbol{M}$ 为

$$\boldsymbol{M} = \frac{1}{2}I\oint[\boldsymbol{r}\times \mathrm{d}\boldsymbol{l}] \tag{6-39}$$

今有一电荷 e 在向心场 (原子内) 沿一密闭轨道运动, 其周期为 T. 因此, 电流 $I=\frac{c}{T}$. 在向心场, 粒子之角动量 L 系一常数

$$L = mr^2\frac{\mathrm{d}\phi}{\mathrm{d}t} = 2m\frac{\mathrm{d}S}{\mathrm{d}t} = \text{常数} \tag{6-40}$$

因 $[\boldsymbol{r}\times \boldsymbol{dl}] = 2\mathrm{d}S$, 由 (39) 式可得

$$\boldsymbol{M} = \frac{e}{2m}\boldsymbol{L} \tag{6-41}$$

注意: 电子之电荷为负值, 故 $\boldsymbol{M}$ 与 $\boldsymbol{L}$ 二者方向是相反的.

于磁场里, 磁偶矩所受之力偶 $\boldsymbol{T}$ 为

$$\boldsymbol{T} = [\boldsymbol{M}\times\boldsymbol{B}] \tag{6-42}$$

该电子之运动方程式为

$$\frac{\mathrm{d}\boldsymbol{L}}{\mathrm{d}t} = [\boldsymbol{M}\times\boldsymbol{B}] = \frac{e}{2m}[\boldsymbol{L}\times\boldsymbol{B}] \tag{6-43}$$

若引入角向量速度 ω_{L}

$$\omega_{\mathrm{L}} = -\frac{eB}{2m} \tag{6-44}$$

(43) 式即化为

$$\frac{\mathrm{d}\boldsymbol{L}}{\mathrm{d}t} = [\boldsymbol{\omega}_{\mathrm{L}}\times\boldsymbol{L}] \tag{6-45}$$

此显示角动量 $\boldsymbol{L}$ 系以 Larmor 频率 $\boldsymbol{\omega}_{\mathrm{L}}$ 环绕 $\boldsymbol{B}$ 之方向旋进.

6.3.3 逆磁性 (diamagnetisn)

兹取一原子, 其在正常状态时 (即无外磁场) 之磁矩为零. 但若有磁场时, Larmor 旋进乃产生一磁矩. 其于 B 方向之分量, 可由 (41), (40) 及 (44) 等式计算之.

$$M_z = \frac{1}{2}er^2\frac{\mathrm{d}\phi}{\mathrm{d}t} = \frac{1}{2}er^2\omega_{\mathrm{L}}, \quad r^2 = x^2+y^2 \tag{6-46a}$$

以电子言, $e=-|e|$, 故

$$M_z = -\frac{1}{2}|e|\omega_{\mathrm{L}}r^2 \tag{6-46b}$$

一个原子所有电子之 M_z 之和, 须对电子轨道各方向作平均. 今

$$\overline{x^2} = \overline{y^2} = \overline{z^2} = \frac{1}{3}\overline{r^2}$$

如原子内有 Z 个电子, 由 (46) 式可得

$$\overline{M}_z = -\frac{e^2 Z}{6m} B\overline{r^2},\ (\text{—乃平均值})$$

若每单位体积有 N 个原子, 则磁化强度 M(每单位体积之磁矩) 为

$$M = -\frac{Ne^2 Z\mu}{6m}\overline{r^2} H \tag{6-47}$$

此式乃定义逆磁化率为

$$\chi = -\frac{Ne^2 Z\mu}{6m}\overline{r^2} \tag{6-48}$$

由 (3-23a), $\mu = (1+\chi)\mu_0$. 若 $\chi \ll 1$, (48) 式可代以

$$\chi \approx -\frac{Ne^2 Z\mu_0}{6m}\overline{r^2} \tag{6-48a}$$

逆磁化率与顺磁化率的不同点, 是除因 N 与温度的关系外, 它与温度无关. (48a) 式已由实验证实. 但 $\overline{r^2}$(电子与核之间距离平方平均值) 则只可由量子力学计算之.

6.4 振荡中之电子: 辐射与减幅 (radiation and damping)

一电荷 e 受简谐力束缚的运动方程式为

$$m\ddot{z} = -kz \tag{6-49}$$

其解为

$$z = a\cos(\omega t + b), \quad \omega^2 = \frac{k}{m}$$

其电偶矩 (选适宜的之 t 的原点) 为

$$ez = ea\cos\ \omega t \tag{6-50}$$

该振荡中之电荷, 辐射一电磁场. 该理论与结果已详见于第 5 章第 1 节. 由 (5-14) 得知电场 E_0 及磁场 B_φ 为

$$cB_\varphi = E_0 = \frac{e}{4\pi\varepsilon_0 c^2}\frac{\sin\theta}{r}\ddot{z}, \quad z = a\cos\omega\left(t - \frac{r}{c}\right) \tag{6-51}$$

$(r,\ \theta,\ \varphi)$ 为 P 点之极坐标, P 点为所量 $\boldsymbol{E}$ 和 $\boldsymbol{B}$ 的点.

由 (5-16) 式, 电偶辐射能的率为

$$Q=\oiint P\cdot \mathrm{d}S=\frac{1}{6\pi\varepsilon_0}\frac{e^2}{c^3}(\ddot{z})^2 \tag{6-52}$$

其平均率为

$$\langle Q\rangle=\frac{\omega}{2\pi}\int_0^{\frac{2\pi}{\omega}}Q\mathrm{d}t=\frac{1}{12\pi\varepsilon_0}\frac{e^2a^2\omega^4}{c^3} \tag{6-53}$$

该简谐振荡子 (50) 式之平均总能为

$$W=\frac{1}{2}m\dot{z}^2+\frac{1}{2}kz^2=\frac{1}{2}ma^2\omega^2 \tag{6-54}$$

由 (54) 和 (53) 式,

$$\frac{\mathrm{d}W}{\mathrm{d}t}=-\frac{e^2a^2\omega^4}{12\pi\varepsilon_0c^3}=-\gamma W \tag{6-55}$$

此示, 振荡子能量按下式衰减

$$W=W_0\mathrm{e}^{-\gamma t},\ \gamma=\frac{e^2\omega^2}{6\pi\varepsilon_0mc^3} \tag{6-56}$$

这辐射之减幅, 可在运动方程式加入减幅项以表示之. 如将该方程式写成

$$m\ddot{z}+kz=F \tag{6-57}$$

即得

$$\frac{\mathrm{d}}{\mathrm{d}t}\left(\frac{1}{2}m\dot{z}^2+\frac{1}{2}kz^2\right)=F\dot{z} \tag{6-57a}$$

将此式与 (55) 式相比, 可见

$$F\dot{z}=-\frac{(e)^2}{6\pi\varepsilon_0c^3}(\ddot{z})^2 \tag{6-58}$$

当减幅效应非常小且该运动可视为周期性时, 吾人可计算 $F\dot{z}$ 在振荡数次之平均值. 由

$$(\ddot{z})^2=\frac{\mathrm{d}}{\mathrm{d}t}(\ddot{z}\dot{z})-(z\dot{z})$$

及平均值

$$\overline{\frac{\mathrm{d}}{\mathrm{d}t}(\ddot{z}\dot{z})}=\frac{1}{T}\left\{(\dot{z}\ddot{z})_T-(\dot{z}\ddot{z})_0\right\}=0$$

(6-57a) 化为

$$m\ddot{z}+kz-\frac{e^2}{6\pi\varepsilon_0c^3}\dddot{z}=0 \tag{6-59}$$

兹假设

$$z=b\mathrm{e}^{\mathrm{i}\omega_\gamma t} \tag{6-60}$$

则 (59) 式为

$$-\omega_\gamma^2+\omega^2+\mathrm{i}\gamma\frac{\omega_\gamma^3}{\omega^2}=0, \tag{6-61}$$

$\omega^2=\dfrac{k}{m}$, γ见 (56) 式. 如 $\gamma=0$(即无辐射灭幅), 即得 $\omega_\gamma=\pm\omega$.

如减幅效应非常小, 则可使

$$\omega_\gamma=\pm\omega+\varepsilon,\ \varepsilon\ll\omega$$

将此代入 (61) 式, 并略去 ε^2, $\gamma\varepsilon$ 等, 则得

$$\omega_\gamma=\pm\omega+\mathrm{i}\frac{\gamma}{2} \tag{6-62}$$

故 (60) 式解为

$$z=\mathrm{e}^{-\frac{\gamma}{2}t}(b_1\mathrm{e}^{\mathrm{i}\omega t}+b_2\mathrm{e}^{-\mathrm{i}\omega t}), \tag{6-63}$$

b_1, b_2 皆为常数.

如假设辐射减幅非常小, (59) 式 $\dddot{z}$ 中之 z, 可用 $z=b\mathrm{e}^{i\omega t}$, 故得 $\dddot{z}=-\omega^2\dot{z}$. (59) 式乃成

$$\ddot{z}+\omega^2z+\gamma\dot{z}=0 \tag{6-64}$$

这乃是一个附有“摩擦力”阻止速度的振荡方程式.

由 (52) 式, 可得自由电子的 Thomson 散射. 在电场 $E(t)$ 作用下, 电子之运动方程式为

$$m\ddot{z}=eE(t)$$

该强逼振荡的辐射能量率 Q, 由 (52) 式得之

$$Q=\frac{e^4E^2(t)}{6\pi\varepsilon_0c^3m^2} \tag{6-65}$$

该入射波之辐射能可由 Poynting 向量求得 (用 (5-15) 式, $\sqrt{\varepsilon_0}E=\sqrt{\mu_0}H$)

$$\boldsymbol{P}=\boldsymbol{E}\times\boldsymbol{H}=\sqrt{\frac{\varepsilon_0}{\mu_0}}E^2 \tag{6-66}$$

此系经过与传播方向垂直之每单位面积之能量率. 今定义

$$\sigma=\frac{Q}{P} \tag{6-67}$$

其因次为面积, 称为一自由电子散射辐射之截面积, 则

$$\sigma=\frac{8\pi}{3}r_0^2 \tag{6-68}$$

这里

$$r_0=\frac{e^2}{4\pi_0\varepsilon mc^2}=2.8\times10^{-13}\mathrm{cm} \tag{6-69}$$

称为电子之古典半径. 上述乃 J. J. Thomson 的理论.

6.5 光谱线之 Lorentz 宽度

周期时间函数 $e^{i\omega t}$ 的频率为 ω. 任何时间函数 $f(t)$ 皆可用 Fourier 解析法分析成频率之谱系.

$$F(\omega)=\frac{1}{2\pi}\int_{-\infty}^{\infty}f(t)e^{i\omega t}dt \tag{6-70a}$$

该式反转换为

$$f(t)=\int_{-\infty}^{\infty}F(\omega)e^{-i\omega t}d\omega \tag{6-70b}$$

兹取 (49) 式之简谐振荡子. 若它在无穷长之时间放出一电磁波, 则该波是频率 ω 之单色光. 若该振荡运动, 由于辐射能放出而呈减幅的现象 (其 z 可以 (63) 表示), 则 (70a) 式 z 之 Fourier 转换将有一频率分布. 下文将求减幅之振荡子 ((59) 或 (64) 式) 放出之辐射之波谱分布.

设一振荡子的运动, 于 $t=0$ 时开始，于 $t>0$, 则遵守 (63) 式,

$$z(t)=\begin{cases}0, & t<0\\ e^{-\frac{\gamma t}{2}}(be^{i\omega_0 t}+b^*e^{-i\omega_0 t}), & t>0\end{cases} \tag{6-71}$$

假设该减幅甚小, 换言之, $\gamma\ll w_0$, 则

$$\ddot{z}\approx-\omega_0^2 z \tag{6-72}$$

由 $t=0$ 开始, 总共辐射出之能量, 按 (52) 式, 为

$$\begin{aligned}W=&\int_0^{\infty}Qdt=\frac{e^2}{6\pi\varepsilon_0c^3}\int_{-\infty}^{\infty}(\ddot{z})^2dt\\=&\frac{e^2\omega_0^4}{6\pi\varepsilon_0c^3}\int_{-\infty}^{\infty}dt\ z(t)z(t)\end{aligned} \tag{6-73}$$

兹用 (70b) 之 z 转换式, 该积分可化为

$$\begin{aligned}&\int_{-\infty}^{\infty}dt\int_{-\infty}^{\infty}y(\omega)e^{-i\omega t}d\omega\int_{-\infty}^{\infty}y(\omega')e^{-i\omega' t}d\omega'\\=&\int_{-\infty}^{\infty}\int_{-\infty}^{\infty}d\omega\ d\omega' y(\omega)y(\omega')\int_{-\infty}^{\infty}dte^{-i'(\omega+\omega')t}\\=&2\pi\int_{-\infty}^{\infty}\int_{-\infty}^{\infty}d\omega d\omega' y(\omega)y(\omega')\delta(\omega+\omega')\end{aligned}$$

这里 $\delta(\omega+\omega')$ 为 (2-12a, b) 定义之 δ 函数. 此积分为

$$= 2\pi\int_{-\infty}^{\infty}\mathrm{d}\omega y(\omega)y(-\omega) = 4\pi\int_{0}^{\infty}\mathrm{d}\omega y(\omega)y(-\omega) \tag{6-74}$$

欲得 $y(\omega)$, 以 (71) 代入 (70a) 式,

$$y(\omega) = \frac{1}{2\pi}\left[\frac{b}{\frac{\gamma}{2}-\mathrm{i}(\omega_0+\omega)}+\frac{b^*}{\frac{\gamma}{2}+\mathrm{i}(\omega_0-\omega)}\right]$$

$$y(-\omega) = \frac{1}{2\pi}\left[\frac{b}{\frac{\gamma}{2}-\mathrm{i}(\omega_0-\omega)}+\frac{b^*}{\frac{\gamma}{2}+\mathrm{i}(\omega_0+\omega)}\right]$$

因 $\gamma \ll \omega_0$, 如我们注意点系邻近 ω_0 的 ω, 则可得 $y(\omega)y(-\omega)$ 之近似值为

$$y(\omega)y(-\omega) = \frac{1}{4\pi^2}\frac{|b|^2}{\frac{\gamma^2}{4}+(\omega_0-\omega)^2} \tag{6-75}$$

将 (75), (74) 等式代入 (73) 式, 可得

$$W = \frac{e^2\omega_0^4}{6\pi^2\varepsilon_0 c^3}\frac{|b|^2}{\frac{\gamma^2}{4}+(\omega_0-\omega)^2} \tag{6-76}$$

上式系在无减幅之振荡子频率 $\omega_0 = \frac{k}{m}$ 附近之波谱分布, 该分布称为 Lorentz 线形状 (line shape). 当 $\omega=\omega_0$ 时, 能量为最大值 $W_{\max}$. 在 $\omega=\omega_0\pm\frac{\gamma}{2}$, 则 $W=\frac{1}{2}W_{\max}$. 所谓"半宽度" ΔW(half width) 的定义为

$$\Delta W = \gamma \tag{6-77}$$

(76) 式 Lorentz 线形状与 Doppler 线形状大异, 后者呈 Gaussian 分布, 乃由辐射源之原子速度分布而定的.

6.6　色散理论 (theory of dispersion)

按 (4-21) 式, 电磁波在介质 (μ,ε) 传播之速度为

$$v = \frac{1}{\sqrt{\varepsilon_0\mu_0}} = \frac{c}{\sqrt{\varepsilon\mu/\varepsilon_0\mu_0}} \tag{6-78}$$

该介质之折射率为 (5-77c)

$$n = \sqrt{\frac{\varepsilon\mu}{\varepsilon_0\mu_0}} \tag{6-79}$$

在许多的介质中, n 常为电磁波频率的函数. 这也就是白色光会经一三棱镜而散成一光谱的原因. 下文将按古典电磁理论, 从原子的观点, 导出色散理论. 但一完整的色散理论, 是需用量子力学的.

设有频率 ω 之电磁波入射于介质, 该介质每单位体积有 N 个分子. 每个分子中有一个被简谐力所束缚的电子, 它振荡频率为 ω_0. 该电子辐射出能量, 故有灭幅现象. 在入射波之电场 $E=E_0\mathrm{e}^{\mathrm{i}\omega t}$ 作用下的电子, 其运动方程式, 由 (64) 式, 为

$$\ddot{r}+\omega_0^2 r+\gamma\dot{r}=\frac{eE_0}{m}\mathrm{e}^{\mathrm{i}\omega t} \tag{6-80}$$

如欲求一形式为 $r=r_0\mathrm{e}^{\mathrm{i}\omega t}$ 之解, 则

$$r_0=\frac{1}{e}\alpha\ \varepsilon_0 E_0$$

这里

$$\alpha=\frac{e^2}{m\varepsilon_0}\frac{1}{(\omega_0^2-\omega^2)+\mathrm{i}\gamma\omega} \tag{6-81}$$

每单位体积之感应电偶矩为

$$\boldsymbol{P}=Ne\boldsymbol{r}=N\alpha\varepsilon_0\boldsymbol{E} \tag{6-82}$$

与 (1-65a) 式相比, 可见 (81) 式之 α 系分子极化率 (polarizability). 若在固体介质或浓密之气体时, 可将 E 代以 $E+\dfrac{P}{3\varepsilon_0}$, 而得 (1-74a) 式

$$N\alpha=\frac{3(\varepsilon-\varepsilon_0)}{\varepsilon+2\varepsilon_0} \tag{6-83}$$

由此得

$$\frac{\varepsilon}{\varepsilon_0}=\frac{1+\frac{2}{3}N\alpha}{1-\frac{1}{3}N\alpha} \tag{6-84}$$

α 则见 (81) 式. 设 $N\alpha\ll 1$, 则

$$\frac{\varepsilon}{\varepsilon_0}\approx 1+\frac{Ne^2}{\varepsilon_0 m}\frac{1}{\omega_0^2-\omega^2+\mathrm{i}\gamma\omega-\dfrac{Ne^2}{3\varepsilon_0 m}} \tag{6-85}$$

此式显示 (79) 式之折射率 n 为一复数. 设

$$n=\sqrt{\frac{\varepsilon}{\varepsilon_0}}=n_\mathrm{r}-\mathrm{i}n_\mathrm{i} \tag{6-85a}$$

其实数和虚数部分分别为 (略去分母之最后一项)

$$n_r^2 - 1 = n_i^2 + \frac{Ne^2}{\varepsilon_0 m} \frac{\omega_0^2 - \omega^2}{(\omega_0^2 - \omega^2)^2 + \gamma^2\omega^2} \tag{6-86a}$$

$$n_i = \frac{Ne^2}{2n_r\varepsilon_0 m} \frac{\omega\gamma}{(\omega_0^2 - \omega^2)^2 + \gamma^2\omega^2} \tag{6-86b}$$

如减幅甚小, 又 ω 离 ω_0 很远处

$$\gamma^2\omega^2 \ll (\omega_0^2 - \omega^2)^2, \tag{6-87}$$

则可得 (86a) 之近似值

$$n_r^2 - 1 = \frac{Ne^2}{\varepsilon_0 m(\omega_0^2 - \omega^2)} \tag{6-88}$$

若该介质系由频率 ω_S 之 N_S 分子所构成 (N_S 为每单位积之分子数), 则 (88) 式可代以下式:

$$n_r^2 - 1 = \frac{e^2}{\varepsilon_0 m} \sum_S \frac{N_S}{(\omega_S^2 - \omega^2)} \tag{6-88a}$$

如 $n_r - 1 \ll 1$, 则 $n_r^2 - 1 \approx 2(n_r - 1)$, 此式可化为

$$n_r \approx 1 + \frac{e^2}{2\varepsilon_0 m} \sum_S \frac{N_S}{(\omega_S^2 - \omega^2)} \tag{6-88b}$$

若不略去 (86a) 式内之灭幅, 则 (88b) 式代以下式:

$$n_r \approx 1 + \frac{e^2}{2\varepsilon_0 m} \sum_S \frac{N_S}{\omega_S^2 - \omega^2 + \gamma^2\omega^2} \tag{6-89}$$

如图 6.1 所示, 实线代表 (89) 式之 n_r, 而虚线为 (88b) 式之 n_r. 将减幅项 $\gamma^2\omega^2$ 加入考虑, 使色散曲线不呈 (88b) 式的不连续性. 于振荡子振荡频率 $\omega_1, \omega_2, \cdots$ 之附近, 折射率随着频率 ω 增加而减小, 此称为反常色散 (anomalous dispersion). n_r 随着频率增加而增加, 则称为正常色散 (normal dispersion).

上述的古典色散理论, 假设有简谐力束缚之电子, 其振荡频率分别为 ω_1, $\omega_2, \cdots$. 近代原子或分子理论, 这些频率须代以跃迁频率 (transition frequencies)ω_{mn}, $(h\omega_{mn} = 2\pi(E_m - E_n)$, E_m, E_n 为不同态之能量. 反常色散, 是在吸频率 ω_{mn} 处出现. 该现象在量子力学中有完满的理论.

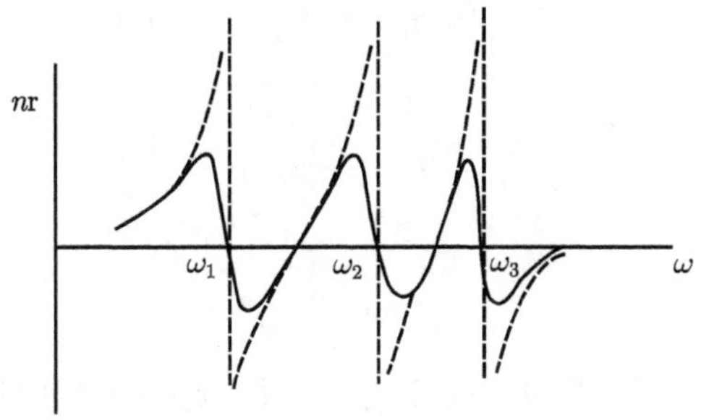

图 6.1

折射率 n 的虚数部分之物理意义如下: (5-33) 式, 可得

$$k = \omega\sqrt{\varepsilon\mu} = \frac{\omega}{c}\sqrt{\frac{\varepsilon\mu}{\varepsilon_0\mu_0}} = \frac{\omega}{c}n \tag{6-90}$$

由 (85a), 可得

$$k = \frac{\omega}{c}n_{\mathrm{r}} - \mathrm{i}\frac{\omega}{c}n_{\mathrm{i}} \tag{6-91}$$

故 E 波

$$E(z,t) = E_0\mathrm{e}^{\mathrm{i}(\omega t - kz)}$$

乃成

$$E(z,t) = E_0\mathrm{e}^{-\frac{\omega}{c}n_{\mathrm{i}}z}\mathrm{e}^{\mathrm{i}(\omega t - \frac{\omega}{v}z)} \tag{6-92}$$

$v = \dfrac{c}{n_{\mathrm{r}}}$ 为相位速度. 该波有减幅现象. 该现象之发生系由于振荡子吸收了入射波之能量, 而这些被吸收之能量, 再经振荡子向各方放出. n 之虚数部分, 出现于这吸收现象.

上述之色散理论, 在量定地球上空电离层之电子密度和电离层之高度, 极为重要. 在白天, 高空大气的原子和分子, 吸收了太阳辐射能而离子化. 在每一高度, 离子化过程与电子与正离子的各种结合过程, 可达到一稳定状态. 在离地平面约 100 千米高处的电离层称为 E 层, 其电子密度约 $10^5 \sim 10^6/\mathrm{cm}^3$; 在 200km 高处的称为 F 层, 电子密度为 $10^6/\mathrm{cm}^3$. 电子密度最大值, 系约当午后一小时, 其最低则约在午夜.

欲量定这些电离层的电子密度和它们的高度, 我们参看 (88) 式. 式中之 ω_0 等于零, 因这些电子, 皆是“自由”电子. (88) 式可化为

$$n_{\mathrm{r}} = \sqrt{1 - \frac{Ne^2}{\varepsilon_0 m\omega^2}} \tag{6-93}$$

兹向上空放射不同频率之电磁波信息. 电磁波之反射及折射理论, 已见 (5-60a, b, c,

d) 等式. 由 (5-60d) 式, 在垂直入射 $\theta_{\rm i}=0$ 情形下, 全反射之条件为

$$n_{\rm r}=\sqrt{1-\frac{Ne^2}{\varepsilon_0 m\omega^2}}=0 \tag{6-94}$$

换言之:

$$N=\frac{\varepsilon_0 m}{e^2}\omega^2$$

实验方面, 乃借改变频率, 使 (94) 全反射条件得以满足, 电磁波垂直的反射地面, 由此 ω, 即获得 N 之值.

发生全反射处之高度 h 可由下法测定: 以电子振荡仪记录将脉波送出去及反射波回来所需之时间 Δt, 由 $h=\frac{1}{2}c\Delta t$ 式, 即可得高度 (c 为光速).

(1912 年)Eccles 和 (1924 年)Larmor 首先提出无磁场时, 电磁波在离子气体中传播之理论. 实验工作则由下列物理学家展开: Appleton 和 Barnett(1925), Smith-Rose 和 Barfield(1926), 和 Breit 和 Tuve(1926). 但地球是有磁场的. 包括磁场之理论, 是由 Lorentz, Goldstein(1928), Hartree(1929), Darwin(1934, 1943) 所展开的.

此课题的进一步研究与探讨, 可参阅 S. K. Mitra 的 *The Upper Atmosphere,* 第二版, 1952.

第 7 章　电磁场之 Lagrangian 及 Hamiltonian 形式

《理论物理第一册：古典动力学》甲部及乙部的古典力学所讨论之力学系统, 是质点 (或刚体) 的系统, 其坐标系不连续的, 如 $q_1, q_2, \cdots, q_n$. 此外还有一些力学系统, 如流体或弹性连续介质、电磁场等, 则需用连续性的坐标. 本章将应用 Lagrangian 及 Hamiltonian 方法于电磁场理论.

7.1　Lagrange 方程式

《理论物理第一册：古典动力学》乙部第 2 章曾应用 Hamilton 原理于一条绳的横振动之问题. 其 Lagranian 函数为

$$L = \int_0^l \left\{ \frac{1}{2}\rho \left(\frac{\partial y}{\partial t}\right)^2 - \frac{1}{2} S \left(\frac{\partial y}{\partial x}\right)^2 \right\} \mathrm{d}x \tag{7-1}$$

此亦可写成下式:

$$L = \int_0^l \mathscr{L}(y_t, y_x) \mathrm{d}x, \ y_t = \frac{\partial y}{\partial x}, \ y_x = \frac{\partial y}{\partial x} \tag{7-2}$$

$\mathscr{L}$ 称为 (线性)Lagrangian 密度. 该 Lagrangian 密度是一有用的观念. 于三维空间介质里, Lagrangian 函数 L 和 Lagrangian 密度 $\mathscr{L}$ 的关系乃

$$L = \iiint \mathscr{L} \mathrm{d}x \ \mathrm{d}y \ \mathrm{d}z \tag{7-3}$$

在前述问题中, 变数 y 及其导数 $\dfrac{\partial y}{\partial t}$, $\dfrac{\partial y}{\partial x}$ 是在作变分时改变的, 而 x, t 是独立参数.

今考虑由 Hamilton 原理所产生之变分原理 (variational principle)

$$\delta \iiiint \mathscr{L}(q, q_x, q_v, q_z, q_t, x, y, z, t) \mathrm{d}x \ \mathrm{d}y \ \mathrm{d}z \ \mathrm{d}t = 0 \tag{7-4}$$

这里 $q_x = \dfrac{\partial q}{\partial x}$, 等等. 在体积 V 之边界面上及在时间始点及终点的变分 δq 皆等于零. 作这些变分及部分积分, 因在体积 V 内 δq 是任意的, 即得下 Euler 方程式

$$\frac{\mathrm{d}}{\mathrm{d}t} \frac{\partial \mathscr{L}}{\partial \left(\dfrac{\partial q}{\partial t}\right)} + \sum_x^z \frac{\mathrm{d}}{\mathrm{d}x_k} \frac{\partial \mathscr{L}}{\partial \left(\dfrac{\partial q}{\partial x_k}\right)} - \frac{\partial \mathscr{L}}{\partial q} = 0 \tag{7-5}$$

(4) 式可推广至有 $q_1, \cdots, q_n$ 之变数的情形, (5) 式乃 n 个方程式

$$\frac{\mathrm{d}}{\mathrm{d}t}\frac{\partial \mathscr{L}}{\partial\left(\dfrac{\partial q_i}{\partial t}\right)}+\sum_{k=1}^{3}\frac{\mathrm{d}}{\mathrm{d}x_k}\frac{\partial \mathscr{L}}{\left(\dfrac{\partial q_i}{\partial x_k}\right)}-\frac{\partial \mathscr{L}}{\partial q_i}=0$$

$$i=1,\cdots,n \tag{7-6}$$

现定义函数导数 (functional derivative) 如下:

$$\frac{\delta L}{\delta q_i}\equiv\frac{\partial \mathscr{L}}{\partial q_i}-\sum_{k=1}^{3}\frac{\mathrm{d}}{\mathrm{d}x_k}\frac{\partial \mathscr{L}}{\partial\left(\dfrac{\partial q_i}{\partial x_k}\right)} \tag{7-7}$$

$$\frac{\delta L}{\delta \dot{q}_i}\equiv\frac{\partial \mathscr{L}}{\partial \dot{q}_i} \tag{7-7a}$$

这乃因 $\mathscr{L}$ 与 $\dfrac{\partial \dot{q}_i}{\partial x_k}$ 无关系 $\left(\dot{q}_i\equiv\dfrac{\partial q_i}{\partial t}\right)$. 由这些公式可得

$$\begin{aligned}\delta L=&\delta\iiint\mathscr{L}\left(q_i,\frac{\partial q_i}{\partial x_k},\frac{\partial q_i}{\partial t},x_k,t\right)\mathrm{d}x_1\,\mathrm{d}x_2\,\mathrm{d}x_3\\=&\iiint\sum_i\left(\frac{\delta L}{\delta q_i}\delta q_i+\frac{\delta L}{\delta \dot{q}_i}\delta\dot{q}_i\right)\mathrm{d}^3x\\=&\iiint\sum_i\left(\frac{\delta L}{\delta q_i}-\frac{\mathrm{d}}{\mathrm{d}t}\frac{\delta L}{\delta \dot{q}_i}\right)\delta q_i\,\mathrm{d}^3x\end{aligned} \tag{7-8}$$

(6) 式乃得较简形式

$$\frac{\mathrm{d}}{\mathrm{d}t}\frac{\delta L}{\delta \dot{q}_i}-\frac{\delta L}{\delta q_i}=0 \tag{7-9}$$

因 (4) 式之 $\mathrm{d}x\,\mathrm{d}y\,\mathrm{d}z\,\mathrm{d}t$ 为四维空间之体积素, 故 (4) 式之变分方程式及 (5) 式之 Lagrange 方程式皆具有 Lorentz 不变性, 只要 $\mathscr{L}$ 和 q 为四度之纯量. (5) 式可写下面之协变式:

$$\sum_{\mu=1}^{4}\frac{\mathrm{d}}{\mathrm{d}x_\mu}\frac{\partial \mathscr{L}}{\partial\left(\dfrac{\partial q}{\partial x_\mu}\right)}-\frac{\partial \mathscr{L}}{\partial q}=0 \tag{7-10}$$

7.2 正则方程式

现定义动量密度 π, Hamitonian 密度 $\mathscr{H}$ 和 Hamiltonian 函数 H 如下:

$$\pi_i=\frac{\partial \mathscr{L}}{\partial \dot{q}_i}\left(=\frac{\delta L}{\delta \dot{q}_t},\text{按 (7a)式}\right) \tag{7-11}$$

$$\mathscr{H}=\sum\pi_i\,\dot{q}_i'-\mathscr{L} \tag{7-12}$$

$$H=\iiint\mathscr{H}\mathrm{d}^3x \tag{7-13}$$

$\mathscr{H}$ 为 $q_i, \dfrac{\partial q}{\partial x_k}, \pi_i, t$ 之函数.

以理论物理第一册乙部第 2 章第 2 节所用的方法, 及与 (7) 相似之函数导数之定义

$$\frac{\delta H}{\delta q_i}\equiv\frac{\partial\mathscr{H}}{\partial q_i}-\sum_k\frac{\mathrm{d}}{\mathrm{d}x_k}\frac{\partial\mathscr{H}}{\partial\left(\dfrac{\partial q_i}{\partial x_k}\right)} \tag{7-14}$$

$\dfrac{\delta H}{\delta\pi_i}\equiv\dfrac{\partial\mathscr{H}}{\partial\pi_i}$, 因 $\mathscr{H}$ 不含有 $\dfrac{\partial\pi_i}{\partial x_k}$, 即得

$$\dot{q}_i=\frac{\delta H}{\delta\pi_i},\quad\dot{\pi}_i=-\frac{\delta H}{\delta q_i},\quad\frac{\partial\mathscr{L}}{\partial t}+\frac{\partial\mathscr{H}}{\partial t}=0 \tag{7-15}$$

(15) 系正则方程式.

由 (14), (13) 式, 作部分积分, 可得

$$\frac{\mathrm{d}H}{\mathrm{d}t}=\iiint\left\{\sum\left(\frac{\delta H}{\delta q_i}\dot{q}_i+\frac{\delta H}{\delta\pi_i}\dot{\pi}_i\right)+\frac{\partial\mathscr{H}}{\partial t}\right\}\mathrm{d}^3x$$

由 (15) 式, 此式可化为

$$\frac{\mathrm{d}H}{\mathrm{d}t}=\iiint\frac{\partial\mathscr{H}}{\partial t}\mathrm{d}^3x \tag{7-16}$$

如 $\dfrac{\partial\mathscr{H}}{\partial t}=0$, 则 $H=$ 常数.

兹取任一函数 G

$$G=\iiint\mathscr{Y}\mathrm{d}^3x \tag{7-17}$$

由 (15) 式,

$$\frac{\mathrm{d}G}{\mathrm{d}t}=\iiint\left\{\sum\left(\frac{\delta G}{\delta q_i}\frac{\delta H}{\delta\pi_i}-\frac{\delta G}{\delta\pi_i}\frac{\delta H}{\delta q_i}\right)+\frac{\partial\mathscr{Y}}{\partial t}\right\}\mathrm{d}^3x \tag{7-18}$$

该积分 V 内之和, 可定义为 Poisson 括号 $[G,H]$, 故

$$\frac{\mathrm{d}G}{\mathrm{d}t}=[G,H]+\frac{\partial G}{\partial t} \tag{7-19}$$

总之, 在连续性的变数情形下, 运动方程式 (Lagrangian 式或正则式) 的形式, 与不连续的变数情形者同, 只是以函数的导数代替了偏微分导数而已.

7.3 Lagrangian 形式之电磁场方程式

第 4 章中, 已知在真空 (Gauss 制, $\boldsymbol{E}=\boldsymbol{D}$, $\boldsymbol{H}=\boldsymbol{B}$, $\varepsilon_0=1$, $\mu_0=1$, $\gamma=c$) 的电动力学基本方程式为

静磁定律

$$\text{div } \boldsymbol{B}=0 \tag{7-20}$$

Faraday 定律

$$\text{curl } \boldsymbol{E}+\frac{1}{c}\frac{\partial \boldsymbol{B}}{\partial t}=0 \tag{7-21}$$

Coulomb 定律

$$\text{div } \boldsymbol{E}=4\pi\rho \tag{7-22}$$

Ampere 定律 (加位移电流)

$$\text{curl } \boldsymbol{H}-\frac{1}{c}\frac{\partial \boldsymbol{D}}{\partial t}=\frac{4\pi}{c}\boldsymbol{\rho v} \tag{7-23}$$

连续性方程式

$$\text{div}(\boldsymbol{\rho v})+\frac{\partial \boldsymbol{\rho}}{\partial t}=0 \tag{7-24}$$

运动方程式

$$\frac{\mathrm{d}}{\mathrm{d}t}\boldsymbol{p}=e\boldsymbol{E}+\frac{e}{c}(\boldsymbol{v}\times\boldsymbol{B}) \tag{7-25}$$

若用向量位 $\boldsymbol{A}$ 及纯量位 ϕ,

$$\boldsymbol{B}=\text{curl } \boldsymbol{A} \tag{7-26}$$

$$\boldsymbol{E}=-\text{grad } \phi-\frac{1}{c}\frac{\partial \boldsymbol{A}}{\partial t} \tag{7-27}$$

及 Lorentz 关系

$$\text{div } \boldsymbol{A}+\frac{1}{c}\frac{\partial \phi}{\partial t}=0 \tag{7-28}$$

上数方程式对规范转换

$$\begin{aligned} A=&A_0-\nabla\chi \\ \psi=&\phi_0+\frac{1}{c}\frac{\partial}{\partial t}\chi \end{aligned} \tag{7-29}$$

有不变性, 如 χ 满足下面方程式:

$$\left(\nabla^2-\frac{1}{c^2}\frac{\partial^2}{\partial t^2}\right)\chi=0 \tag{7-30}$$

7.3.1 真空 (即$\rho=j=0$, (22), (23)式)

在此情形下, $\boldsymbol{A}$, ϕ 满足以下波动方程式:

$$\nabla^2\boldsymbol{A}-\frac{1}{c^2}\frac{\partial^2\boldsymbol{A}}{\partial t^2}=0 \tag{7-31a}$$

$$\nabla^2\phi-\frac{1}{c^2}\frac{\partial^2\phi}{\partial t^2}=0 \tag{7-31b}$$

欲将这些方程式变成 (9) 式之 Lagrangian 形式, 可选定 Lagrangian 密度为

$$\begin{aligned}\mathscr{L}=&\frac{1}{8\pi}(E^2-B^2)\\=&\frac{1}{8\pi}\left\{\left(-\text{grad }\phi-\frac{1}{c}\frac{\partial\boldsymbol{A}}{\partial t}\right)^2-(\text{curl }\boldsymbol{A})^2\right\}\end{aligned} \tag{7-32}$$

如将 ϕ, A_x, A_y, A_z 当作场变数 q_i, 以此 Lagrangian 计算 (6) 式或 (9) 式并用 Lorentz 关系 (28), 即可导出 (31a, b).

由另一观点, 乃选定纯电磁场之 Lagrangian 密度为

$$\begin{aligned}\mathscr{L}_f=&\frac{1}{8\pi}\left\{\left(-\text{grad }\phi-\frac{1}{c}\frac{\partial\boldsymbol{A}}{\partial t}\right)^2-(\text{curl }\boldsymbol{A})^2\right.\\&\left.-\left(\text{div}\boldsymbol{A}+\frac{1}{c}\frac{\partial\phi}{\partial t}\right)^2\right\}\end{aligned} \tag{7-33}$$

以此 Lagrangian 密度计算 (6) 或 (9) 式, 不需用 Lorentz 关系即可导出场方程式 (30) 及 (31) 式.

7.3.2 有源之电磁场

由 (22), (23) 及 (26), (27) 等式, 可得

$$\nabla^2\boldsymbol{A}-\frac{1}{c^2}\frac{\partial^2\boldsymbol{A}}{\partial t^2}=-\frac{4\pi}{c}\rho\boldsymbol{v} \tag{7-34}$$

$$\nabla^2\phi-\frac{1}{c^2}\frac{\partial^2\phi}{\partial t^2}=-4\pi\rho \tag{7-35}$$

若采与电流、电荷相互作用之电磁场之 Lagrangian 密度 $\mathscr{L}_F$ 为

$$\begin{aligned}\mathscr{L}_F=&\frac{1}{8\pi}\left\{\left(-\text{grad }\phi-\frac{1}{c}\frac{\partial\boldsymbol{A}}{\partial t}\right)^2-(\text{curl }\boldsymbol{A})^2\right.\\&\left.-\left(\text{div }\boldsymbol{A}+\frac{1}{c}\frac{\partial\phi}{\partial t}\right)^2\right\}-\rho\left(\phi-\frac{1}{c}\boldsymbol{A}\cdot\boldsymbol{v}\right)\\=&\mathscr{L}_f-\rho\left(\phi-\frac{1}{c}\boldsymbol{A}\cdot\boldsymbol{v}\right)\end{aligned} \tag{7-36}$$

则由 (6) 或 (9) 式即得 (34) 及 (35) 之场方程式.

7.3.3 粒子和电磁场的系统

带电粒子在电磁场中之运动方程式, 可由粒子之 Lagrangian L_e 得之

$$L_e = m_0c^2\left(1-\sqrt{1-\left(\frac{v}{c}\right)^2}\right) - e\left(\phi - \frac{1}{c}(\boldsymbol{A}\cdot\boldsymbol{v})\right) \tag{7-37}$$

若有连续分布之电荷密度 ρ, 则可用电荷之 Lagrangian 密度 $\mathscr{L}_e$ 取代 Lagrangian L_e

$$\mathscr{L}_e = \mathscr{P} - \rho\left(\phi - \frac{1}{c}(\boldsymbol{A}\cdot\boldsymbol{v})\right) \tag{7-38}$$

这里 $\mathscr{P}$ 为动能密度.

将 (36) 式与 (38) 式相比, 得知 $-\rho\left(\phi - \frac{1}{c}(\boldsymbol{A}\cdot\boldsymbol{v})\right)$ 一项在 $\mathscr{L}_F$ 及 $\mathscr{L}_e$ 皆同样. 这是当然的, 因为该项系场与电荷之相互作用也. 因此, 若有一系统是由相互作用之电荷与场组成, 则只需引入下面之 Lagrangian 密度

$$\mathscr{L} = \mathscr{L}_{电荷} + \mathscr{L}_{场} + \mathscr{L}_{相互作用} \tag{7-39}$$

$$= \mathscr{P} + \frac{1}{8\pi}\left\{\left(-\text{grad}\,\phi - \frac{1}{c}\frac{\partial \boldsymbol{A}}{\partial t}\right)^2 - (\text{curl}\boldsymbol{A})^2 - \left(\text{div}\,\boldsymbol{A} + \frac{1}{c}\frac{\partial\phi}{\partial t}\right)^2\right\} - \rho\left(\phi - \frac{1}{c}(\boldsymbol{A}\cdot\boldsymbol{v})\right) \tag{7-39a}$$

以此 Lagrangian 密度, 则由 Hamilton 原理可导出通常的 Lagrange 方程式. 这些方程式为运动方程式, 同时亦有 (6) 或 (9) 式之 Lagrange 方程式, 由之而得 (34) 和 (35) 之场方程式. 但须注意的: 对电荷, 其变数为空间坐标 $r_i(x_i, y_i, z_i)$; 对场, 则变数为 ϕ, $\boldsymbol{A}(A_x,\ A_y,\ A_z)$.

7.4 Hamiltonian 形式之电磁场

如 (11) 式, 兹定义动量. 由 (39a) 式, 可得

$$\pi_{A_k} = \frac{\partial\mathscr{L}}{\partial\dot{A}_k} = \frac{1}{4\pi c}\left(\frac{\partial\phi}{\partial x_k} + \frac{1}{c}\frac{\partial A_k}{\partial t}\right) = -\frac{1}{4\pi c}E_k \tag{7-40}$$

$$\pi_\phi = \frac{\partial\mathscr{L}}{\partial\dot{\phi}} = -\frac{1}{4\pi c}\left(\text{div}\,\boldsymbol{A}' + \frac{1}{c}\frac{\partial\phi}{\partial t}\right) \tag{7-41}$$

总 Hamiltonian 是由下列各项所组成 (参看 (39a)):

$$H = H_{电荷} + H_{相互作用} + H_{场}$$

$$H = \sum P_i \dot{q}_i - \iiint \mathscr{P} \mathrm{d}^3 \boldsymbol{r} + \iiint \rho \left(\phi - \frac{1}{c} (\boldsymbol{A} \cdot \boldsymbol{v}) \right) \mathrm{d}^3 \boldsymbol{r} + \iiint \left(\sum_k^3 (\pi_{A_k} \dot{A}_k + \pi_\phi \dot{\phi}) \right) \mathrm{d}^3 \boldsymbol{r} - \iiint \mathscr{L}_f \mathrm{d}^3 \boldsymbol{r} \tag{7-42}$$

在连续电荷分布时，

$$P_i = \frac{\partial}{\partial \dot{q}_i} \iiint (\mathscr{L}_{\text{电荷}} + \mathscr{L}_{\text{相互作用}}) \mathrm{d}^3 \boldsymbol{r} = p_i + \iiint \sum_k \left(\frac{\rho}{c} \frac{\partial v_k}{\partial \dot{q}_i} A_k \right) \mathrm{d}^3 \boldsymbol{r} \tag{7-43}$$

今 H 写为

$$H = H_{\text{电荷}} \left(q_i, P_i - \frac{\rho}{c} \iiint \frac{\partial}{\partial \dot{q}_i} (\boldsymbol{v} \cdot \boldsymbol{A}) \mathrm{d}^3 \boldsymbol{r} \right) + \iiint \rho \phi \mathrm{d}^3 \boldsymbol{r} + \iiint \sum_k^3 (\pi_k \dot{A}_k + \pi_\phi \dot{\phi} - \mathscr{L}_f) \mathrm{d}^3 \boldsymbol{r} \tag{7-44}$$

这里 $H_{\text{电荷}}$ 为动力系统之 Hamiltonian(在场里之粒子). 场部分可由 (40), (41), (33), (26), (27) 等式计算之;

$$\begin{aligned} \mathscr{H}_f &= \sum_k \pi_{A_k} \dot{A}_k + \pi_\phi \dot{\phi} - \mathscr{L}_f \\ &= \frac{1}{8\pi} \left\{ -\frac{2}{c} (\boldsymbol{E} \cdot \dot{\boldsymbol{A}}) - \frac{2}{c} \left(\mathrm{div} \boldsymbol{A} + \frac{1}{c} \frac{\partial \phi}{\partial t} \right) \dot{\phi} \right. \\ &\quad \left. - E^2 + B^2 + \left(\mathrm{div} \boldsymbol{A} + \frac{1}{c} \frac{\partial \phi}{\partial t} \right)^2 \right\} \\ &= \frac{1}{8\pi} \left\{ E^2 + B^2 + 2 (\boldsymbol{E} \cdot \mathrm{grad} \phi) + (\mathrm{div} \boldsymbol{A})^2 - \frac{1}{c^2} \left(\frac{\partial \phi}{\partial t} \right)^2 \right\} \end{aligned} \tag{7-45}$$

如用 Lorentz 关系 (28), 则最后两项无所贡献. $\boldsymbol{E} \cdot \mathrm{grad} \phi$ 与 (44) 式 $\rho \phi$ 项之和为零, 盖用 (22) 式,

$$\begin{aligned} \iiint \left(\rho \phi + \frac{1}{4\pi} \boldsymbol{E} \cdot \mathrm{grad} \phi \right) \mathrm{d}^3 \boldsymbol{r} &= \frac{1}{4\pi} \iiint (\phi \mathrm{div} \boldsymbol{E} + \boldsymbol{E} \cdot \mathrm{grad} \phi) \mathrm{d}^3 \boldsymbol{r} \\ &= \frac{1}{4\pi} \iiint \mathrm{div} (\phi \boldsymbol{E}) \mathrm{d}^3 \boldsymbol{r} = \frac{1}{4\pi} \iint \phi \boldsymbol{E} \cdot \mathrm{d} \boldsymbol{S} \end{aligned} \tag{7-46}$$

如距离大时, ϕ, E 很快的递减为零, 该面积分即消灭也. 故“电荷 + 场”之系统, 其 H 为

$$H = H_{电荷} + \frac{1}{8\pi}\iiint (E^2 + B^2)\mathrm{d}^3\boldsymbol{r} \tag{7-47}$$

该积分系所熟知的电磁场之能量.

欲由正则方程式求得场方程式, 必需将 $\mathscr{H}_f$ 以场变数 ϕ, A_k 及其共轭动量 π_ϕ, π_{A_k} 表示之. 由 (33), (40), (41) 等式, 可得

$$\mathscr{H}_f = \frac{1}{8\pi}\{(4\pi c)^2(\pi_A\cdot\pi_A)+(\mathrm{curl}\boldsymbol{A})^2-8\pi c(\pi_A\cdot\mathrm{grad}\phi)-8\pi c\pi_\varphi(\mathrm{div}\boldsymbol{A}+2\pi c\pi_\phi)\} \tag{7-48}$$

运用 $\dot{A}_k = \dfrac{\delta H_f}{\delta\pi_{A_k}}$ 可导出 (25) 式; 而 $\dot{\phi} = \dfrac{\delta H_f}{\delta\pi_\phi}$ 则导出 Lorentz 关系 (28) 式. 但若运用 $\dot{\pi}_\phi = -\dfrac{\delta H}{\delta\phi}$, H 是 (44) 式, 则可导出

$$\dot{\pi}_\phi = \frac{1}{4\pi}\mathrm{div}\ \boldsymbol{E} - \rho$$

如用 (41) 式之 π_ϕ及 Lorentz 关系 (由之得 $\pi_\phi = 0$), 则上式即系 (22) 式. 最后, 运用 $\dot{\pi}_{A_k} = -\dfrac{\delta H}{\delta A_k}$, 则可导出 (23) 式, 因

$$\dot{\pi}_{A_k} = -\frac{\partial H_{电荷}}{\partial p_x}\left(-\iiint\frac{\rho}{c}\mathrm{d}^3\boldsymbol{r}\right) + \sum_k^3 \frac{\mathrm{d}}{\mathrm{d}x_k}\frac{\partial\mathscr{H}}{\partial\left(\dfrac{\partial A_k}{\partial x_k}\right)}$$

$$-\frac{1}{4\pi c}\dot{E}_x = \frac{\rho v_x}{c} - \frac{1}{4\pi}\frac{\partial}{\partial y}\left(\frac{\partial A_y}{\partial x} - \frac{\partial A_x}{\partial y}\right)$$

$$-\frac{\partial}{\partial z}\left(\frac{\partial A_x}{\partial z} - \frac{\partial A_z}{\partial x}\right) + 4\pi c\frac{\partial\pi_\phi}{\partial x}$$

如用 (28) 式之 Lorentz 关系 ($\pi_\phi = 0$), 上式即系 (23) 式.

因此, (15) 式之正则方程配上 (44) 式 Hamiltonian, 确可导出电磁场方程式.

上面所述之方法, 吾人采用 (33) 式之 Lagrangian 来定义动量 π_{A_k}, π_ϕ. 若用 (32) 式, 则 $\mathscr{L}$ 将与 $\dot{\phi}$ 无关, 而亦无 π_ϕ 了, 故 (48) 式里 $\mathscr{H}_f$ 式可化为

$$\mathscr{H}_f = \frac{1}{8\pi}\{(4\pi c)^2(\pi_A\cdot\pi_A) + (\mathrm{curl}\boldsymbol{A})^2 - 8\pi c(\pi_A\cdot\nabla\phi)\} \tag{7-49}$$

而方程式 $\dot{\phi} = \dfrac{\delta H}{\delta\pi_\phi}$ 将导致 $\phi =$ 常数. 此乃错误结果. 现所采的步骤, 系用 (33) 式之 Lagrangian 密度及 (48) 式之 Hamiltonian 密度且用 (15) 式之正则方程式, 最后引入 Lorentz 关系 (28).

7.5 电磁场之 Fourier 表象 (representation)

若吾人今引入场位 $\boldsymbol{A}(A_x,\ A_y,\ A_z)$, ϕ 之 Fourier 转换 α, φ, 即是

$$A(\boldsymbol{r})=\int_{-\infty}^{\infty}\alpha\mathrm{e}^{\mathrm{i}\boldsymbol{k}\cdot\boldsymbol{r}}\mathrm{d}^3\boldsymbol{k},\quad \boldsymbol{k}\cdot\boldsymbol{r}=k_xx+k_yy+k_zz$$

$$\phi(\boldsymbol{r})=\int_{-\infty}^{\infty}\varphi\mathrm{e}^{\boldsymbol{k}\cdot\boldsymbol{r}}\mathrm{d}^3\boldsymbol{k} \tag{7-50}$$

则场可以 $\alpha(\boldsymbol{k})$ 表之.

(26), (27) 式之电磁场方程式, 兹成

$$\boldsymbol{E}=-\nabla\phi-\frac{1}{c}\frac{\partial\boldsymbol{A}}{\partial t}=\int(-\mathrm{i}\varphi(\boldsymbol{k})\boldsymbol{k}-\frac{1}{c}\dot{\boldsymbol{\alpha}}(\boldsymbol{k}))\mathrm{e}^{\mathrm{i}\boldsymbol{k}\cdot\boldsymbol{r}}\mathrm{d}^3\boldsymbol{k}$$

$$\boldsymbol{B}=\nabla\times\boldsymbol{A}=\int\mathrm{i}[\boldsymbol{k}\times\boldsymbol{\alpha}]\mathrm{e}^{\mathrm{i}\boldsymbol{k}\cdot\boldsymbol{r}}\mathrm{d}^3\boldsymbol{k} \tag{7-51}$$

由 (40), (41) 式, 可得

$$\begin{aligned}&\int\mathrm{d}^3\boldsymbol{r}\left(\sum_r^3\pi_{A_r}\dot{A}_r+\pi_\phi\dot{\phi}\right)=-\frac{1}{4\pi c}\int\mathrm{d}^3\boldsymbol{r}\left\{\boldsymbol{E}\cdot\dot{\boldsymbol{A}}+\left(\mathrm{div}\boldsymbol{A}+\frac{1}{c}\frac{\partial\phi}{\partial t}\right)\dot{\phi}\right\}\\&=-\frac{1}{4\pi c}\int\mathrm{d}^3\boldsymbol{r}\left[\left[\left\{\int\left(-\mathrm{i}\boldsymbol{k}\varphi-\frac{1}{c}\dot{\boldsymbol{\alpha}}\right)\mathrm{e}^{\mathrm{i}\boldsymbol{k}\cdot\boldsymbol{r}}\mathrm{d}^3\boldsymbol{k}\right\}\cdot\left\{\int\dot{\boldsymbol{\alpha}}\mathrm{e}^{\mathrm{i}\boldsymbol{k}\cdot\boldsymbol{r}}\mathrm{d}^3\boldsymbol{k}\right\}\right.\right.\\&\quad\left.\left.+\left\{\int\mathrm{d}^3\boldsymbol{k}\left(\mathrm{i}\boldsymbol{k}\cdot\boldsymbol{\alpha}+\frac{1}{c}\varphi\right)\mathrm{e}^{\mathrm{i}\boldsymbol{k}\cdot\boldsymbol{r}}\right\}\left\{\int\dot{\varphi}\mathrm{e}^{\mathrm{i}\boldsymbol{k}\cdot\boldsymbol{r}}\mathrm{d}^3\boldsymbol{k}\right\}\right]\right]\end{aligned} \tag{7-52}$$

今第一个积分可写为

$$\begin{aligned}&\int\mathrm{d}^3\boldsymbol{r}\left\{\int\mathrm{d}^3\boldsymbol{k}\left(-\mathrm{i}\boldsymbol{k}\varphi-\frac{1}{c}\dot{\boldsymbol{\alpha}}\right)\mathrm{e}^{\mathrm{i}\boldsymbol{k}\cdot\boldsymbol{r}}\right\}\cdot\left\{\int\mathrm{d}^3\boldsymbol{l}\dot{\boldsymbol{\alpha}}\mathrm{e}^{\mathrm{i}\boldsymbol{l}\cdot\boldsymbol{r}}\right\}\\&=\int\mathrm{d}^3\boldsymbol{r}\int\int\mathrm{d}^3\boldsymbol{k}\mathrm{d}^3\boldsymbol{l}\left\{-\mathrm{i}\varphi(\boldsymbol{k})\boldsymbol{k}\cdot\dot{\boldsymbol{\alpha}}(\boldsymbol{l})-\frac{1}{c}\dot{\boldsymbol{\alpha}}(\boldsymbol{k})\dot{\boldsymbol{\alpha}}(\boldsymbol{l})\right\}\mathrm{e}^{\mathrm{i}(\boldsymbol{k}+\boldsymbol{l})\cdot\boldsymbol{r}}\end{aligned}$$

对 r 积分, 除了当

$$\boldsymbol{k}+\boldsymbol{l}=0,\quad \text{亦即}\boldsymbol{k}=-\boldsymbol{l} \tag{7-53}$$

此二积分皆为 0. 因此 (52) 式可化为

$$\begin{aligned}&-\frac{1}{4\pi c}\cdot 8\pi\int\mathrm{d}^3\boldsymbol{k}\left\{-\mathrm{i}\varphi(\boldsymbol{k})\boldsymbol{k}\cdot\dot{\boldsymbol{\alpha}}(-\boldsymbol{k})-\frac{1}{c}\dot{\boldsymbol{\alpha}}(\boldsymbol{k})\dot{\boldsymbol{\alpha}}(-\boldsymbol{k})\right.\\&\left.+\mathrm{i}\boldsymbol{k}\cdot\boldsymbol{\alpha}(\boldsymbol{k})\dot{\varphi}(-\boldsymbol{k})+\frac{1}{c}\dot{\phi}(\boldsymbol{k})\varphi(-\boldsymbol{k})\right\}\end{aligned}$$

$$=\frac{2\pi^2}{c^2}\int \mathrm{d}^3\boldsymbol{k}\left\{\dot{\boldsymbol{\alpha}}_k\cdot\dot{\boldsymbol{\alpha}}_{-k}-\dot{\varphi}_k\dot{\varphi}_{-k}+\mathrm{i}c\frac{\mathrm{d}}{\mathrm{d}t}(\varphi_k\boldsymbol{k}\cdot\boldsymbol{\alpha}_{-k})\right\} \tag{7-54}$$

这里 $\boldsymbol{\alpha}_k\equiv\alpha(\boldsymbol{k})$, 等等.

按正则转换理论, (54) 式乃定义一定轭变数的正则变换, 由

$$\left.\begin{array}{l}\boldsymbol{A}_{(r)},\ \boldsymbol{\phi}_{(r)}\\ \pi_A,\ \pi_\phi\end{array}\right\} 至 \left\{\begin{array}{l}\boldsymbol{\alpha}_k,\varphi_k\\ \dfrac{2\pi^2}{c^2}\dot{\alpha}_{-k},\ \dfrac{\alpha\pi^2}{c^2}\dot{\varphi}_{-k}\end{array}\right. \tag{7-55}$$

兹定义 α_k, φ_k 之共轭动量为

$$(Q_k)_\gamma=\frac{2\pi^2}{c^2}(\dot{\alpha}_{-k})_r,\ \ \varOmega_k=-\frac{2\pi^2}{c^2}\dot{\varphi}_{-k} \tag{7-56}$$

用同 (53) 式的理, 可证 (45a) 式的场的 Hamiltonian $\mathscr{H}_f$ 为

$$H_f=\int \mathrm{d}^3\boldsymbol{r}\mathscr{H}_f=\pi^2\int \mathrm{d}^3\boldsymbol{k}\left\{k^2\boldsymbol{\alpha}_k\boldsymbol{\alpha}_{-k}+\frac{1}{c^2}\dot{\boldsymbol{\alpha}}_k\cdot\dot{\boldsymbol{\alpha}}_{-k}-k^2\varphi_k\varphi_{-k}-\frac{1}{c^2}\dot{\varphi}_k\dot{\varphi}_{-k}\right\} \tag{7-57}$$

用上列的共轭变数 α_k, φ_k, Q_k, $\varOmega_k$, 此式成为

$$\begin{aligned}H_f=\int \mathrm{d}^3\boldsymbol{k}\Bigg\{&\pi^2k^2\sum_\gamma^3(\alpha_k)_\gamma(\alpha_{-k})_\gamma+\frac{c^2}{4\pi^2}\sum_\gamma^3(Q_k)_\gamma(Q_{-k})_\gamma\\&-\pi^2k^2\varphi_k\varphi_{-k}-\frac{c^2}{4\pi^2}\varOmega_k\varOmega_{-k}\Bigg\}\end{aligned} \tag{7-58}$$

该系统 (电荷 + 场) 之总 Hamiltonian, 按 (44) 式, 为

$$H=H_{\text{电荷}}\left(q_j,P_j-\int\frac{\rho}{c}\frac{\partial}{\partial\dot{q}_j}(\boldsymbol{v}\cdot\boldsymbol{A})\mathrm{d}^3\boldsymbol{r}\right)+\int\rho\phi\mathrm{d}^3\boldsymbol{r}+H_f \tag{7-59}$$

在此, 有如 (50) 式, $\boldsymbol{A}$, ϕ 乃视作 Fourier 转换 α,φ 的函数.

(15) 式之正则方程式为

$$(\dot{\alpha}_k)_\gamma=\frac{\delta H}{\delta(\dot{Q}_k)_\gamma},\ (\dot{Q}_k)_\gamma=\frac{\delta H}{\delta(\alpha_k)_\gamma},$$

$$\gamma=x,y,z\ (或\ 1,2,3) \tag{7-60}$$

$$\dot{\varphi}_k=\frac{\delta H}{\delta\varOmega_k},\ \dot{\varOmega}_k=-\frac{\delta H}{\delta\varphi_k} \tag{7-61}$$

由 $\dot{\alpha}_k$, $\dot{\varphi}_k$ 的方程式, 可得*

$$(\dot{\alpha}_k)_\gamma=\frac{c^2}{2\pi^2}(\dot{Q}_{-k})_\gamma,\quad \dot{\varphi}_k=-\frac{c^2}{2\pi^2}\varOmega_{-k} \tag{7-62}$$

---

* 此处有一个 2 的因数, 系因在 (58) 式对 k 积分时每个 k 即有一项负 k 之故.

此亦即 (57) 式. 由 $(\dot{Q}_k)_\gamma$ 的方程式, 可得 *

$$(Q_k)_\gamma = \sum_j \frac{H_{电荷}}{P_j} \int \frac{\rho}{c} \frac{\partial v_\gamma}{\partial \dot{q}_j} \mathrm{e}^{\mathrm{i}\boldsymbol{k}\cdot\boldsymbol{r}} \mathrm{d}^3\boldsymbol{r} - 2\pi^2 k^2 (\boldsymbol{\alpha}_{-k})_\gamma$$

或

$$\frac{2\pi^2}{c^2}(\ddot{\alpha}_{-k})_\gamma = \frac{1}{c}\int \rho v \mathrm{e}^{\mathrm{i}\boldsymbol{k}\cdot\boldsymbol{r}} \mathrm{d}^3\boldsymbol{r} - 2\pi^2 k^2 (\boldsymbol{\alpha}_{-k})_\gamma$$

上式亦即

$$\left(k^2 + \frac{1}{c^2}\frac{\partial^2}{\partial t^2}\right)(\alpha_{-k}) = \frac{1}{2\pi^2 c}\int \rho v \mathrm{e}^{\mathrm{i}\boldsymbol{k}\cdot\boldsymbol{r}} \mathrm{d}^3\boldsymbol{r} \tag{7-63}$$

由 (61) 式之 $\dot{Q}_k$ 的方程式, 可得

$$\dot{Q}_k = -\int \rho \mathrm{e}^{\mathrm{i}\boldsymbol{k}\cdot\boldsymbol{r}} \mathrm{d}^3\boldsymbol{r} + 2\pi^2 k^2 \varphi_{-k}$$

或由 (57) 式,

$$\left(k^2 + \frac{1}{c^2}\frac{\partial^2}{\partial t^2}\right)\varphi_{-k} = \frac{1}{2\pi^2}\int \rho \mathrm{e}^{\mathrm{i}\boldsymbol{k}\cdot\boldsymbol{r}} \mathrm{d}^3\boldsymbol{r} \tag{7-64}$$

若用 (50) 式之变换及下列的恒等式,

$$\rho v = \frac{1}{8\pi^3}\int\int \rho v \mathrm{e}^{\mathrm{i}\boldsymbol{k}\cdot\boldsymbol{r}} \mathrm{d}^3\boldsymbol{r} \mathrm{e}^{-\mathrm{i}\boldsymbol{k}\cdot\boldsymbol{r}} \mathrm{d}^3\boldsymbol{k}$$

即见 (63), (64) 正是 (34), (35) 式的 Fourier 转换.

用 α_k, φ, Q_k, Ω_k 等变数较用 A, π_A; ϕ, π_ϕ 等变数的优点, 是因为用前者表示之 Hamitonian 较用后者之 (48) 式远为简单. (58) 式较易的转入量子场论. 本册中将不及讨论此点.

索 引